U0146504

shiliwanmeishouce

新手学

XINSHOUXUE

实例完美手册

入门·进阶·提高·精通

新手学 AutoCAD 2008 室内与建筑

实例完美手册

王 涛/主编

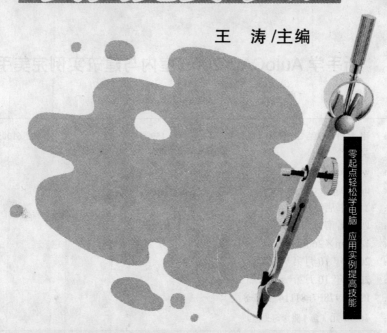

零起点轻松学电脑 应用实例提高技能

XINSHOUXUESHILIWANMEISHOUCE

电子科技大学出版社

图书在版编目（CIP）数据

新手学 AutoCAD 2008 室内与建筑实例完美手册/王涛主编. 一成都：
电子科技大学出版社，2008.10

ISBN 978-7-81114-967-8

Ⅰ. 新… Ⅱ. 王… Ⅲ. 建筑设计：计算机辅助设计一应用软件，
AutoCAD 2008 Ⅳ. TU201.4

中国版本图书馆 CIP 数据核字（2008）第 129608 号

内 容 提 要

　　AutoCAD 是应用最为广泛的计算机辅助设计软件之一，AutoCAD 2008 是目前推出的最新版本。本书采用"基本操作入门＋典型实例进阶＋自己动手提高"的全新体系结构，从零开始，通过丰富的实例和翔实的图文讲解，全面地介绍了 AutoCAD 绘制二维建筑图形、三维建筑图形的方法和技巧，目的是让读者先入门，再提高，然后达到精通应用的水平。

　　全书共分 16 章。1～15 章主要讲解 AutoCAD 2008 软件的安装、文件管理、图纸集创建、图形绘制的基本方法，以及图形标注、图层管理、三维建筑图形绘制等；最后一章为综合实例讲解，将本书所学知识融入到综合实例中，巩固所学知识。

　　本书内容丰富多彩，知识点层次分明，从基础知识到专业制作都有详细的介绍，适合于学习 AutoCAD 的初、中级读者阅读，也可作为相关院校及培训机构的配套教材，是学习与掌握 AutoCAD 软件的理想用书。

新手学 AutoCAD 2008 室内与建筑实例完美手册

王 涛 主编

出　　版：	电子科技大学出版社（成都市一环路东一段 159 号电子信息产业大厦　邮编：610051）
责任编辑：	吴艳玲
主　　页：	www.uestcp.com.cn
电子邮箱：	uestcp@uestcp.com.cn
发　　行：	新华书店经销
印　　刷：	四川省南方印务有限公司
成品尺寸：	185mm×260mm　　　印张 25.25　　　字数 646 千字
版　　次：	2008 年 10 月第一版
印　　次：	2008 年 10 月第一次印刷
书　　号：	ISBN 978-7-81114-967-8
定　　价：	46.00 元（含 1 张学习光盘）

前　言

■ 您适合本书吗

- 对相关软件有一定的了解，但基础不太好，应用不熟练的读者；
- 掌握了相关软件的基本功能，但需进一步深入了解和掌握的读者；
- 缺乏操作技巧和工作应用经验的读者；
- 希望从零开始，全面了解和掌握相关软件技能的读者；
- 希望实现"初学电脑→操作电脑→应用电脑→电脑高手"完美蜕变的读者。

■ 本书的特色

基础讲解·实例巩固　从基础入手，在章节开始以知识讲解的形式介绍本章节知识的内容及应用范围等。结合"经典实例"讲述知识点，以实例的形式再次巩固练习。

重点知识·醒目提示　对日常应用中容易出错的知识点，都通过"小知识"、"提示"或者"注意"等形式醒目地罗列出来，以免读者在实际操作中再度出现这样的错误。

一问一答·深入学习　在章末都添加了"有问必答"环节，此环节以一问一答的形式，加深读者对知识点的了解，同时提升知识点内涵。

综合实例·应用提高　设置重点知识综合实例应用，将书中介绍的知识进行融合，使所学知识灵活应用到实际操作中，达到学以致用的效果。

配套多媒体教学光盘　为了方便读者自学使用，本书还配套了交互式、多功能、超大容量的多媒体教学光盘。教学光盘既是图书内容的互补讲解，又是一套完整的教学软件。

■ 精彩内容导读

本书从基础入手，以全新思路讲解了 AutoCAD 2008 软件绘制二维建筑图形、三维建筑图形的方法和技巧，讲解结合大量经典实例和综合实例，使读者能够边学习基础知识边动手操作。

全书主要内容包括：AutoCAD 2008 概述、建筑绘图环境设置、建筑 CAD 的绘制基础、绘制精确建筑图形、创建与管理图层、建筑图形对象的编辑、输入与编辑文字、建筑图形尺寸标注、建筑三维建模基础、编辑建筑三维实体、使用辅助工具及工具选项板、建筑图案填充与注释、使用图块与外部参照、建筑物的着色与渲染、图纸布局与打印输出、绘制建筑综合图形等。

■ 作者致谢

真诚地感谢读者选择本书。由于时间仓促及作者水平有限，书中不妥之处在所难免，敬请读者批评指正，我们的邮箱：YDKJBOOK@126.com。

编　者

新手学 AutoCAD 2008 室内与建筑实例完美手册

CD-ROM

多媒体教学光盘使用说明

■ 光盘使用方法

请将光盘放入电脑光驱中，光盘将自动运行出现下图所示的主界面。如果光盘自动运行失败，请手动打开"我的电脑"，并打开光盘，双击光盘中的"Autorun.exe"文件，也可以进入光盘的主界面。

光盘主界面

■ 运行环境要求

■ 操作系统：Windows 98/Me/2000/XP/2003

■ 屏幕分辨率：1024×768 像素以上，16 色以上

■ CPU 与内存：CPU Pentium 200以上，内存 256MB 以上

■ 其他：配备声卡、音箱或耳麦

■ 光盘内容说明

为了方便读者的学习，我们随书赠送了多媒体教学光盘，相信该光盘会对读者的学习有所帮助。下图是多媒体学习光盘的演示界面。

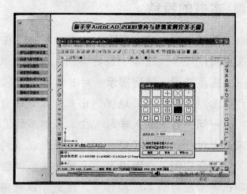

多媒体演示界面

■ 演示内容说明

多媒体学习光盘直观形象，内容丰富。单击光盘主界面上的目录控制按钮，可进入相应的学习内容模块进行互动学习。

■ 控制按钮说明

：此键为"后退"按钮。

：此键为"前进"按钮。

：此键为"暂停"按钮。

：此键为"返回"按钮。

目　　录

第 *03* 章   **建筑 CAD 的绘制基础**

第 *04* 章 绘制精确建筑图形

第 *05* 章 创建与管理图层

第 *06* 章　建筑图形对象的编辑

第 *07* 章　输入与编辑文字

第 08 章　建筑图形尺寸标注

新手学 AutoCAD 2008 室内与建筑实例完美手册

第 **09** 章　　**建筑三维建模基础**

第 *12* 章　建筑图案填充与注释

第 *13* 章　使用图块与外部参照

第 **14** 章　建筑物的着色与渲染

第 **15** 章　图纸布局与打印输出

第 *16* 章　绘制建筑综合图形

$Study$

Chapter

01

AutoCAD 2008 概述

学习导航

　　AutoCAD 作为工程绘图软件，受到众多绘图人员的喜爱。它在建筑方面更受青睐。在本章中将对 AutoCAD 2008 的基础知识进行全面的讲解，让读者了解 AutoCAD 2008 的发展过程、系统要求以及安装步骤，并掌握启动和关闭、工作界面、图形文件管理、设置系统参数以及快速绘制建筑图的知识。

本章要点

- ◉ 发展过程
- ◉ 系统要求
- ◉ 安装步骤
- ◉ 启动和关闭
- ◉ 工作界面
- ◉ 图形文件管理
- ◉ 设置系统参数
- ◉ 快速绘制建筑图

■1.1 AutoCAD 2008 发展 ■

AutoCAD（Auto Computer Aided Design，计算机辅助设计）是美国 **Autodesk** 公司开发研制的一种通用计算机辅助设计软件包。早期的版本只是二维绘图的简单工具，绘制图形的过程非常慢，但现在它已经集平面作图、三维造型、数据库管理、渲染着色、互联网通信等功能于一体，并提供了更加丰富的绘图工具。AutoCAD 在设计、绘图和相互协作方面展示了强大的技术实力。由于其具有易于学习、使用方便、体系结构开发等优点，因而深受广大技术人员的喜爱。

Autodesk 公司在 1982 年推出了 AutoCAD 的第一个版本 **V1.0**，到今天已发展到 AutoCAD 2008，每一次升级都将功能进行大幅度的增强。

随着计算机科学技术的飞速发展，**CAD** 软件在应用工程领域和应用层次上不断地提升，更加智能化、科学化，成为当今 CAD 工程的主流。

图 1-1-1　AutoCAD 2008 的启动界面

■1.2 AutoCAD 2008 对系统的要求概述 ■

在安装 AutoCAD 2008 软件之前，必须了解所用计算机的配置，是否能满足安装此软件版本的最低要求。因为随着软件的不断升级，软件总体结构的不断膨胀，其中有些新功能对硬件的要求也不断增加。只有满足了软件最低配置要求，计算机才能顺利地安装本软件。

安装 AutoCAD 2008 中文版时，必须满足以下软件环境和需要的插件程序，见表 **1-2-1**。

在独立的计算机上安装产品之前，请确保计算机满足最低系统需求，见表 **1-2-2**。

表 1-2-1　硬件和软件需求

硬件/软件	需求	提示
操作系统	所有操作系统	·建议在用户界面语言与 AutoCAD 语言的代码页匹配的操作系统上安装非英文版本的 AutoCAD。代码页为不同语言的字符集提供支持 ·安装 AutoCAD 时，将自动检测 Windows 操作系统是 32 位版本还是 64 位版本。将安装适当的 AutoCAD 版本。不能在 64 位版本的 Windows 上安装 32 位版本的 AutoCAD

（续表）

硬件/软件	需求	提示
Web 浏览器	Microsoft Internet Explorer 6.0 Service Pack 1（或更高版本）	如果安装工作站上未安装具有 Service Pack 1（或更高版本）的 Microsoft Internet Explorer 6.0，则无法安装 AutoCAD。用户可以从以下 Microsoft 网站下载 Internet Explorer：http://www.microsoft.com/downloads/
处理器	Pentium Ⅲ 或 Pentium Ⅳ（建议使用 Pentium Ⅳ）800 MHz AutoCAD 2008	
RAM	512MB（建议）	
图形卡	1024×768 VGA 真彩色（最低要求）Open GL® 兼容三维视频卡（可选）	• 需要支持 Windows 的显示适配器 • 必须安装支持硬件加速的 DirectX 9.0c 或更高版本的图形卡 • 从 ACAD.msi 文件进行的安装不能安装 DirectX 9.0c 或更高版本的图形卡。这种情况下，需要手动安装用于硬件加速的 DirectX 以进行配置
硬盘	安装 750 MB	
定点设备	鼠标、轨迹球或其他设备	
CD-ROM	任意速度（仅用于安装）	
可选硬件	打印机或绘图仪 数字化仪 调制解调器或其他访问 Internet 连接的设备 网络接口卡	

表 1-2-2　三维使用的其他建议配置

硬件/软件	需求	提示
操作系统	Windows® XP Professional Service Pack 2	建议在用户界面语言与 AutoCAD 语言的代码页匹配的操作系统上安装非英文版本的 AutoCAD。代码页为不同语言的字符集提供支持
处理器	3.0 GHz AutoCAD 2008 或更快的处理器	
RAM	2 GB（或更大）	
图形卡	128 MB 或更高，OpenGL 工作站类	必须安装支持硬件加速的 DirectX 9.0c 或更高版本的图形卡。这种情况下，需要手动安装用于硬件加速的 DirectX 以进行配置。有关已测试和验证的图形卡的更多信息，请访问 http://www.autodesk.com/AutoCAD-graphicscard/
硬盘	2 GB（不包括安装所需的 750 MB）	

新手学 AutoCAD 2008 室内与建筑实例完美手册

■1.3 AutoCAD 2008 的安装步骤 ■

下面介绍单机安装 AutoCAD 2008 中文版的步骤。

01 当单击 AutoCAD 2008 安装程序时，系统将设置初始化，如图 1-3-1 所示。

图 1-3-1 设置初始化

02 在 AutoCAD 2008 浏览器中，如图 1-3-2 所示，单击其中的【安装产品】选项，弹出安装界面，如图 1-3-3 所示。

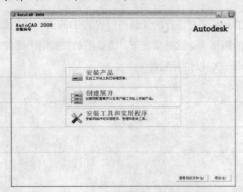 

图 1-3-2 AutoCAD 2008 中文版安装程序界面　　图 1-3-3 AutoCAD 2008 安装向导

> 安装 AutoCAD 2008 时，将自动安装 AutoCAD 启动加速程序（acstart16.exe）。通过启动加速程序，AutoCAD 2008 可以在第一次运行时更快地启动。如果不希望在启动时运行这个自动过程，可以禁用此过程，方法如下：在 Windows 的【开始】菜单中选择【所有程序】|【启动】，然后在【AutoCAD 2008 启动加速程序】上单击右键并选择【删除】选项。

03 在 AutoCAD 2008 浏览器中【AutoCAD 2008 安装向导】，在【选择安装产品】中单击【AutoCAD 2008】将安装 AutoCAD 2008。如图 1-3-4 所示。

04 单击 下一步(N) > 按钮，弹出【接受许可协议】对话框。在【国家或地区】对话框中。选择【china】，并单击【我接受】，如图 1-3-5 所示。

05 单击 下一步(N) > 按钮，弹出【个性化产品】对话框，在该对话框中分别输入相关的信息，在此输入的信息是永久的，它们将显示在【AutoCAD】窗口中，如图 1-3-6 所示。

06 单击 下一步(N) > 按钮，将弹出【查看·配置·安装】窗口，在该对话框中选择安装产品并查看当前设置和 AutoCAD 2008 的设置，如图 1-3-7 所示。

图 1-3-4　【选择安装产品】对话框

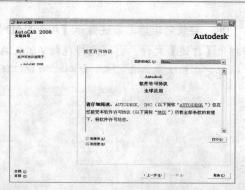

图 1-3-5　【接受许可协议】对话框

图 1-3-6　【个性化产品】对话框

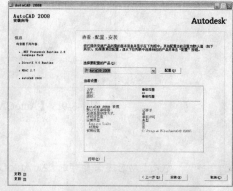

图 1-3-7　【选择安装类型】对话框

07 单击【安装（N）】按钮，弹出【安装组件】将安装配置及产品，如图 **1-3-8** 所示。

（a）

（b）

（c）

（d）

图 1-3-8　【安装组件】对话框

08 安装完毕后，系统显示【AutoCAD 2008 安装成功】对话框，单击【完成】按钮退出，将打开【自述】文件。自述文件包括 AutoCAD2008 文档发布信息。如果用户不想阅读【自述】文件内容，则不要选中 □ 查看 AutoCAD 2008 自述文件(A) 复选框，如图 1-3-9 所示。

图 1-3-9 【AutoCAD 2008 安装成功】对话框

> **提示**
>
> 安装成功后还需要对中文版 AutoCAD 2008 进行注册，以获得授权。

1.4 AutoCAD 2008 启动和关闭及新增功能

当把 AutoCAD 2008 安装好了以后，我们就要对其进行使用，那么最基本的问题就是对其进行启动与关闭了。在本节我们将要对 AutoCAD 2008 的启动与关闭进行详细的介绍。

1.4.1 启动 AutoCAD 2008 程序

启动 AutoCAD 的方式有多种，在此介绍常用的 3 种启动方式。

1. 桌面快捷方式

在完成 AutoCAD 2008 的安装后，系统会自动在 Windows 桌面上添加 AutoCAD 2008 程序的快捷方式图标，用鼠标左键双击桌面上的快捷图标，即可启动 AutoCAD 2008 程序。

2. 打开 AutoCAD 文件方式

在用户已安装 AutoCAD 软件的情况下，双击 AutoCAD 图形文件【 *.dwg 】，也可启动 AutoCAD 2008 并打开该图形文件。

当启动 AutoCAD 2008 以后，我们将看到 AutoCAD 2008 的【新功能专题研习】窗口，如图 1-4-1 所示，选择○ ，再单击【确定】按钮，我们将看到 AutoCAD 2008 的窗口，如图 1-4-2 所示。

而对于其黑色的工作界面读者也可以把其调整为自己喜欢的颜色，如改为白色，如图 1-4-3 所示。对于具体怎么操作的，本书以后章节将要详细的介绍。

图 1-4-1 AutoCAD 2008【新功能专题研习】窗口

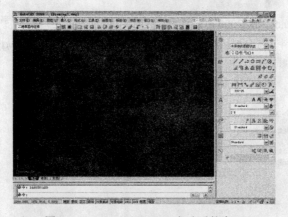

图 1-4-2 AutoCAD 2008 启动后的窗口

图 1-4-3 AutoCAD 2008 白色的工作界面

启动 AutoCAD 2008 时，单击相应的按钮即可进入图形。

3. 开始菜单方式

在安装完成后，AutoCAD 还会在【开始】菜单中的【所有程序】选项中创建一个名为【AutoCAD 2008】的程序组，单击该程序组里【Autodesk\AutoCAD 2008-Simplified Chinese\AutoCAD

新手学 AutoCAD 2008 室内与建筑实例完美手册

2008 **】**，即可启动 AutoCAD 2008。

1.4.2　关闭 AutoCAD 2008 程序

关闭 AutoCAD 有如下 3 种方法：

- 单击 AutoCAD 界面标题条右边的 按钮。
- 执行【文件（F）】|【退出（E）】命令，如图 1-4-4 所示。
- 单击界面标题条左边的 图标，在弹出的快捷菜单中执行【关闭】命令，如图 1-4-5 所示。

> **小知识**
>
> 启动 AutoCAD 2008 时，单击相应的按钮即可进入图形，█ 新建(N)… 用于创建空白图形文件，系统默认新建一个图形文件，名称为 Drawing1.dwg； 用于打开已存在的图形文件。

图 1-4-4　【文件】菜单退出方式

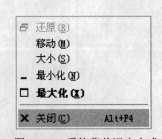

图 1-4-5　系统菜单退出方式

1.4.3　AutoCAD 2008 的新增功能

　　AutoCAD 2008 的每一次升级都在原来的基础上不断地强大自己，使 AutoCAD 2008 更加智能化、科学化及人性化。下面我们就 AutoCAD 2008 的新增功能做简要的介绍。在本书以后的例子和习题中我们将要具体地运用这些新增的功能。

- 缩放注释：在 AutoCAD 2008 可以在各个布局视口和模型空间中自动缩放注释。通常用于注释图形的对象有一个称为"注释性"的特性。使用这一特性，可以使缩放注释的过程自动化，从而使注释在图纸上以正确的大小打印。通常按图纸大小定义注释性对象。为布局视口和模型空间设置的注释比例将确定这些空间中注释性对象的大小。

- 标注和引线：AutoCAD 2008 添加了一般标注增强功能，包括标注公差对齐，角度标注文字，半径标注的圆弧延伸线选项，以及向标注添加打断，创建检验标注，在线性标注中添加折弯和调整标注之间的距离。创建、排列、对齐多重引线。
- 表格：在 AutoCAD 2008 中可以进行数据连接，创建更好的表格以及实时表格。
- 图层：AutoCAD 2008 图层的改进主要体现在按视口替换图层特性。
- 可视化：AutoCAD 2008 可视化的改进体现在光源和材质这两个方面上，使视图效果更加接近真实自然。
- 用户界面：在 AutoCAD 2008 中用户界面的改进体现在工作空间和新元素这两方面。
- 自定义：已经添加若干增强功能，用于自定义用户界面。
- 绘图效率：绘图效率的改进体现在降低视图复杂程度。
- 其他增强功能：体现在视觉逼真度，多行文字的改进等。

以上的新增功能在本书以后将要逐渐详细讲到，在此就无需赘述。

1.5　工作界面

AutoCAD 2008 的工作界面是用于显示和编辑图形的区域，一个完整的 AutoCAD 工作界面如图 1-5-1 所示，包括标题栏、菜单栏、标准工具栏、绘图工具栏、修改工具栏、标注工具栏、绘图区、十字光标、坐标系图标、命令提示行、状态栏、布局空间选项卡和滚动条等。

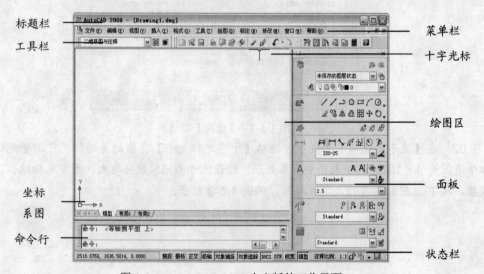

图 1-5-1　AutoCAD 2008 中文版的工作界面

1.5.1　标题栏

标题栏位于绘图窗口的最上端。在标题栏中，显示了系统当前正在运行的应用程序和用户正在使用的图形文件。当用户第一次启动 AutoCAD 2008 时，在 AutoCAD 2008 的标题栏中，将显示 AutoCAD 2008 在启动时打开的图形文件名，默认为【Drawing1.dwg】。

1.5.2 绘图区

位于标准工具栏下方的空白区域即是绘图区，用于在其区域中绘制图形，用户完成一幅图形主要的工作都是在绘图区域中完成的。

在绘图区域，还有一个作用类似于光标的十字线，其交点表现了光标在当前坐标系中的位置。在 AutoCAD 2008 中，将该十字线称为光标，AutoCAD 通过光标显示当前的位置。

十字光标线的方向分别与当前用户坐标系的 X 轴、Y 轴方向平行，十字光线的长度默认为屏幕大小的 5%，如图 1-5-2 所示。

1. 改变十字光标的长度

在绘制图形时，可以根据自己的操作习惯，调整十字光标的大小，具体操作步骤如下：

01 执行【工具|选项】命令，打开【选项】对话框，并选择【显示】选项卡，如图 1-5-2 所示。

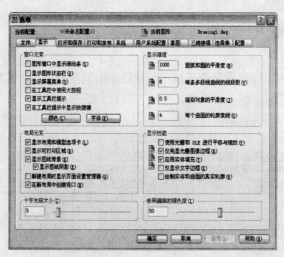

图 1-5-2 【选项】对话框

02 在【显示】选项卡面板中，拖动【十字光标大小】区域的滑动钮，可调整光标长度。取值范围为 1~100，100 表示全屏幕显示，预设尺寸为 5。数值越大，十字光标越长，设置完成后，按下 确定 按钮，完成操作，如图 1-5-3 所示。

（a）   （b）

图 1-5-3 改变十字光标的大小

2. 改变绘图窗口的颜色

在绘制图形时，可以根据自己的颜色喜好和习惯来设置绘图区的颜色，具体操作步骤如下：

01 执行【工具】|【选项】命令，打开【选项】对话框，并选择【显示】选项卡。在【显示】选项卡面板中，单击【窗口元素】区域的 颜色(C)... 按钮，打开【颜色选项】对话框，如图 1-5-4 所示。

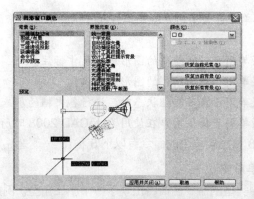

图 1-5-4 【颜色选项】对话框

02 在【图形窗口颜色】对话框中，单击【颜色】选项的下拉选单按钮 ▼，打开【颜色】下拉选单。在颜色下拉选单中，可以选择自己习惯使用的颜色，如图 1-5-5 所示。

03 单击 ■选择颜色...选项，打开【选择颜色】对话框，在该对话框中可选择其他颜色，如图 1-5-6 所示。

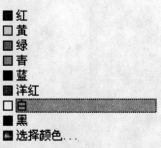

图 1-5-5 【颜色选项】对话框颜色下拉菜单

图 1-5-6 【选择颜色】对话框

04 任选一种颜色后，按下 确定 按钮，在【模型】选项卡中可预览绘图区的背景颜色。颜色确定后，单击 应用并关闭 按钮，此时将返回到【选项】对话框。确定不再改变颜色后，单击【选项】对话框中的 确定 按钮返回到工作界面中，绘图区将以选择的颜色作为背景颜色。

1.5.3 菜单栏

菜单栏位于绘图窗口标题栏的下方。AutoCAD 2008 的菜单是下拉式的，并在菜单中包含了子菜单。下拉菜单几乎囊括了所有 AutoCAD 2008 的命令，用户可以运用菜单栏中的命令进行绘图。菜单栏由以下 11 个主菜单组成。

- 【文件】：此菜单用于管理图形文件，如新建、打开、保存、打印、输入和输出等。
- 【编辑】：此菜单用于文件常规编辑，如复制、剪切、粘贴和链接等。
- 【视图】：此菜单用于管理 CAD 的操作界面，如图形缩放、图形平移、视窗设置、着色以及渲染等操作，用户还可以通过此菜单设置工具栏菜单。
- 【插入】：此菜单主要用于在当前 CAD 绘图状态下，插入所需的图块或其他格式的文件。
- 【格式】：此菜单用于设置与绘图环境有关的参数，包括图层、颜色、线型、文字样式、标注样式、点样式等。
- 【工具】：此菜单为用户设置了一些辅助绘图工具，如拼写检查、快速选择和查询等。

- 【绘图】：此菜单中包含了用户绘制二维或三维图形时所需的命令，是一个非常重要的菜单。
- 【标注】：此菜单用于对所绘制的图形进行尺寸标注。
- 【修改】：此菜单用于对所绘制的图形进行编辑。
- 【窗口】：此菜单用于在多文档状态时，进行各文档的屏幕布置。
- 【帮助】：此菜单用于提供用户在使用 AutoCAD 2008 时所需的帮助信息。

一般 AutoCAD 2008 下拉菜单中的命令有以下 3 种：

1. 有子菜单的菜单命令

在下拉菜单中，这种类型的命令后面将出现了一个小三角型。例如，需要执行【绘图】|【矩形】命令时，在弹出的下拉菜单中选择【矩形】命令，屏幕上就会显示出椭圆子菜单中所有的命令，如图 1-5-7 所示。

图 1-5-7　带有子菜单的菜单命令

2. 激活相对应对话框的菜单命令

在下拉菜单中，这种类型的命令后面将出现一个省略号。选择下拉菜单中这种类型的命令，将打开一个对应的对话框。例如，执行【格式】|【图层】，如图 1-5-8 所示。将打开【图层】对话框，如图 1-5-9 所示。

3. 直接执行菜单的操作命令

在下拉菜单中，这种类型的命令前后不会出现其他的内容。执行菜单中这种类型的命令，AutoCAD 2008 将直接执行相应的绘图和其他操作。例如，执行【修改】|【删除】，系统将执行复制命令，如图 1-5-10 所示。

图 1-5-8　【格式】菜单命令

图 1-5-9　【图层特性管理器】对话框　　　　　图 1-5-10　执行菜单命令

1.5.4　工具栏

　　工具栏根据功能命令有机地集合在一组按钮中。把光标放在某个按钮上，稍等片刻将在该按钮的一侧显示相应的工具名称，同时在状态栏中，显示对应的说明和命令名。

　　工具栏是 AutoCAD 为用户提供的一种命令快捷方式。在系统默认状态下，屏幕上显示标准工具栏、对象特性工具栏、绘图工具栏和修改工具栏。工具栏上的每一个图标都形象地代表一个命令，用户只需单击图标按钮，即可执行该命令。

　　标准工具栏中的工具图标，主要用于进行文件的编辑操作，如图 1-5-11 所示。

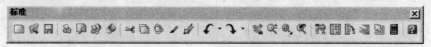

图 1-5-11　标准工具栏

图层工具栏、对象特性工具栏主要用于对图层的管理操作，如图 1-5-12、图 1-5-13 所示。

图 1-5-12　图层工具栏

图 1-5-13　特性工具栏

　　绘图工具栏和修改工具栏集中了各种常用的绘图命令和修改命令，对图形进行绘制和修改，如图 1-5-14、图 1-5-15 所示。

图 1-5-14　绘图工具栏

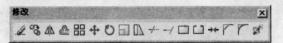

图 1-5-15　修改工具栏

在有些按钮的右下角带有一个小三角图标，单击该按钮并按住鼠标左键不放，弹出缩放工具栏；将光标移动到某一按钮上，然后释放鼠标，就将该按钮设置为当前的按钮。单击当前的按钮，即执行该命令，如图 **1-5-16** 所示。

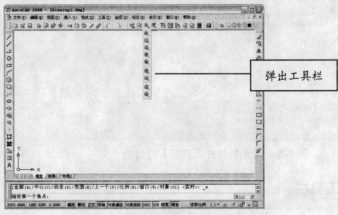

图 1-5-16　弹出工具栏

1.5.5　命令提示行

命令提示行是输入命令名和显示命令提示的区域，默认情况下命令提示行在图形窗口的下方，由若干命令行组成。对命令提示行，需要认识以下两点：

（1）拖动命令提示行的窗口，可以将命令提示行放置在屏幕的其他位置，如图 **1-5-17** 所示。

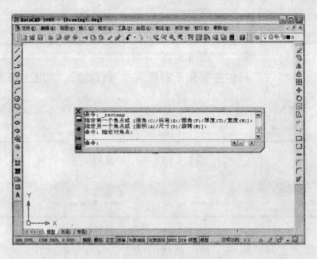

图 1-5-17　浮动的命令行窗口

（2）在当前命令提示行中输入的内容，可以按下功能键【F2】，用文本编辑的方法进行编辑，如图 **1-5-18** 所示。AutoCAD 文本窗口和命令提示行相似，它可以显示当前 AutoCAD 进程中命令的输入和执行过程，在执行 AutoCAD 命令时，将自动切换到文本窗口。

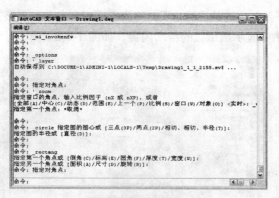

图 1-5-18 文本窗口

AutoCAD 通过命令提示行，反馈各种信息，包括出错的信息，用户需要时刻关注在命令提示行中出现的信息。

1.6 使用帮助

对于初学者来说，拥有一个方便、易用的帮助工具，则对学习起到事半功倍的效果，为此 AutoCAD 2008 特意为用户提供了一个相当易用，而且几乎包含了 AutoCAD 2008 所有的使用方法的【帮助】菜单。

比较常用的获取帮助的方法有使用帮助文档和新功能专题研习两种。

1.6.1 使用帮助文档

通过选择【帮助】|【帮助】菜单，可以打开 AutoCAD 2008 帮助窗口，如图 1-6-1 所示。

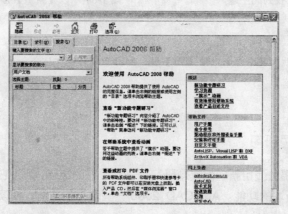

图 1-6-1 AutoCAD 2008 帮助窗口

如果要比较系统地学习帮助的内容，可以在【目录】选项卡中单击目录左边的图标，将其展开以查找所需的帮助内容，如果要快速地查找所需的内容，可以单击【索引】选项卡，在【关键字】文本框中输入需要的主题的名称，下面的列表框中会自动列出该主题的所有内容，选择其中的一项，会在右窗格中显示出相应的帮助内容，如图 **1-6-2** 所示。

图 1-6-2　以【索引】方式查找帮助内容（1）

如果所选择的主题包含多于一个的相关内容，将弹出如图 **1-6-3** 所示的对话框，然后再选择你所需要的相关内容，如图 **1-6-4** 所示。

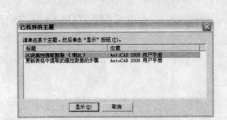

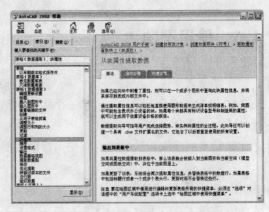

图 1-6-3　已找到的主题　　　　　　　　图 1-6-4　以【索引】方式查找帮助内容（2）

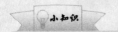

如果在执行某个命令中按【F1】键，则打开帮助窗口后会自动展开与该命令相关的帮助内容。

1.6.2　新功能专题研习

如果是初学者，那么使用新功能专题研习是一种更好的选择，因为它会给用户比较详细地介绍 AutoCAD 2008 新增的功能。AutoCAD 2008 一些增强的功能，使读者比较详细地了解和使用 AutoCAD 2008。

选择【帮助】|【新功能专题研习】菜单，即可出现【新功能专题研习】窗口，如图 **1-6-5** 所示。

图 1-6-5　【新功能专题研习】窗口

在【新功能专题研习】的下拉菜单中我们将会看到 AutoCAD 2008、AutoCAD 2007 和 AutoCAD 2006 的新功能专题研习，读者可以根据需要进行选择，如图 **1-6-6** 所示。

图 1-6-6　选择 AutoCAD 2008 版本

当选择好了版本以后，选择版本下面的列表中的新增功能，则右边将显示相应的详细介绍，如图 **1-6-7** 所示。

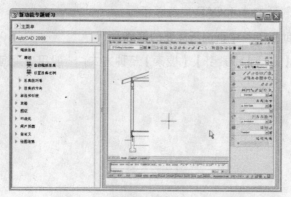

图 1-6-7　【新功能专题研习】演示

○ 本章总结

通过本章的学习，我们初步了解了 AutoCAD 2008 的工作界面，以及工作界面中各部分的基本功能。另外我们还学习了 AutoCAD 2008 的安全启动与退出的操作方法，这为后面我们运用 AutoCAD 2008 进行建筑制图作了充分的准备。

⭕ **有问必答**

问：在完成建筑图形绘制后，如果我们需要退出 AutoCAD，常用的操作方法有哪些？通常会弹出一个询问是否保存的对话框，这又是为什么呢？

答：完成建筑图形绘制后，如果要安全地退出 AutoCAD，通常是不能直接关机或者关闭电源的，因为这样会让图形数据丢失。退出 AutoCAD 的方法包括：在命令行中输入"Quit"或者"Exit"；或者通过标题栏上的【关闭】按钮直接关闭等。通常情况下，如果我们在退出 AutoCAD 之前没有对图形文件进行保存，那么系统将会提示是否保存的对话框。而如果我们直接关闭计算机或者关闭电源将不会提示保存而导致数据丢失。

问：AutoCAD2008 工作界面包括哪些部分？

答：AutoCAD2008 工作界面包括：标题栏、绘图栏、菜单栏、工具栏、命令提示行五个部分。

问：AutoCAD2008 对系统图形卡有什么要求？

答：1024×768VGA 真彩色（最低要求）、Open GL® 兼容三维视频卡（可选支持 Windows 的显示适配器）。必须安装支持硬件加速的 DirectX 9.0c 或更高版本的图形卡。从 ACAD.msi 文件进行的安装不能安装 DirectX 9.0c 或更高版本的图形卡。在这种情况下，需要手动安装用于硬件加速的 DirectX 以进行配置。

问：保存文件有哪几种方式？

答：除了使用🖫按钮外，还可以使用 QSAVE（SAVE AS）或选择【文件】|【保存】(【文件】|【另存为】)命令来保存，如果当前所绘制的图形没有命名，用户可以选择版本比较低的 AutoCAD 保存，以便在版本比较低的 AutoCAD 中能够运行。

问：如何在【帮助】菜单中查询所需要的信息？

答：系统提供了【目录】、【索引】、【搜索】三种方式，一般用户查询的速度比较快，【目录】比较全面。

Study

Chapter

02

建筑绘图环境设置

新手学 AutoCAD 2008 室内与建筑实例完美手册

学习导航

　　每个用户由于所从事的工作和自己的爱好不同，偏爱使用不同的绘图环境。用户可以根据需要设置坐标系、图形文件管理、设置系统参数、绘图空间以及了解相关的建筑绘图的基本规则，中文版 AutoCAD 2008 提供了【选项】对话框，以供用户设置自己的工作环境。

本章要点

- ◉ 坐标系与建筑坐标系
- ◉ 图形文件管理
- ◉ 设置系统参数
- ◉ 建筑绘图基本规则
- ◉ 绘图空间
- ◉ 使用选项卡
- ◉ 使用选项卡

■ 2.1 坐标系与建筑坐标 ■

在绘图过程中，如果要精确定位某个对象的位置，就需要以某个坐标系为参考，AutoCAD 2008 中包括 WCS（世界坐标系）和 UCS（用户坐标系）这两种坐标系，熟练掌握坐标系的使用方法，对于精确绘图是十分重要的。

2.1.1 坐标系

1. 绝对坐标

以坐标原点（0,0,0）为基点定位所有的点。用户可以通过输入（X,Y,AUTOCAD 2008）坐标的方式来定义一个点的位置。如图 2-1-1 所示的图形，O点绝对坐标为（0,0,0），A 点绝对坐标为（4,4,0），B 点绝对坐标为（8,4,0），C 点绝对坐标为（8,7,0）。

如果 AutoCAD 2008 方向坐标为 0，则可省略，若 A点绝对坐标可输入为（4,4），B 点绝对坐标为（8,4），C 点绝对坐标为（8,7）。

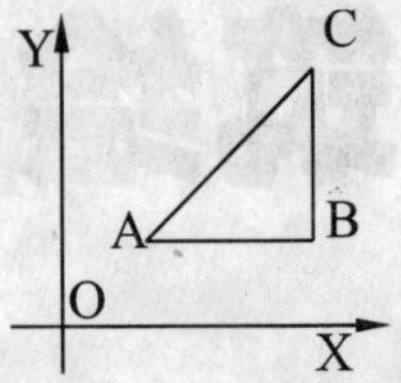

图 2-1-1　世界坐标系

2. 绝对极坐标

以坐标原点（0,0,0）为极点定位所有的点，通过输入相对于极点的距离和角度的方式来定义一个点的位置。AutoCAD 的默认角度正方向是逆时针方向。起始 0 为 X 正向，用户输入极线距离再加一个角度即可指明一个点的位置。其使用格式为：距离<角度。

3. 相对坐标

以某点相对于另一特定点的相对位置定义一个点的位置。相对特定坐标点（X,Y,AUTOCAD 2008）增量为（ΔX,ΔY,ΔAUTOCAD 2008）的坐标点的输入格式为：@ΔX,ΔY,ΔAUTOCAD 2008。"@"字符的使用相当于输入一个相对坐标值（@0,0）或极坐标（@0<任意角度），它指定与前一个点的偏移量为 0。

4. 相对极坐标

以某一特定点为参考极点，输入相对于极点的距离和角度来定义一个点的位置。其使用格式为@距离<角度。

在绘图中，配合多种坐标输入方式，会使绘图更灵活；再配合目标捕捉、夹点编辑等方式，则使绘图更快捷。

2.1.2 绘制建筑坐标

在建筑绘图中，坐标分为测量坐标和施工坐标，其中测量坐标表示实际的坐标值，而施工坐标则是表示相对坐标值。

经典实例

绘制如图 2-1-2 所示的坐标系。

【光盘：源文件\第 02 章\实例 1.dwg】

【实例分析】

利用直线、对象捕捉等多种命令绘制建筑坐标。

【实例效果】

实例效果如图 2-1-2 所示。

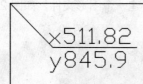

测量坐标   施工坐标

图 2-1-2   建筑坐标系

【实例绘制】

命令: l <对象捕捉追踪 开>	\\输入栏 L 命令
LINE 指定第一点:	\\指定第一点
指定下一点或 [放弃(U)]: <正交 开>	\\指定直线的另一点
指定下一点或 [放弃(U)]:	\\指定下一点
指定下一点或 [闭合(C)/放弃(U)]:	\\回车
命令: _line 指定第一点:	\\交点为第一点
指定下一点或 [放弃(U)]:	\\捕捉 45 度
指定下一点或 [放弃(U)]:	\\指定下一点
指定下一点或 [闭合(C)/放弃(U)]:	\\回车
命令: mtext	\\插入 X 坐标
当前文字样式: "Standard" 文字高度: 2.5 注释性: 否	
指定第一角点:	\\指定文字输入点
指定对角点或 [高度(H)/对正(J)/行距(L)/旋转(R)/样式(S)/宽度(W)/栏(C)]:	\\回车
命令: mtext	\\插入 Y 坐标
当前文字样式: "Standard" 文字高度: 2.5 注释性: 否	
指定第一角点:	\\指定文字输入点
指定对角点或 [高度(H)/对正(J)/行距(L)/旋转(R)/样式(S)/宽度(W)/栏(C)]:	\\回车

2.2   图形文件管理

图形文件的管理是非常重要的，合理地对文件进行管理，对于以后查找文件非常方便。本节主要介绍创建新的图形文件、打开已有的图形文件，以及保存所绘制的图形文件等文件管理操作。

2.2.1   创建新的图形文件

在绘制图形前，需要新建一个图形文件，然后在此新建的图形文件中绘制图形。启动创建新图形文件命令有如下 3 种方法：

- 下拉菜单：执行【绘图】|【新建】命令
- 标准工具栏：
- 命令行：NEW

单击标准工具栏上的新建  按钮，或按下快捷键【Ctrl+N】，打开【选择样板】对话框，然后在对话框中选择 acad 样板，按下 ┃ 打开(O) ┃ 按钮，新建一个图形文件，如图 2-2-1 所示。

图 2-2-1 【选择样板】对话框

> 小知识
>
> 在【名称】列表框中，用户也可以双击需要选择的模板样式名直接打开该样式，对于一般用户选择【acad】样式即可。

2.2.2 打开图形文件

打开已有的图形文件有如下 3 种方法：

- 下拉菜单：执行【文件】|【打开】命令
- 标准工具栏：
- 命令行：OPEN

打开文件的操作步骤如下：

01 启动打开图形文件命令，系统将打开【选择文件】对话框，如图 2-2-2 所示。

图 2-2-2 【选择文件】对话框

02 在【搜索】下拉列表框中指定要打开的文件路径。

03 在【文件类型】下拉列表框中选择要打开的文件类型,该下拉列表框中有图形(*.dwg)、标准(*.dws)、DXF(*.dxf)和图形样板文件(*.dwt)4种类型。

04 在【名称】列表框中选择要打开的文件,右侧的【预览】框中显示了对应的图形,如图 2-2-3 所示。

05 单击 打开(O) 按钮右侧的 ▼ 按钮,系统将打开如图 2-2-4 所示的列表框。在该列表框中可选择需要的打开方式。

图 2-2-3 图形的预览效果

| 打开 (O) |
| 以只读方式打开 (R) |
| 局部打开 (P) |
| 以只读方式局部打开 (T) |

图 2-2-4 打开样式

新手学 AutoCAD 2008 室内与建筑实例完美手册

该列表框中各选项的含义如下:

● 【打开】:单击该选项将直接打开图形。

● 【以只读方式打开】:单击该选项表明文件以只读方式打开,以此方式打开的文件可以进行编辑操作,但编辑后不能直接以原文件名存盘。

● 【局部打开】:单击该选项,系统将打开如图 2-2-5 所示的【局部打开】对话框。如果图样中除了轮廓线、中心线外,还有尺寸、文字等内容,并且分别属于不同的图层,这时,采用【局部打开】方式,可只选择其中某些图层打开图样。

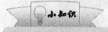

在图样文件较大的情况下可以采用此方式进行打开,从而提高绘图效率。

● 【以只读方式局部打开】:以只读方式打开图样的部分图层图样。

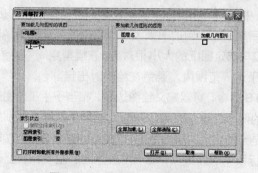

图 2-2-5 【局部打开】对话框

2.2.3 保存图形文件

保存命令的功能是对当前图形存盘,防止绘制的图形丢失。启动保存图形文件命令有如下 3

种方法：

- 下拉菜单：执行【文件】|【保存】命令
- 标准菜单栏：⊟
- 命令行：QSAVE/SAVE AS

保存文件的操作步骤如下：

01 启动保存图形文件命令，系统将打开【图形另存为】对话框，如图 2-2-6 所示。

图 2-2-6 【图形另存为】对话框

02 在【保存于】下拉列表中指定图形文件保存的路径。

03 在【文件名】文本框中指定图形文件的名称。

04 在【文件类型】下拉列表中选择图形文件要保存的文件类型。

05 设置完成后单击 保存(S) 按钮。

▪2.3 设置系统参数 ▪

在绘制建筑图形之前设置适当的绘图界限和图形单位可以保证绘图的准确性。

2.3.1 设置绘图界限

在 AutoCAD 2008 中，可以在模型空间中设置一个假定的矩形区域，称为图形界限。绘图界限即是设置图形绘制完成后输出到的图纸大小。常用图纸规格有 A5~A0，一般称为 0~5 号图纸。绘图界限的设置应与选定图纸的大小相对应。在模型空间中，绘图界限用来规定一个范围，使所建立的模型始终处于这一范围内，避免在绘图时出错。

使用图形界限 LIMITS 命令，可以定义绘图边界，相当于手工绘图时确定图纸的大小。绘图界限是代表绘图极限范围的两个二维点的 WCS 坐标，这两个二维点分别是绘图范围的左下角和右上角，它们确定的矩形就是当前定义的绘图范围，在 AutoCAD 2008 方向上没有绘图极限限制。

图形界限是世界坐标系中的二维点，表示图形范围的左下和右上边界。图形界限有以下几种作用：

- 起到打开界限检查功能之后，图形界限将输入的坐标限制在矩形区域内。
- 起到决定显示栅格点的绘图区域。
- 起到决定 AutoCAD 2008 的 ZOOM 命令相对于图形界限视图的大小。

● 起到决定命令中【全部（A）】选项显示的区域。

启动绘图界限命令有如下两种方法：

● 菜单：【格式】|【图形界限】

● 命令行：LIMITS

使用图形界限 LIMITS 命令，设定绘图界限范围为 420mm×297mm（4 号图纸）。具体操作步骤如下：

01　在命令行上输入图形界限命令 LIMITS，启动图形界限命令。

02　命令行上提示："重新设置模型空间界限:"。

03　在命令行上提示："指定左下角点或 [开（ON）/关（OFF）] <0.0000,0.0000>:" 时，输入绘图区域左下角坐标（0,0）。

04　在命令行提示："指定右上角点<420.0000,297.0000>:" 时，输入绘图区域右上角坐标（420,297）。

2.3.2　设置图形单元

建立绘图界限后，还需要对建筑绘图设置图形单元，步骤如下：

（1）启动设置图形单位命令，启动它有如下两种方法：

● 菜单：【格式】|【单位】

● 命令行：UNITS

执行上述命令后，系统打开【图形单元】对话框，如图 2-3-1 所示。

（2）选择【长度】类型为【小数】，精确单位为小数点后零位，【角度】类型为【十进制度数】，精确为小数点后一位。角度默认方向为逆时针方向。

图 2-3-1　【图形单元】对话框

　　单位 UNITS 命令用于设置绘图单位。默认情况下 AutoCAD 使用十进制单位进行数据显示或数据输入，并且可以根据具体情况设置绘图的单位类型和数据精度。

（3）【插入比例】单位为【毫米】。

（4）单击 方向(D)... 按钮，弹出【方向控制】对话框，如图 2-3-2 所示。基准角度默认为正东方向为 0 度，单击 确定 按钮返回到【图形单位】对话框。

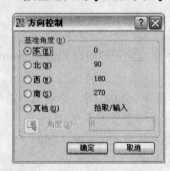

图 2-3-2 【图形单位】对话框

（5）单击 确定 按钮即可完成图形界限的设置。

2.4 绘制建筑图形的基本原则

在进一步探讨使用 AutoCAD 2008 之前，读者应该熟悉在 AutoCAD 2008 里如何进行建筑绘图。根据设计公司许多同行使用 AutoCAD 进行多个大型建筑物的设计经验，下面总结了一些建筑绘图的一般步骤，供读者学习参考。

进行建筑绘图时，首先要了解建筑物的分类、规模和复杂程度，然后根据当地的地形、标高和风向等进行综合的分析，得出建筑物的走向、设计程序和形体的表达式等内容，再进行详细的组织和策划，并制定相应的规则，以使所有参与该项目的人员都能按照该规则进行设计工作。

2.4.1 了解建筑物规模和复杂程度

建筑物按使用功能通常分为工业建筑物、民用建筑物和农业建筑物三大类型，而民用建筑又分为居住建筑和公用建筑物。

一幢建筑物无论是比较简单的小区住宅还是大型复杂的工业建筑，都需要首先了解设计目标以及需要达到的要求。

一般建筑物都需要使用多张图纸作为施工依据，简单的建筑物可能只需要几张图纸即可，但大型复杂的公共建筑则需要几十、几百甚至上千张图纸。一般的情况下，这些图纸都是具有设计资质的单位或者具有设计资格的人员遵照国家颁布的设计规范和有关资料，根据设计任务的要求而设计的。

2.4.2 确定建筑物的设计程序

建筑施工设计图按专业要求的不同又可以分为建筑施工图、结构施工图和设备施工图三种。按照一般的编排顺序是图纸目录、总的说明、建筑施工图、结构施工图和设备施工图。

建筑施工图主要表示房屋的建筑设计内容，如房屋的总体布局、内外形状、大小、构造等。包括总平面布局、平面图、立面图、剖视图和详图等，图 2-4-1 所示为一个小区的住宅平面图。

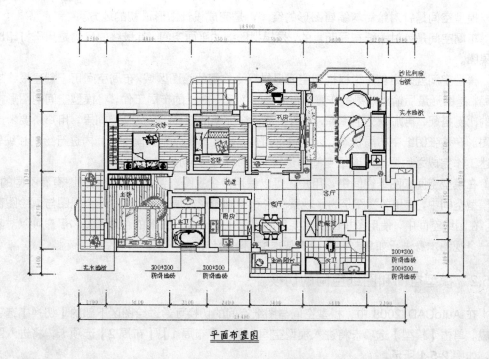

平面布置图

图 2-4-1　住宅平面图

　　结构施工图则包括表示房屋的结构设计内容，如房屋承重构件的布置、构件的形状、大小、材料和构造等，包括结构布置图、构造详图和节点详图等。

　　设备施工图包括建筑内管道与设备的位置与安装情况，包括给排水、采暖通风、电气照明等各种施工图，其内容有各工种的平面布置图、系统图。

　　而根据房屋规模和复杂程度，其设计过程可分为 3 个阶段来完成，即初步设计、技术设计和施工设计。

　　初步设计包括绘图建筑物的总平面图、建筑平面图、里面图、剖面图以及简要说明、主要结构方案以及主要技术经济指标、工程概算书等，以供有关部门分析、研究和审批。

　　技术设计是在初步设计的基础上，进一步确定各专业、各工种之间的技术问题。

　　施工图设计则是建筑设计的最后阶段，其任务是绘制满足施工要求的全套图纸，并编制工程说明书、结构计算书和工程预算等。

■ 2.5　绘图空间 ■

　　在 AutoCAD 中提供了两种绘图空间：模型空间和布局空间。在这两个空间中，用户都可以对图形进行绘制与编辑。而不同的空间有着不同的功能作用。

2.5.1　模型空间和图纸空间的概念

　　在使用 AutoCAD 绘图时，一般二维和三维绘图工作都是在"模型空间"中完成的。模型空间和图纸空间的主要区别在于：

模型空间是针对绘制与编辑图形的空间，是完成设计图形最初的地方。

布局空间是针对图纸布局而言的，是模拟图纸的平面空间，其最终的目的是用于打印出最后效果图。

模型空间就是为创作工程模型空间提供一个广阔的绘图区域。布局空间用于创建最终的打印布局，是图形最后输出效果的布置。布局空间侧重于图纸的布局工作，将模型空间的图形按照不同的比例搭配，再加以文字注释，最终构成一个完整的图形。在这个空间里，用户所要考虑的只是图形在整张图纸中布局状态。因此建议用户在绘图时，应先在模型空间内进行绘制和编辑，在上述工作完成之后再进入图纸空间内进行布局调整，直到最终出图。

在模型空间和图纸空间中，用户还可以使用多个视图。但各自的空间视图有着不同的作用。在模型空间中，使用多视图是为了观察图形和绘制图形方便，因此其中各个视图与原绘图窗口类似。在图纸空间中，使用多视图的主要目的是为了便于进行图纸的合理布局，用户可以对其中任何一个视图本身进行如复制和移动等基本的编辑操作。

2.5.2 模型空间和图纸空间的切换

在 AutoCAD 2008 中，模型空间与图纸空间的切换可通过绘图区下部的【切换】选项卡来完成。单击【模型】选项卡将进入模型空间，单击【布局1】、【布局2】选项卡，将进入图纸空间，如图 2-5-1 所示。

在默认状态下，AutoCAD 2008 将引导用户进入模型空间，但在实际操作时，用户常需进行一些图纸布局方面的设置，具体操作步骤如下。

01 执行【文件】|【页面设置管理器】命令，系统将打开【页面设置管理器】对话框，如图 2-5-2 所示。

02 在【页面设置管理器】对话框中，打开【页面设置-布局】对话框，效果如图 2-5-3 所示。在该对话框中可以进行图纸大小、打印范围、打印比例等方面的设置。设置完成后，单击【确定】按钮，使用 AutoCAD 的默认选项即可进入图纸空间。

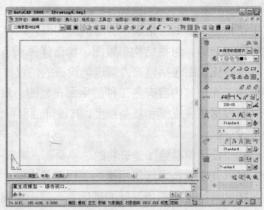

图 2-5-1 选择【布局】选项卡

图 2-5-2 【页面设置管理器】对话框

图 2-5-3 【页面设置-布局1】对话框

2.6　使用选项卡

由于每位读者所从事的工作和自己的爱好不同，偏爱使用不同的绘图环境。所以每位读者可以使用【选项卡】对话框，以供用户设置自己的工作环境。

选择【工具】|【选项】菜单，或在命令行中输入OPTIONS 并按【Enter】键，可以打开【选项】对话框，如图 2-6-1 所示。

在【选项】对话框中有【文件】、【显示】、【打开和保存】、【打印】、【系统】、【用户系统配置】、【草图】、【选项】和【配置】九个选项卡，每个选项卡中包含一组进行绘图环境配置的选项，下面将分别进行介绍。

1. 使用【文件】选项卡

单击【选项】对话框中的【文件】选项卡，如图2-6-2 所示，在该选项卡中可以对 AutoCAD 所需要的文件路径进行设置。

图 2-6-1　【选项】对话框

在【搜索路径、文件名和文件位置】列表中列出了系统当前使用的各组文件，选择其中的一项，会发现下方的文本中会给出该项的注释说明。如我们选择【自定义文件】，则下方的文本将会显示【自定义】的注释说明。如图 2-6-3 所示。

【文件】选项卡右侧几个按钮的功能如下：

图 2-6-2　【文件】选项卡　　　　　　　图 2-6-3　【自定义】注释说明

- 【浏览】：将列表框中的选项展开并选取其中一个文件搜索路径，单击【浏览】按钮，将会打开【浏览文件夹】对话框，如图 2-6-4 所示，用户可以从中选取一个新的文件夹来代替原来的文件搜索路径。
- 【添加】：可以向列表框中添加选定文件夹的搜索路径。
- 【删除】：删除选定的搜索路径或文件。
- 【上移】和【下移】：将选定的搜索路径移动到一个搜索路径之前或之后。
- 置为当前：将选定的工程或拼写词典置为当电词典。

新手学 AutoCAD 2008 室内与建筑实例完美手册

图 2-6-4 【浏览文件夹】对话框

2．使用【显示】选项卡

在【显示】选项卡中可以对中文版 AutoCAD 2008 的绘图区、窗口中使用的颜色、字体等属性进行设置，如图 2-6-5 所示。下面将分别介绍该选项卡中的各个选项区的功能。

图 2-6-5 【显示】选项卡

（1）窗口元素

在【窗口元素】选项区中，可以对 AutoCAD 绘图环境的显示效果进行设置。其中，各选项的功能和含义如下：

- 【图形窗口中显示滚动条】：通过选中或取消该复选框，可以设置是否在绘图区的底部和右侧显示滚动条。
- 【显示屏幕菜单】：通过选中或取消该复选框，可以设置是否在绘图区的右侧显示屏幕菜单。
- 【颜色】：单击【颜色】按钮，将打开【图形窗口颜色】对话框，如图 2-6-6 所示。在【颜色选项】对话框中可以指定 AutoCAD 窗口中元素的颜色。
- 【字体】：单击【字体】按钮，将打开【命令行窗口字体】对话框，如图 2-6-7 所示。【命令行窗口字体】对话框用来指定命令行中文字的字体。

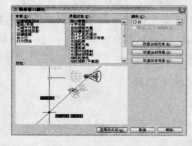

图 2-6-6 【颜色选项】对话框

图 2-6-7 【命令行窗口字体】对话框

（2）布局元素

【布局元素】选项区中包括用来控制现有布局和工作空间的选项。其中，各选项的功能和含义如下：

- 【显示布局和模型】选项卡：该复选框可以设置是否在绘图区的底部显示【布局】和【模型】选项卡。
- 【显示页边距】：该复选框可以确定是否显示布局的页边距。
- 【显示图纸背景】：该复选框可以设置是否在布局中显示指定的图纸尺寸的轮廓。
- 【显示图纸阴影】：该复选框可以设置是否在布局中图纸背景的周围显示阴影。
- 【新建布局时显示"页面设置"对话框】：若选中该复选框，则在第一次选择【布局】选项卡时，将会显示【页面设置】对话框，用来设置与图纸和打印设置相关的选项。
- 【在新布局中创建视口】：若选中该复选框，则在创建新布局时会自动创建一个视口。

（3）十字光标大小

十字光标大小在前面的章节已经讲到，现在就不再赘述。

（4）显示精度

该选项框用于控制对象的显示质量，设置的值越高则显示的质量越高，而性能则随之降低。其中，各选项的功能和含义如下：

- 【圆弧和圆的平滑度】：输入的值越大，则平滑度越高，对系统的影响就越大。
- 【每条多段线的线段数】：数值越高，线段数越多，对系统的影响越大。
- 【渲染对象的平滑度】：控制着色和渲染曲面实体的平滑度。
- 【曲面轮廓】：设置对象上每个曲面的轮廓数目。

（5）显示性能

该选项区中的各选项用于设置 AutoCAD 的显示性能。其中，各选项的功能和含义如下：

- 【带光栅图像平移和缩放】：该复选框用于控制在使用实时平移和缩放时光栅图像的显示。
- 【仅亮显光栅图像边框】：该复选框用于控制光栅图像选择时的显示。
- 【真彩光栅图像和渲染】：该复选框用于控制是否以最优质量显示光栅图像或渲染。
- 【应用实体填充】：若选中该复选框，则会显示对象中的实体填充。
- 【仅显示文字边框】：若选中该复选框，则在绘图区中只显示文字对象的边框而不是显示文字对象。
- 【以线框形式显示轮廓】：该复选框用于控制是否将三维实体对象的轮廓曲线显示为线框，以及当三维实体对象被隐藏时是否绘制网格。

（6）参照编辑的褪色度

再【参照编辑的褪色度】中指定在编辑参照的过程中对象的褪色度值。

3. 使用【打开和保存】选项卡

单击【选项】对话框中的【打开和保存】选项卡，如图 2-6-8 所示。在【打开和保存】选项卡中，

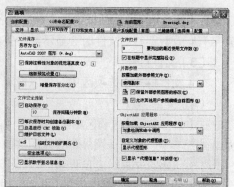

图 2-6-8　【打开和保存】选项卡

新手学 AutoCAD 2008 室内与建筑实例完美手册

可以设置与打开和保存图形文件有关的属性。

（1）文件保存

在【文件保存】选项卡中，可以设置 AutoCAD 中与保存文件相关的功能。其中：

● 【另存为】：在该下拉列表框中可以选择保存文件时使用的有效文件格式。

● 【保存微缩预览图像】：若选中该复选框，则在【选择文件】对话框的【预览】区域中显示该图形文件的图像。

● 【增量保存百分比】：在该文本框中可以设置图形文件中潜在剩余空间的百分比。

（2）文件安全措施

使用【文件安全措施】选项卡中的选项，可以帮助用户避免数据丢失以及检测错误。

● 【自动保存】：若选中该复选框，则系统以【保存间隔分钟数】文本框中指定的时间间隔自动保存图形文件。

● 【保存间隔分钟数】：在该文本框中指定自动保存的时间间隔。

● 【每次保存均创建备份】：若选中该复选框，则每次保存图形文件时都要创建图形文件的备份副本。创建的备份副本和图形文件位于相同的位置。

● 【总进行 CRC 校验】：若选中该复选框，则每次将对象读入图形时都要执行循环冗余校验（CRC）。

● 【维护日志文件】：若选中该复选框，则将文本窗口的内容写入日志文件。

● 【临时文件的扩展名】：在该文本框中可以为当前用户指定唯一的扩展名来标识网络环境中的临时文件。

● 【安全选项】：单击【安全选项】按钮，将打开【安全选项】对话框，如图 2-6-9 所示。

图 2-6-9 【安全选项】对话框

在【安全选项】对话框中提供数字签名的选项及打开文件时的口令。若选中该复选框，则打开带有有效数字签名文件时会显示数字签名的信息。

（3）文件打开

在【文件打开】选项区中，可以设置与最近使用过的文件及打开的文件相关的属性。

（4）外部参照

在【外部参照】选项区中可以设置、编辑和加载外部参照的有关属性，确定是否使用按需要加载外部参照、是否保留外部参照图层的修改，以及是否允许其他用户参照编辑当前图形。

（5）ObjectARX 应用程序

在【ObjectARX 应用程序】选项区中可以进行与【AutoCAD 实时扩展】应用程序及代理图形的有关设置。

4．使用【打印和发布】选项卡

单击【选项】对话框中的【打印和发布】选项卡，如图 2-6-10 所示，在【打印和发布】选项卡中可以设置打印机、打印样式等打印相关操作的属性。

5．使用【系统】选项卡

单击【选项】对话框中的【系统】选项卡，如图 2-6-11 所示。在【系统】选项卡中可以对整个 AutoCAD 系统进行设置。

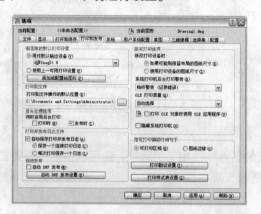

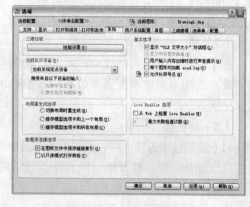

　　图 2-6-10　【打印和发布】选项卡　　　　　　　图 2-6-11　【系统】选项卡

（1）三维性能

单击【三维性能】则会显示【自适应降级与性能调节】对话框，如图 2-6-12 所示。在这里可以设置当前三维图形的显示系统及显示特性等属性。

（2）当前定点设备

在【当前定点设备】选项区可以选择定点设备，以及接受输入的方式等与定点设备有关的属性。

（3）布局重生成选项

该选项区的各选项用于指定【模型】和【布局】选项卡中的显示列表如何更新。

（4）数据库连接选项

在【数据库连接选项】选项区中，可以设置与数据库连接信息相关的设置。

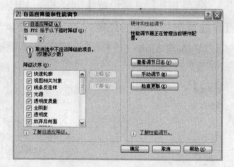

图 2-6-12　【自适应降级与性能调节】对话框

（5）基本选项

在【基本选项】选项区中，可以设置与系统设置相关的基本选项。

（6）Live Enabler 选项

在【Live Enabler 选项】选项区中，可以指定 AutoCAD 是否检查对象激活器。

新手学 AutoCAD 2008 室内与建筑实例完美手册

6．使用【用户系统配置】选项卡

单击【选项】对话框中的【用户系统配置】选项卡，如图 2-6-13 所示。在该选项卡中可以设置用户输入优先级、对象排列、线宽等用户在绘图时常用的配置属性，以优化工作方式。

（1）Windows 标准

在【Windows】选项卡中，可以设置是采用符合 Windows 标准的加速键和快捷菜单，还是采用 AutoCAD 中设置的按键和单击鼠标右键的方式。

（2）插入比例

在【插入比例】选项区中，可以设置使用中心将对象拖入图形时的源图形单位和目标图形单位的默认比例。

图 2-6-13　【用户系统配置】选项卡

（3）超链接

在【超链接】选项卡中，可以设置与超链接的显示特性相关的选项，还可以指定是否要显示超链接鼠标指针和快捷菜单，以及是否显示超链接工具栏提示。

（4）字段

在【字段】里可以设置字段的背景等，单击【字段更新设置】将会弹出【字段更新设置】，如图 2-6-14 所示。在此对话框中读者可以根据需要进行设置。

（5）坐标数据输入的优先级

使用该选项区的选项，可以设置 AutoCAD 响应坐标数据输入的优先权。

（6）关联标注

【关联标注】选项区的选项用于控制是否创建关联标注对象，使标注尺寸与标注的对象关联。

（7）放弃/重做

用户可以根据需要选择【放弃/重做】。

（8）线宽设置

单击【线宽设置】按钮，将会打开【线宽设置】对话框，如图 2-6-15 所示。在此对话框中可以设置显示特性和默认值等线宽选项，同时还能设置当前线宽。

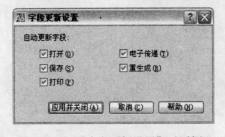

图 2-6-14　【字段更新设置】对话框

图 2-6-15　【线宽设置】对话框

7．使用【草图】选项卡

单击【选项】对话框中的【草图】选项卡，如图 2-6-16 所示。在【草图】选项卡中，可以设置自动捕捉、自动追踪以及标记大小等绘制草图时要用到的各项属性。

（1）自动捕捉设置

该选项区中的选项用来控制使用对象捕捉时显示的形象化辅助工具的相关设置。如果鼠标指针或靶框处在对象上，可以按【Tab】键遍历该对象的所有可用捕捉点。

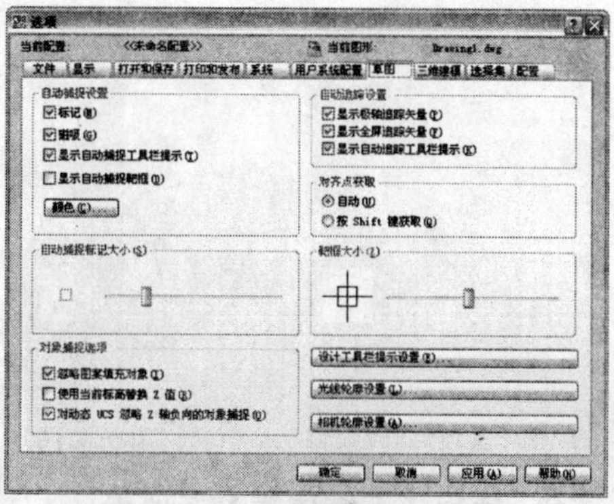

（2）自动捕捉标记大小

通过移动滑块来设置自动捕捉标记的显示尺寸。在【草图】选项卡中，拖动【靶框大小】的滑动钮可调整十字光标中心的捕捉框大小。在滑杆左边的预览框中可预览捕捉框的大小。取值范围为 4～50 像素，值越大，靶框就越大，设置完成后，按 __确定__ 按钮，完成操作。

图 2-6-16 【草图】对话框

（3）对象捕捉选项

对对象捕捉时的各种特性的设置。

（4）自动追踪设置

在该选项中可以设置与自动追踪有关的属性。

（5）设计工具栏提示设置

单击【设计工具栏提示设置】将会显示【工具栏提示外观】，如图 2-6-17 所示，在此可以对其进行相关的设置。

（6）光线轮廓设置

单击【光线轮廓设置】将会显示【光线轮廓外观】，如图 2-6-18 所示。在此可以按照读者喜欢的轮廓外观进行设置。

图 2-6-17 【工具栏提示外观】对话框

图 2-6-18 【光线轮廓外观】对话框

（7）对齐点获取

该选项区用于控制在图形中显示对齐矢量的方法。

（8）靶框大小

通过拖动滑块，可以设置自动捕捉靶框的显示尺寸。

（9）相机轮廓设置

单击【相机轮廓设置】将会显示【相机轮廓外观】对话框，如图 2-6-19 所示。在此读者可以设置相机轮廓颜色以及轮廓尺寸。

新手学 AutoCAD 2008 室内与建筑实例完美手册

图 2-6-19 【相机轮廓外观】对话框

8．使用【三维建模】选项卡

单击【选项】对话框的【三维建模】选项卡，如图 2-6-20 所示。在【三维建模】选项卡中可以设置用于三维建模的各种参数。

（1）三维十字光标

在【三维十字光标】中读者可以对光标进行按照自己的风格进行设置。

（2）显示 UCS 图标

在【显示 UCS 图标】复选框里读者可以设置 UCS 在各种投影的显示与否。

（3）动态输入

在【动态输入】中读者可以设置在指针输入的过程中是否显示 z 字段。

图 2-6-20 【三维建模】选项卡

（4）三维对象

在【三维对象】中读者可以对创建三维对象要使用的视觉样式、删除控件以及曲面上的 U 索线数和 V 索线数进行设置。

（5）三维导航

在【三维导航】中读者可以单击【漫游与飞行设置】和【动画设置】进行设置，如图 2-6-21 和图 2-6-22 所示。

图 2-6-21 【漫游与飞行设置】对话框

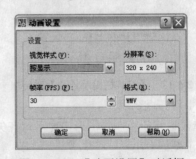

图 2-6-22 【动画设置】对话框

9．使用【选择集】选项卡

单击【选项】对话框中的【选择集】选项卡，如图 2-6-23 所示。在【选择集】选项卡中可以设置用于选择的拾取框、选择集预览、拾取框大小、选择模式、夹点大小以及夹点。

（1）拾取框大小

拾取框是在编辑命令中出现的选择对象矩形框，通过移动滑块可以改变拾取框的显示尺寸。

（2）选择集预览

在该对话框中，单击【视觉效果设置】，如图 2-6-24 所示，可以在该对话框中设置读者需要的风格。

图 2-6-23 【选择集】选项卡   图 2-6-24 【视觉效果设置】对话框

（3）选择模式

在【选择模式】选项卡中，可以设置选择对象时所采用的模式。

（4）夹点大小

夹点是一些小方块，使用定点设备指定对象时，对象关键点上将出现夹点。用户可以拖着夹点直接而快速地编辑对象。在【夹点大小】选项卡，可以改变夹点的显示尺寸。

（5）夹点

在该选项区中，可以设置与夹点相关的属性。在对象被选中以后，其上将显示夹点，即一些小方块。

10. 使用【配置】选项卡

单击【选项】对话框中的【配置】选项卡，如图 2-6-25 所示。在【配置】选项卡中，可以设置系统配置文件。其中各选项的含义如下：

● 【可以配置】：在【可用配置】列表中显示了可用配置的列表。

● 【置为当前】：在【置为当前】列表中选择了某项配置后，单击【置为当前】按钮，即可使所选的配置为当前的配置。

● 【添加到列表】：单击该按钮，将会打开【添加配置】对话框，如图 2-6-26 所示。

● 【重置】：单击该按钮，即可将选定配置中的值重置为系统默认设置。

图 2-6-25 【配置】选项卡   图 2-6-26 【添加配置】对话框

本章总结

　　本章我们学习了建筑绘图环境的基本设置，包括坐标系与建筑系的建立、图形文件的管理，以及系统参数的设置，同时我们还介绍了绘制建筑图形的基本原则，以及绘图空间的介绍，最后还介绍了如何使用选项卡。这些基本知识的掌握对以后我们进行绘图有十分重要的意义，希望读者好好掌握本章的内容。

有问必答

　　问：坐标系与建筑坐标系有什么区别？

　　答：坐标系是指在创建图形文件时，系统默认的坐标系为世界坐标系，而在建筑绘图中，坐标分为测量坐标和施工坐标，其中测量坐标表示实际的坐标值，而施工坐标则是表示相对坐标值。

　　问：图形文件操作包括哪些？

　　答：图形文件操作包括创建新的图形文件（要注意选择文件的类型）、打开图形文件（要注意低版本的软件不能打开以高版本保存的文件），以及保存图形文件。

　　问：模型空间与图纸空间的切换方式有哪些？

　　答：模型空间与图纸空间的切换方式有：

● 单击状态栏中的【MODEL】按钮进行切换。

● 在命令行中输入 PSPACE 或 MSPACE 进行切换。

● 在布局视口中双击鼠标，可以直接转换为模型空间。

　　以上的操作是指在图纸空间下的模型空间显示状态，若回到原始的模型状态则需要单击屏幕左下角的【MODEL】选项卡。

　　问：在绘制建筑图形时要做哪些考察内容？

　　答：首先要了解建筑物的分类、规模和复杂程度，然后根据当地的地形、标高和风向等进行综合的分析，得出建筑物的走向、设计程序和形体的表达式等内容，再进行详细的组织和策划，并制定相应的规则。

　　问：为什么要设置选项卡的内容？

　　答：由于每位读者所从事的工作和自己的爱好不同，偏爱使用不同的绘图环境。所以每位读者可以使用【选项卡】对话框，以供用户设置自己的工作环境。

Study

Chapter

03

建筑 CAD 的绘制基础

学习导航

本章将介绍如何使用 AutoCAD 2008 绘制一些基本的图形，如点、直线、矩形、圆等图形。这些基本的图形均是复杂图形的基石，只有熟练地掌握了这些基本对象的简便绘制方法，在后面绘制大型复杂建筑图形时才能得心应手，举一反三。

本章要点

- ◎ 建筑绘图命令
- ◎ 绘制点对象
- ◎ 绘制线性对象
- ◎ 实例
- ◎ 绘制曲线对象

■3.1 AutoCAD 2008 建筑绘图命令 ■

AutoCAD 2008 提供了多种绘制命令，用户可以在【绘图】工具栏中单击相应按钮调用这些绘制图形的命令，也可以通过【绘图】菜单来选择调用这些绘制命令，如图 3-1-1 所示。

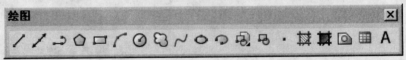

图 3-1-1　【绘图】工具栏和【绘图】菜单

小知识

大部分命令可以通过绘图工具栏或绘图下拉菜单就能够方便地启动，但是有些命令只能够在命令提示行中。

■3.2 绘制点对象 ■

点的绘制在图形设计中是非常有用的，但在绘图的过程中，点一般作为绘制其他图形的特征点或者标识，很少单独地绘制成图形。例如，可将点对象用作捕捉和偏移对象的节点或参考点。在 AutoCAD 中，点可以作为实体，用户可以像绘制直线、圆和圆弧一样绘制点和编辑点。

3.2.1 设置点的样式

在 AutoCAD 中，可以使用以下 3 种方法绘制点：

● 命令：POINT

● 菜单:【绘图】|【点】
● 工具栏:【绘图】|【 · (点)】

在【绘图】菜单【点】的子菜单中,系统提供了 4 种绘制点的方法,如图 3-2-1 所示。

在缺省情况下,AutoCAD 中的点就是一个小黑点,可以通过【点样式】对话框来设置点的样式和尺寸。设置点的样式和尺寸的操作步骤如下:

(1)执行以下操作之一打开【点样式】对话框:

● 【格式】|【点样式】
● 在命令行中输入 DDPTYPE 并按【Enter】键

打开的【点样式】对话框如图 3-2-2 所示。

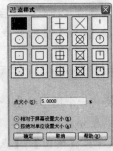

点(O)	▶	单点(S)
图案填充(H)...		· 多点(P)
渐变色...		定数等分(D)
边界(B)...		定距等分(M)

图 3-2-1 【点】的子菜单   图 3-2-2 【点样式】对话框

(2)在【点样式】对话框上方的 20 种样式图中选择一种样式。为了便于观察,这里第二行第三列的样式。

(3)选中【相对于屏幕设置大小】或【按绝对单位设置大小】单选按钮,指定是按照哪种单位设置点的尺寸。

(4)在【点大小】文本框中输入一个数值来确定点的大小。

(5)单击【确定】按钮,即可改变点的格式。

> 无论在绘制的过程中用户设定了多少种点样式,在屏幕上都只能显示最后设定的样式。

3.2.2 绘制单个点和多个点

绘制单个点操作步骤如下:

(1)执行以下操作之一,开始绘制点的操作:

● 菜单:【绘图】|【点】|【单点】
● 在命令行中输入 POINT,并按【Enter】键

命令行中给出的提示如下:

命令: POINT   \\输入命令
当前点模式: PDMODE=34 PDSIZE=0.0000   \\点样式
指定点: \\指定点的位置

(2)在绘图区中用鼠标选取一点,或在命令行中输入一个坐标来确定点的位置。绘制多个

点的方法可以在执行一次命令的过程中绘制多个点，操作步骤如下：

01 执行以下操作之一，开始绘制点的操作：

● 菜单：【绘图】|【点】|【多点】

● 单击【标准】工具栏中的【点】按钮 ·

命令行中给出的提示如下：

命令：_point   \\输入点命令

当前点模式：PDMODE=0 PDSIZE=0.0000 \\当前点模式

指定点：   \\指定点的位置

02 在绘图区的不同位置单击鼠标左键以选取多个点，或在命令行中输入多个坐标来确定点的位置，每输入一个坐标后按一次【Enter】键。

03 按【Esc】键结束命令。

3.2.3 定数和定距等分点

如果要将一个图形对象（如直线段）分成确定数量的若干等分，则可以使用定数等分点命令。

下面以等分直线段为例，执行以下操作之一，开始绘制定数等分点操作：

● 菜单：【绘图】|【点】|【定数等分】

● 在命令行中输入 DIVIDE，并按【Enter】键

命令行中给出的提示如下：

命令：_divide   \\输入定数等分命令

选择要定数等分的对象：.   \\选取要定数等分的直线段

输入线段数目或 [块(B)]:5   \\要将直线段分为 5 等分

执行结果如图 2-2-3 所示。

定距等分点的作用与定数等分点相似，它是以确定的距离来等分指定的图形对象的。

执行以下操作之一，开始绘制定距等分点操作：

● 菜单：【绘图】|【点】|【定距等分】

● 在命令行中输入 MEASURE，并按【Enter】键

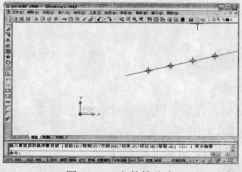

图 3-2-3 定数等分点

执行定数等分操作时，系统会根据对象的长度以及等分的数量自动计算出等分的距离。

命令行中给出的提示如下：

命令: _measure   \\启动命令
选择要定距等分的对象：   \\选取要定距等分的图形对象
指定线段长度或 [块(B)]:5   \\指定等分的长度

3.2.4 经典实例

经典实例

绘制如图 3-2-4 所示的建筑装饰图案。

【光盘：源文件\第 03 章\实例 1.dwg】

【实例分析】

利用设置点样式，定制和绘制点多种命令来绘制一个
建筑装饰图案。

【实例效果】

实例效果如图 3-2-4 所示。

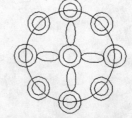

图 3-2-4　建筑装饰图案

【实例绘制】

01 绘制圆。在【绘图】工具栏中单击【圆】按钮。命令行提示如下：

命令: _circle 指定圆的圆心或 [三点(3P)/两点(2P)/相切、相切、半径(T)]:\\在窗口任意确定一点为圆心
指定圆的半径或 [直径(D)]: 100   \\输入圆的半径

02 单击【格式】|【点样式】命令，在弹出的【点样式】对话框中选择第二行第二列的样
式，然后单击【确定】按钮，定制好点的样式。

03 绘制等分定点。选择【绘图】|【点】|【定数等分】，命令行提示如下，结果如图 3-2-5 所示。

命令: _divide
选择要定数等分的对象：   \\(选中刚绘制的圆)
输入线段数目或 [块(B)]: 8 \\输入线段

04 单击【工具】栏中的【草图设置】按钮。在【草图设置】选项卡中，选中【节点】和
【对象捕捉】复选框，单击【确定】按钮。

05 在【绘图】工具栏中单击【圆】按钮，用光标捕捉一个点后单击，然后输入半径值为
15，按回车键，绘制一个半径为 25 圆。重复以上操作依次捕捉其他的点，并绘制半径为 15 的
圆，如图 3-2-6 所示。

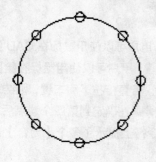

图 3-2-5　定数等分圆

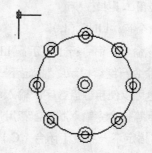

图 3-2-6　以各点为圆心绘制半径为 15 的圆

06 在【绘图】工具栏中单击【椭圆】按钮，再在【草图设置】选项卡中，选中【象限点】复选框，单击【确定】按钮，命令行提示如下：

命令：_ellipse   \\输入该命令

指定椭圆的轴端点或 [圆弧(A)/中心点(C)]: \\ 选中圆心处小圆上部的象限点

指定轴的另一个端点：   \\选中大圆最顶部小圆下面的象限点

指定另一条半轴长度或 [旋转(R)]: 10   \\输入另一条半轴的长度

07 绘制结果如图 3-2-7 所示。

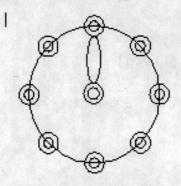

图 3-2-7 捕捉小圆的象限点绘制椭圆

重复步骤 06 的操作绘制其他的三个椭圆，最终效果如图 **3-2-4** 所示。

3.3 绘制线性对象

在建筑绘图中，线性对象起到定位、辅助的作用，比如定位轴线、中心线等。所谓线性对象，即由一条线段或一系列相连的线段组成的简单对象。直线是最简单的线性对象。

3.3.1 直线的绘制

直线命令是绘图过程中使用最为频繁的，是组成图形的基本图形对象之一。用户可以选择两个端点绘制一条直线，选择端点时，没有方向的限制，可以从左到右，也可以从右到左。启动直线命令的方法有如下 3 种：

● 菜单：【绘图】|【直线】命令

● 绘图工具栏： ✏

● 命令行：LINE（L）

启动该命令后命令行上提示："LINE 指定第一点："，用户可以使用鼠标在 CAD 绘图区内确定一点。命令行继续提示："指定下一点或 [放弃（U）]："，用户可以使用鼠标在绘图区内指定下一点，也可以使用键盘数字区输入点的坐标值进行定位。若直接按下回车键，则结束直线绘制命令，回到等待命令输入状态。若用户连续确定直线端点，则在确定到第四个端点后，命令行上将提示："指定下一点或 [闭合（C）/放弃（U）]："。命令行上提示了多个【闭合】选项，该选项用于绘制直线首尾重合形成封闭图形。

3.3.2　经典实例

绘制如图 3-3-1 所示的矩形。

【光盘：源文件\第 03 章\实例 2.dwg 】

【实例分析】

利用直线命令绘制矩形。

【实例效果】

实例效果如图 3-3-1 所示。

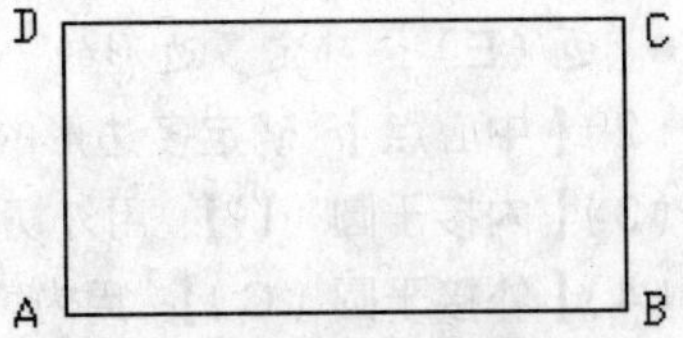

图 3-3-1　图形效果

【实例绘制】

01　在命令行上输入直线命令 LINE，启动直线命令。

02　命令行上提示："LINE 指定第一点："时，按下鼠标左键在绘图区指定 A 点。

03　在命令行上提示："指定下一点或 [放弃（U）]："时，输入 B 点相对于 A 点的坐标@200,0。

04　在命令行提示："指定下一点或 [放弃（U）]："时，输入 C 点相对于 B 点的坐标@0,100。

05　在命令行提示："指定下一点或 [放弃（U）]："时，输入第三点 C 的相对坐标@0,1000。

06　在命令行提示："指定下一点或 [闭合（C）/放弃（U）]："时，输入 D 点相对于 C 点的坐标@-200,0。

07　在命令行提示："指定下一点或 [闭合（C）/放弃（U）]："时，输入 C 封闭图形。

直线在 AutoCAD 的绘图过程中，是使用最为频繁的，它不仅可以作为图形的一部分，而且可以作为辅助线段使用。

在使用直线 LINE 命令绘制连续线段时，可以在提示行输入 UNDO（U）命令取消上一次的操作，然后重新执行行下一步操作。

3.3.3　绘制正多边形

正多边形是具有 3～1024 条等边长的闭合多段线。创建正多边形是绘制正方形、等边三角形、八边形等图形的简单方法。

启动正多边形的方法有如下 3 种：

● 菜单：【绘图】|【正多边形】

● 绘图工具栏：⬡

● 命令行：POLYGON（POL）

正多边形 POLYGON 命令，用于绘制从 3～1024 条边的正多边形，该命令在机械设计中常用于绘制螺母等机械部件。绘制正多边形的方法有如下 3 种：

● 内切圆法：多边形的各边与假设圆相切，需要指定边数和半径。

● 外接圆法：多边形的顶点均位于假设圆的弧上，需要指定边数和半径。

● 边长方式：上面两种方式是以假设圆的大小确定多边形的边长，而边长方式则直接给出边长的大小和方向。

启动正多边形 POLYGON 命令后，系统将出现提示："输入边的数目<4>:"。其中各项的含义解释如下：

（1）【输入边的数目】：指定多边形边数，系统缺省设置为 4，即正方形。然后命令行提示"指定正多边形的中心点或［边（E）]:"，其中各边(E)的功能是：

● 边（E）：确定多边形的一条边来绘制正多边形，它由边数和边长确定。

（2）【中心点】：确定多边形的中心。

（3）【内接于圆（I）】：用外切圆方式来定义多边形。

（4）【外接于圆（C）】：用内切圆方式来定义多边形。

（5）【指定圆的半径】：输入圆的半径确定绘制正多边形的大小。

3.3.4 经典实例

绘制如图 3-3-2 所示的图形。

【光盘：源文件\第 03 章\实例 3.dwg】

【实例分析】

利用正多边形命令绘制两个正六边形。

【实例效果】

实例效果如图 3-3-2 所示。

【实例绘制】

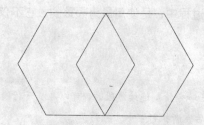

图 3-3-2 正六边形效果图

01 在命令行上输入正多边形命令 POLYGON，启动正多边形命令。

02 命令行上提示："输入边的数目 <4>:"，输入多边形的边数 6。

03 在命令行上提示："指定正多边形的中心点或［边（E）]:" 时，在绘图区按下鼠标左键，指定中心点。

04 在命令行提示："输入选项［内接于圆（I）/外切于圆（C）] <I>:" 时，直接按下回车键默认内接于圆的命令 I。

05 在命令行提示："指定圆的半径:" 时，输入正多边形内接于圆的半径 550，并按下回车键结束正多边形命令，效果如图 3-3-3 所示。

06 再次在命令行上输入正多边形命令 POLYGON，启动正多边形命令。

07 命令行上提示："输入边的数目 <6>:"，直接按下回车键默认正多边形的边数。

08 在命令行上提示："指定正多边形的中心点或［边（E）]:" 时，捕捉如图 3-3-4 所示的正多边形顶角 A，指定中心点。

09 在命令行提示："输入选项［内接于圆（I）/外切于圆（C）] <I>:" 时，直接按下回车键默认内接于圆的命令 I。

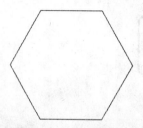

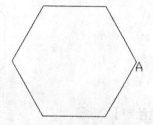

图 3-3-3　正六边形　　　　　　　　　　　　　图 3-3-4　捕捉中心点

10　在命令行提示："指定圆的半径:"时，输入正多边形内接于圆的半径 550，并按下回车键结束正多边形命令，效果如图 3-3-2 所示。

> 　　在创建正多边形的过程中，用户如果已知正多边形中心于每条边（内接）端点之间的距离，则可以指定其半径；如果已知正多边形中心于每条边（外切）中点之间的距离，则可以指定其半径；另外还可以指定边的长度和放置的位置。

3.3.5　绘制矩形

　　矩形是绘图中应用频率较高的一种，同时也是常用的基本图元。矩形命令 RECTANG 以指定两个对角点的方式绘制矩形，当两角点形成的边相同时则生成正方形。在 AutoCAD 2008 中启动矩形命令的方法有如下 3 种：

- 菜单：【绘图】|【矩形】
- 绘图工具栏：▭
- 命令行：RECTANG（REC）

　　启动矩形 RECTANG 命令后，系统提示"指定第一个角点或［倒角（C）/标高（E）/圆角（F）/厚度（T）/宽度（W）］:"。各选项的含义如下：

（1）【倒角】：设置矩形的倒角距离。

（2）【标高】：设置矩形在三维空间中的基面高度。

（3）【圆角】：设置矩形的圆角半径。

（4）【厚度】：设置矩形的厚度，即三维空间 Z 轴方向的高度。

（5）【宽度】：设置矩形的线条粗细。

3.3.6　经典实例

　　绘制如图 3-3-5 所示的图形。

【光盘：源文件\第 03 章\实例 4.dwg】

【实例分析】

利用矩形命令绘制一个矩形，再启用圆角命令对矩形的四个角进行圆角。

【实例效果】

实例效果如图 3-3-5 所示。

图 3-3-5　绘制倒角矩形

【实例绘制】

01　在命令行上输入矩形 RECTANG 命令，启动矩形命令。

02　命令行上提示："指定第一个角点或[倒角(C)/标高(E)/圆角(F)/厚度(T)/宽度(W)]:"时，输入 F 设置圆角模式。

03　在命令行上提示："指定矩形的圆角半径 <0.0000>:"时，输入第一个圆角距离 50。

04　在命令行上提示："指定第一个角点或[倒角(C)/标高(E)/圆角(F)/厚度(T)/宽度(W)]:"时，输入 W 设置线型。

05　在命令行上提示："指定矩形的线宽<0.0000>:"时，输入线宽 10。

06　在命令行上提示："指定第一个角点或[倒角(C)/标高(E)/圆角(F)/厚度(T)/宽度(W)]:"时，在绘图区按下鼠标左键确定矩形的起点。

07　在命令行提示："指定另一个角点或 [面积(A)/尺寸(D)/旋转(R)]:"时，输入矩形的第二个角点@1000,500。

　　在绘制矩形选择对角点时没有方向性，既可以从左到右，也可以从右到左。另外，利用 Rectang 命令绘制出来的矩形是一条闭合的多段线。如果要单独编辑某一条边，则必须使用 Explode 命令将其分解以后才能进行单独操作。

3.3.7　绘制与编辑多线对象

　　多条平行线组成的线型称为多线。多线是作为单个对象创建的相互连接的序列线段。可以创建直线段、弧线段或两者的组合线段。

　　多线可以包含 1～16 条平行线，在绘制多线时，需要指定一个起点和端点，一条多线可以由一条或多条平行直线段组成。通过指定每个元素距多线圆点的预想的偏移量确定元素的位置，创建和保存多线样式，或者使用包含两个元素的默认样式。

1．绘制多线

　　多线 MLINE 命令用于绘制多条相互平行的线，每条线的颜色和线型可以相同，也可以不同。启动多线命令的方法有如下两种：

● 菜单：【绘图】|【多线】

● 命令行：MLINE

　　多线的线宽、偏移、比例、样式和端头交接方式都可以用 MLINE 和 MLSTYLE 命令控制。执行多线 MLINE 命令后，命令行提示："指定起点或 [对正（J）/比例（S）/样式（ST）]:"。其各选项的含义如下：

　　（1）【对正（J）】：该选项用于决定多线相对于用户输入端点的偏移位置，选择对正选项后，系统将继续提示："输入对正类型［上（T）/无（Z）/下（B）］＜下＞:"。

（2）【比例（S）】：该选项控制定义的平行多线绘制时的比例，相同的样式用不同的比例绘制时，平行多线的宽度会不一样，负比例将偏移顺序反转。

（3）【样式（ST）】：该选项用于定义平行多线的线型。在"输入多线样式名或［？]"提示后输入已定义的线型名。

经典实例

绘制如图 3-3-6 所示的图形。

【光盘：源文件\第 03 章\实例 5.dwg】

【实例分析】

启用多线命令，在正交开启的状态下绘制而成。

【实例效果】

实例效果如图 3-3-6 所示。

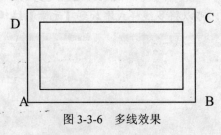

图 3-3-6   多线效果

【实例绘制】

01   在命令行上输入 MLINE，启动多线命令。

02   命令行上提示："当前设置：对正＝上，比例＝20.00，样式＝STANDARD1"，显示当前平行多线样式特征。

03   当命令行上提示："指定起点或［对正（J）/比例（S）/样式（ST）]:"时，在绘图区按下鼠标左键，指定起始点 A。

04   在命令行提示："指定下一点:"时，输入第二点 B 的相对坐标@2000,0。

05   在命令行提示："指定下一点或［放弃（U）]:"时，输入第三点 C 的相对坐标@0,1000。

06   在命令行提示："指定下一点或［闭合（C）/放弃（U）]:"时，输入第四点 D 的相对坐标@-2000,0。

07   在命令行提示："指定下一点或［闭合（C）/放弃（U）]:"时，输入 C 闭合平行多线。

平行多线分解后将变成一条直线段。平行多线不能使用偏移命令 OFFSET，也不能使用倒角 CHAMFER、圆角 FILLET、延伸 EXTEND、修剪 TRIM 等命令编辑。

2. 设置多线样式

在 AutoCAD 中，可以创建多线的命令样式，以控制元素的数量、背景填充、封口以及每个元素的特征。设置多线样式的具体操作步骤如下：

01   执行【格式】|【多线样式】命令，系统将打开【多线样式】对话框，如图 3-3-7 所示。

新手学 AutoCAD 2008 室内与建筑实例完美手册

02 单击该对话框中的按钮 ，将打开【创建新的多线样式】对话框，在该对话框的【新样式名】文本框中，输入新建的样式名，如：1，如图 3-3-8 所示。

图 3-3-7 【多线样式】对话框   图 3-3-8 【创建新的多线样式】对话框

03 单击该对话框中 继续 的按钮，将打开【新建多线样式：1】对话框，如图 3-3-9 所示。然后单击 添加(A) 按钮，可以将多线样式添加到【元素】编辑框中，如图 3-3-10 所示。

图 3-3-9 【创建新的多线样式】对话框   图 3-3-10 【创建新的多线样式】对话框

 小知识

【新建多线样式：1】对话框中【偏移】、【添加】、【删除】各项的含义如下。

- 【偏移】：在【元素】编辑框中选择要修改的元素，然后在下面的【偏移】文本框内输入偏移距离值，系统默认的偏移值是 0.5。
- 【添加】：单击该案例向多线内添加新的元素，直到添加完成。
- 【删除】：单击该按钮将多线中的元素删除掉。

04 单击【颜色】下拉列表，选择需要的颜色，单击 选择颜色... 选项，将打开【选择颜色】对话框，如图 3-3-11 所示。在该对话框中可以选择颜色赋予多线元素。在该按钮右边有一个小方框显示着当前多线元素的颜色。

05 单击 线型(Y)... 按钮，打开【选择线型】对话框，如图 3-3-12 所示。在该对话框中选择需要的线型，然后单击 确定 按钮即可对多线元素设置线型样式。若对

图 3-3-11 【选择颜色】对话框

话框中没有需要的线型，则单击 加载(L)... 按钮，打开如图 3-3-13 所示的【加载或重载线型】对话框，在该对话框中选择所需要的线型。

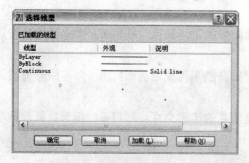
图 3-3-12 【选择线型】对话框

图 3-3-13 【加载或重载线型】对话框

06 最后在【新建多线样式：1】对话框左边区域对多线的特性进行设置。CAD 系统一共提供了【直线】、【外弧】、【内弧】3 种多线封口特性。在【直线】特性栏的【起点】处打"√"，表示在多线的起点处以直线封口；在【端点】处打"√"，表示在多线的端点处以直线封口，如图 3-3-14 所示。

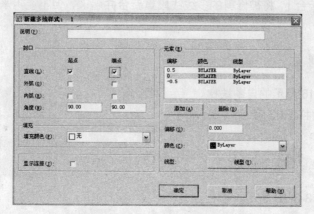
图 3-3-14 【新建多线样式：1】对话框

3．编辑多线

使用编辑多线命令绘制出来的多线图形，一般都需要对其进行编辑处理。编辑多线 MLEDIT 命令可以对多线的交接、断开、形体进行控制和编辑。多线除可以进行整体编辑外，还可使用 MLEDIT 命令编辑其特征。启动编辑多线命令的方法有如下两种：

● 菜单：【修改】|【对象】|【多线】
● 命令行：MLEDIT

在命令行中输入编辑多线 MLEDIT 命令，打开如图 3-3-15 所示的【多线编辑工具】对话框。其中各选项的含义如下：

（1）【十字闭合】：指在两组多线之间创建闭合的十字交点，在此交叉口中，第一条多线保持原状，第二条多线被修剪成与第一条多线分离的形状。

图 3-3-15 【多线编辑工具】对话框

新手学 AutoCAD 2008 室内与建筑实例完美手册

（2）【十字打开】：是在两条多线之间创建开放的十字交点。

（3）【十字合并】：是指在两条多线之间创建合并的十字交点，在此交叉口中，第一条多线和第二条多线的所有直线都修剪到交叉的部分。

（4）【T形闭合】：是指在两条多线之间创建闭合的T形交点。即将第一条多线修剪或延伸到与第二条多线的交点处。

（5）【T形打开】：是指在两条多线之间创建打开的T形交点。即将第一条多线修剪或延伸到与第二条多线的交点处。

（6）【T形合并】：是指在两条多线之间创建合并的T形交点。即将多线修剪或延伸到与另一条多线的交点处。

（7）【角点结合】：是指在多线之间创建角点连接。

（8）【添加顶点】：是指在多线上添加多个顶点。

（9）【删除顶点】：从多线上删除一个顶点。

（10）【单个剪切】：分割多线，通过两个拾取点引入多线中的一条线的可见间断。

（11）【全部剪切】：全部分割，通过两个拾取点引入多线的所有线上的可见间断。

（12）【全部接合】：将被修剪的多线线段重新合并起来，但不能用来把两个单独的多线接成一体。

3.3.8　经典实例

绘制如图 **3-3-16** 所示的自动扶梯。

【光盘：源文件\第 03 章\实例 6.dwg】

【实例分析】

综合利用矩形、直线和多段线命令来绘制一个自动扶梯。

【实例效果】

实例效果如图 **3-3-16** 所示。

图 3-3-16　自动扶梯

【实例绘制】

01　启动 AutoCAD 2008 中文版，新建图形文件，另存为"第三章/实例"，选择【绘图】|【矩形】命令绘制扶手，系统将会提示：

命令：_rectang　　　　　　　　　　　　　　\\输入矩形命令

指定第一个角点或 [倒角(C)/标高(E)/圆角(F)/厚度(T)/宽度(W)]:\\任意指定一点

指定另一个角点或 [面积(A)/尺寸(D)/旋转(R)]: @5000,275　　\\输入矩形对角点的坐标

重复绘制扶手，结果如图 **3-3-17** 所示。

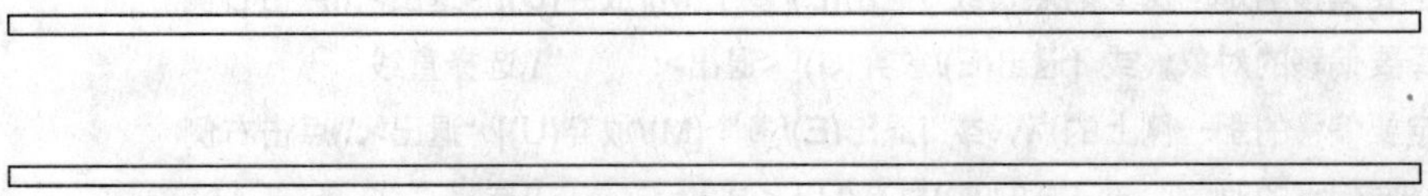

图 3-1-17　绘制扶梯扶手

02　选择【绘图】|【直线】命令绘制扶梯台阶，系统将会提示：

命令：	\\输入直线命令
命令: _line 指定第一点:	\\捕捉矩形左边的中点
指定下一点或 [放弃(U)]:	\\指定上面矩形左侧的一点
指定下一点或 [放弃(U)]:	\\回车
命令: _move	\\输入移动命令
选择对象: 找到 1 个	\\选择直线
选择对象:	\\回车
指定基点或 [位移(D)] <位移>:	d\\选择基点
指定位移 <0.0000, 0.0000, 0.0000>: @275,0,0	\\输入位移值

绘制结果如图 **3-3-18** 所示。

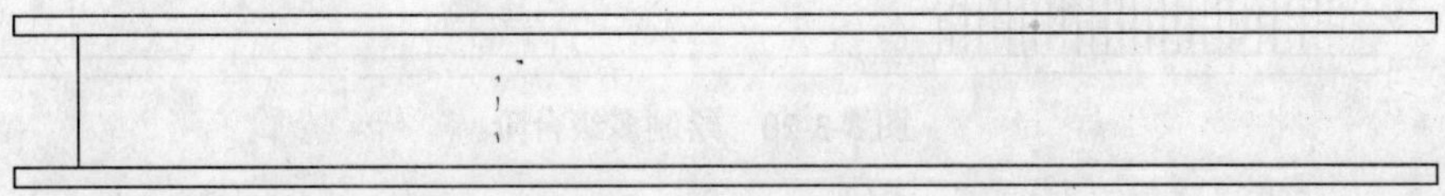

图 3-3-18　绘制扶梯台阶

03　继续使用直线命令绘制右侧轮廓线，系统将会提示：

命令: _line 指定第一点:

指定下一点或 [放弃(U)]:

绘制结果如图 **3-3-19** 所示。

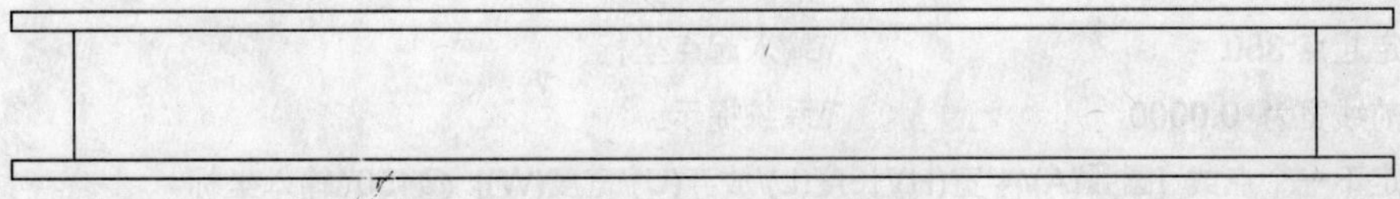

图 3-3-19　绘制右侧轮廓线

04　使用偏移命令绘制多级台阶，系统将会提示：

命令: _offset	\\输入偏移命令
当前设置: 删除源=否 图层=源 OFFSETGAPTYPE=0	\\当前设置
指定偏移距离或 [通过(T)/删除(E)/图层(L)] <通过>: 150	\\输入偏移距离
选择要偏移的对象，或 [退出(E)/放弃(U)] <退出>:	\\选择直线
指定要偏移的那一侧上的点，或 [退出(E)/多个(M)/放弃(U)] <退出>:	\\点击右侧
选择要偏移的对象，或 [退出(E)/放弃(U)] <退出>:	\\选择直线
指定要偏移的那一侧上的点，或 [退出(E)/多个(M)/放弃(U)] <退出>:	\\点击右侧
选择要偏移的对象，或 [退出(E)/放弃(U)] <退出>:	\\选择直线

新手学 AutoCAD 2008 室内与建筑实例完美手册

指定要偏移的那一侧上的点，或 [退出(E)/多个(M)/放弃(U)] <退出>:\\点击右侧

选择要偏移的对象，或 [退出(E)/放弃(U)] <退出>:　　\\选择直线

指定要偏移的那一侧上的点，或 [退出(E)/多个(M)/放弃(U)] <退出>:\\点击右侧

选择要偏移的对象，或 [退出(E)/放弃(U)] <退出>:　　\\选择直线

指定要偏移的那一侧上的点，或 [退出(E)/多个(M)/放弃(U)] <退出>:\\点击右侧

选择要偏移的对象，或 [退出(E)/放弃(U)] <退出>:　　\\选择直线

指定要偏移的那一侧上的点，或 [退出(E)/多个(M)/放弃(U)] <退出>:\\点击右侧

选择要偏移的对象，或 [退出(E)/放弃(U)] <退出>:　　\\选择直线

指定要偏移的那一侧上的点，或 [退出(E)/多个(M)/放弃(U)] <退出>:\\点击右侧

选择要偏移的对象，或 [退出(E)/放弃(U)] <退出>:　　\\选择直线

指定要偏移的那一侧上的点，或 [退出(E)/多个(M)/放弃(U)] <退出>:　\\点击右侧

选择要偏移的对象，或 [退出(E)/放弃(U)] <退出>:　e　\\退出

绘制结果如图 3-3-20 所示。

图 3-3-20　绘制多级台阶

小知识

使用矩阵阵列编辑命令可以更快地进行多条直线的绘制。

05 选择【绘图】|【多段线】命令绘制扶梯的走向，系统将会提示：

命令: pl 　　　　　　　　　\\输入多段线命令

PLINE 　　　　　　　　　　\\多段线命令

指定起点:350 　　　　　　　\\输入起点坐标

当前线宽为 0.0000 　　　　　\\系统提示

指定下一个点或 [圆弧(A)/半宽(H)/长度(L)/放弃(U)/宽度(W)]: @450\\输入坐标

指定下一个点或 [圆弧(A)/半宽(H)/长度(L)/放弃(U)/宽度(W)]: w\\窗选

指定起点宽度 <0.0000>: 120 　　　　　　\\输入宽度

指定端点宽度 <120.0000>: 0 　　　　　　\\输入宽度

指定下一个点或 [圆弧(A)/半宽(H)/长度(L)/放弃(U)/宽度(W)]: @400,0\\输入位移

指定下一点或 [圆弧(A)/闭合(C)/半宽(H)/长度(L)/放弃(U)/宽度(W)]: \\回车

绘制的结果如图 3-3-21 所示。

图 3-3-21　绘制扶梯走向

第 3 章　建筑 AutoCAD 的绘制基础

06 选择【修改】|【复制】命令创建另一个扶梯，系统将会提示：

命令: _copy　　　　　　　　　　　　　\\输入复制命令

选择对象: w　　　　　　　　　　　　　\\窗选

指定第一个角点: 指定对角点: 找到 38 个　　\\选择对象

选择对象:　　　　　　　　　　　　　\\回车

当前设置: 复制模式 = 多个　　　　　\\系统提示

指定基点或 [位移(D)/模式(O)] <位移>:　\\ 指定复制基点

指定第二个点或 <使用第一个点作为位移>:　\\指定复制第二点

指定第二个点或 [退出(E)/放弃(U)] <退出>:　\\回车

绘制结果如图 3-3-22 所示。

图 3-3-22　复制扶梯

07 选择【修改】|【旋转】命令旋转下面的扶梯方向，系统将会提示：

命令: _rotate　　　　　　　　　　　\\输入旋转命令

UCS 当前的正角方向: ANGDIR=逆时针　ANGBASE=0\\系统提示

选择对象: w　　　　　　　　　　　　　\\窗选

指定第一个角点: 指定对角点: 找到 38 个　　\\选择对象

选择对象:　　　　　　　　　　　　　\\回车

指定基点:　　　　　　　　　　　　　\\下面矩形上面的一条边的中点

指定旋转角度, 或 [复制(C)/参照(R)] <0>: 　180　\\输入旋转角度再回车

绘制结果如图 3-3-16 所示。

■ 3.4　绘制曲线对象 ■

曲线对象包括圆弧、圆、多线段圆弧、圆环、椭圆和样条曲线等。

3.4.1　圆弧的绘制

圆弧可以看成是圆的一部分，它不仅有圆心和半径，而且还有起点和端点。要绘制圆弧，可以指定圆心、端点、起点、半径、角度、弦长和方向值的各种组合形式。可以使用多种方法创建圆弧。

除指定 3 点绘制圆弧方法外，其他方法都是从起点到端点逆时针绘制圆弧。

在 AutoCAD 2008 中，绘制圆弧的方法很多，所有方法都是由起点、方向、中点、终点、弦长等参数的设置来确定并绘制的。启动圆弧命令的方法有如下 3 种：

新手学 AutoCAD 2008 室内与建筑实例完美手册

● 菜单：【绘图】|【圆弧】

● 绘图工具栏：

● 命令行：ARC（A）

启动圆弧 ARC 命令后，系统提示"ARC 指定圆弧的起点或 [圆心（C）]:"，在指定起点或圆心后，接着提示"指定圆弧的第二个点或 [圆心(C)/端点(E)]:"。其中各选项的含义如下：

（1）【指定圆弧的起点】：按下鼠标确定圆弧的起点。

（2）【圆心（C）】：指定圆弧的中心点。

（3）【指定圆弧的第二个点】：按下鼠标确定圆弧的第二点。

（4）【端点（E）】：指定圆弧的终点。

执行【绘图】|【圆弧】命令后，弹出的子菜单如图 3-4-1 所示。

🖉	三点(P)
🖉	起点、圆心、端点(S)
🖉	起点、圆心、角度(T)
🖉	起点、圆心、长度(A)
🖉	起点、端点、角度(N)
🖉	起点、端点、方向(D)
🖉	起点、端点、半径(R)
🖉	圆心、起点、端点(C)
🖉	圆心、起点、角度(E)
🖉	圆心、起点、长度(L)
🖉	继续(O)

图 3-4-1　圆弧子菜单

3.4.2　经典实例

绘制如图 3-4-2 所示的圆弧。

【光盘：源文件\第 03 章\实例 7.dwg】

【实例分析】

利用圆弧命令绘制。

【实例效果】

实例效果如图 3-4-2 所示。

图 3-4-2　绘制圆弧

【实例绘制】

01　在命令行上输入圆弧命令 ARC，启动圆弧命令。

02　在命令行上提示："ARC 指定圆弧的起点或 [圆心（C）]:"时，指定圆弧的起点。

03　在命令行上提示："指定圆弧的第二个点或 [圆心（C）/端点（E）]:"时，输入 C，确定圆心。

04　在命令行提示："指定圆弧的圆心:"时，在绘图区按下鼠标左键确定圆弧的圆心。

05　在命令行提示："指定圆弧的端点或 [角度（A）/弦长（L）]:"时，输入 A 确定角度。

06　在命令行提示："指定包含角:"时，输入 150 指定圆弧所包含的角度。

07　在命令行上再次输入圆弧命令 ARC，再次启动圆弧命令。

08　在命令行提示："指定圆弧的起点或 [圆心（C）]:"时，指定圆弧的起点。

09　在命令行提示："指定圆弧的第二个点或 [圆心（C）/端点（E）]:" 时，输入 E 指定圆弧端点。

10　在命令行提示："指定圆弧的端点:" 时，输入圆弧的端点的相对坐标@300,200。

11　在命令行提示："指定圆弧的圆心或 [角度（A）/方向（D）/半径（R）]:" 时，输入 D 指定圆弧的切向角度。

12　在命令行提示："指定圆弧的起点切向:" 时，输入切向角度 90。

小知识

　　绘制圆弧时，输入的半径值和圆心角有正负之分。对于半径，但输入的半径值为正时，表示从圆弧起点开始顺时针方向画弧；反之，沿逆时针方向画圆弧。对于圆心角，当角度为正值时系统沿逆时针方向绘制圆弧；反之，则沿顺时针方向绘制圆弧。

3.4.3　绘制圆

圆是建筑绘图中使用频率非常高的图形对象，也是一种特殊的平面曲线。要创建圆，可以指定圆心、半径、直径、圆周上的点和其他对象上的点的不同组合。可以使用多方法创建圆。

圆 CIRCLE 命令用于绘制没有宽度的圆形，启动圆形命令的方法有如下 3 种：

● 菜单：【绘图】|【圆】
● 绘图工具栏：
● 命令行：CIRCLE（C）

启动圆 CIRCLE 命令后，系统提示 "CIRCLE 指定圆的圆心或 [三点（3P）/两点（2P）/相切、相切、半径（T）]:"，在指定圆心或选择一种绘图方式后，系统将继续提示 "指定圆的半径或 [直径(D)]:"。其中各个选项的含义如下：

（1）【三点（3P）】：通过圆周上的三个点来绘制圆。输入 "3P" 后，系统分别提示指定圆上的第一点、第二点、第三点。

（2）【两点（2P）】：通过确定直径的两个端点绘制圆。输入 "2P" 后，系统分别提示指定圆的直径的第一端点和第二端点。

（3）【相切、相切、半径（T）】：基于指定半径和两个相切对象绘制圆。

指定对象与圆的第一个切点: \\选择圆、圆弧或直线

指定对象与圆的第二个切点: \\选择圆、圆弧或直线

指定圆的半径 <当前>: \\回车

如图 3-4-3 所示。

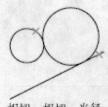

相切、相切、半径

图 3-4-3　相切、相切、半径

新手学 AutoCAD 2008 室内与建筑实例完美手册

有时会有多个圆符合指定的条件。程序将绘制具有指定半径的圆，其切点与选定点的距离最近。

通过两条切线和半径绘制圆，输入"T"后，系统分别提示指定圆的第一切线和第二切线上的点以及圆的半径。

3.4.4　经典实例

绘制如图 3-4-4 所示的图形。

【光盘：源文件\第 03 章\实例 8.dwg 】

【实例分析】

首先利用正多边形命令绘制正三角形，再利用圆命令绘制外接圆。

【实例效果】

实例效果如图 3-4-4 所示。

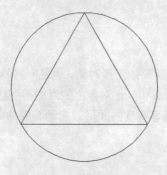

图 3-4-4　外接圆图形效果

【实例绘制】

01　在命令行上输入正多边形命令 POLYGON，启动正多边形命令。

02　命令行上提示："输入边的数目 <4>:"，输入多边形的边数 3。

03　在命令行上提示："指定正多边形的中心点或 [边（E）]:" 时，在绘图区按下鼠标左键，指定中心点。

04　在命令行提示："输入选项 [内接于圆（I）/外切于圆（C）] <I>:" 时，直接按下回车键默认内接于圆的命令 I。

05　在命令行提示："指定圆的半径:" 时，输入正多边形内接于圆的半径 500，并按下回车键结束正多边形命令，效果如图 3-4-5 所示。

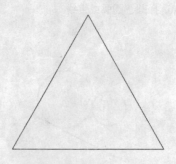

图 3-4-5　绘制三角形

06　在命令行上输入圆命令 CIRCLE，启动圆命令。

07 在命令行上提示："CIRCLE 指定圆的圆心或 [三点（3P）/两点（2P）/相切、相切、半径（T）]:"时，输入 3P，选择三点绘圆方式。

08 在命令行上提示："指定圆上的第一点:"时，在三角形的一个顶点上单击指定外接圆的第一点。

09 在命令行提示："指定圆上的第二点:"时，在三角形的另一个顶点上单击指定外接圆的第二点。

10 在命令行提示："指定圆上的第三点:"时，在三角形的最后一个顶点上单击指定外接圆的第三点。

> 小知识
>
> 　　圆和圆弧是多边形的特殊表现形式，当用户将圆放大较高倍数时就会发现圆和圆弧非常不圆滑，好像是多条直线段连接而成，这就容易给一些初学者造成 AutoCAD 绘制图形不够精确的印象。这是因为 AutoCAD 为了提高显示虚度，将圆和圆弧的默认边值设置为 1000，但并不影响打印效果。

3.4.5　绘制圆环

圆环是填充环或实体填充圆，即带有宽度的闭合多段线。要创建圆环，请指定它的内外直径和圆心。通过指定不同的中心点，可以继续创建具有相同直径的多个副本。要创建实体填充圆，请将内径值指定为 0。

圆环 DONUT 命令是用于绘制指定内外直径的圆环或填充圆。启动圆环命令的方法有如下 3 种：

● 菜单：【绘图】|【圆环】
● 绘图工具栏：
● 命令行：DONUT（DO）/DOUGHOUT

启动 DONUT 命令后，系统将分别提示指定圆环的内径、外径和中心点。

当内径为 0、外径为大于 0 的任意数值，可绘制实心圆。并且使用圆环 DONUT 命令在绘制完一个圆环后，命令行将提示"指定圆环的中心点或 <退出>:"，在该提示下可以继续绘制多个相同圆环，直到按下回车键结束命令。

> 小知识
>
> 　　绘制圆环时，输入的外径必须大于内径值。指定不同的中心点，可以继续创建具有相同直径的多个副本。执行圆环命令后，当系统出现"指定圆环的内径 <20.000>:"提示时直接输入数值 0，将绘制出一个实心圆。

3.4.6　绘制椭圆

椭圆由定义其长度和宽度的两条轴决定。较长的轴称为长轴，较短的轴称为短轴，绘制椭圆

新手学 AutoCAD 2008 室内与建筑实例完美手册

和椭圆弧的命令都是 ELLIPSE，如图 3-4-6 所示。

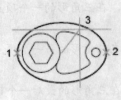
第一个轴作长轴

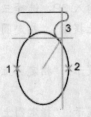
第一个轴作短轴

图 3-4-6 长轴、短轴

绘制椭圆有 3 种方法：

（1）中心点：利用椭圆轴的中心和两个端点绘制椭圆，第一点指定椭圆的中心，第二点指定椭圆的一根轴的端点，然后拖动鼠标或输入另一轴的长度。

（2）轴、端点：利用椭圆轴的第三个端点绘制椭圆，该方法是 ELLIPSE 命令的缺省方式，第一点和第二点指定椭圆的一根轴两个端点，用来确定该轴的长度和位置，然后拖动鼠标或输入另一轴的长度。

（3）圆弧：旋转角度绘制椭圆，该方式利用一个圆绕其直径旋转一定的角度，该圆在原来所在平面上的投影即为所绘制的椭圆。该方式需要输入旋转的角度，如果输入 0，则绘出的是圆，如果输入 90，则投影成一条直线，系统提示这样的椭圆不存在。

启动椭圆命令的方法有如下 3 种：

- 下拉菜单：执行【绘图】|【椭圆】命令
- 绘图工具栏： ⬯
- 命令行：ELLIPSE（EL）

使用椭圆 ELLIPSE 命令，系统提示"指定椭圆的轴端点或［圆弧（A）/中心点（C）]:"，各选项的含义如下：

（1）【轴端点】：以椭圆轴端点绘制椭圆。

（2）【圆弧】：画椭圆弧。

（3）【中心点】：以椭圆圆心和两轴端点绘制椭圆。

> 小知识
>
> 采用旋转方式绘制的椭圆，其形状最终由其长轴的旋转角度决定。若旋转角度为 0，将绘制出一个圆；若角度为 45°，将成为一个从视点看上去呈 45° 的椭圆。旋转角度的最大值为 89.4°，大于此角度后，命令无效。

3.4.7 综合实例

绘制如图 3-4-7 所示的洗手池。

【光盘：源文件\第 03 章\实例 9】

【实例分析】

综合利用多段线、圆环和椭圆命令来绘制一个洗手池。

【实例效果】

实例效果如图 3-4-7 所示。

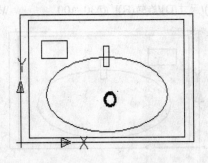

图 3-4-7　洗手池

【实例绘制】

01　选择【绘图】|【矩形】命令，绘制洗手台的外轮线。

命令: _rectang　　　　　　　　　　　　　　　　\\输入矩形命令

指定第一个角点或 [倒角(C)/标高(E)/圆角(F)/厚度(T)/宽度(W)]:指定原点

指定另一个角点或 [面积(A)/尺寸(D)/旋转(R)]: @1000,600　　\\输入对角点

选择 "绘图" | "矩形" 命令，绘制洗手台的内轮线。

命令: _rectang　　　　　　　　　　　　　　　　\\输入矩形命令

指定第一个角点或 [倒角(C)/标高(E)/圆角(F)/厚度(T)/宽度(W)]: 50,25\\输入坐标值

指定另一个角点或 [面积(A)/尺寸(D)/旋转(R)]: 950,575　　\\输入对角点

02　选择【绘图】|【椭圆】命令，绘制洗手池的外轮线，如图 3-4-8 所示。

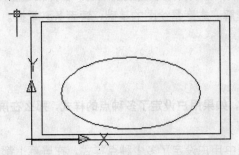

图 3-4-8　洗手池的外轮

命令: _ellipse　　　　　　　　　　　　　　\\输入椭圆命令

指定椭圆的轴端点或 [圆弧(A)/中心点(C)]: c　　\\选择方式

指定椭圆的中心点: 500,225　　　　　　　　\\指定椭圆中心点

指定轴的端点: @-350,0　　　　　　　　　　\\指定轴的断电

指定另一条半轴长度或 [旋转(R)]: 175　　　　\\输入另一半轴的长度

03　选择【绘图】|【矩形】命令，绘制肥皂盒和水龙头，如图 3-4-9 所示。

命令: _rectang　　　　　　　　　　　　　　　　\\输入矩形命令

指定第一个角点或 [倒角(C)/标高(E)/圆角(F)/厚度(T)/宽度(W)]:　　\\指定角点

指定另一个角点或 [面积(A)/尺寸(D)/旋转(R)]: @150,-80　　　\\指定另一角点

新手学 AutoCAD 2008 室内与建筑实例完美手册

命令: _rectang   \\输入矩形命令

指定第一个角点或 [倒角(C)/标高(E)/圆角(F)/厚度(T)/宽度(W)]: 485,455\\输入坐标值

指定另一个角点或 [面积(A)/尺寸(D)/旋转(R)]: @30,-100   \\输入另一角点坐标值

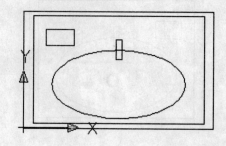

图 3-4-9 肥皂盒和水龙头

04 选择【绘图】|【圆环】命令，绘制水滴。

指定圆环的内径 <0.5000>: 50   \\指定圆环内径

指定圆环的外径 <1.0000>: 70   \\输入圆环外径

指定圆环的中心点或 <退出>:   \\水龙头的下面

绘制结果如图 3-4-7 所示。

本章总结

本章我们学习了 CAD 基本的绘图方式，介绍了绘图命令、点对象的绘制、线性对象的绘制，比如直线、矩形、多线的绘制，最后介绍了曲线的绘制。在介绍这些知识点的同时，还介绍了一些实例来强化对知识点的理解。本章是绘图的基础，读者务必掌握。

有问必答

问：在绘制点的过程中，如果用户设定了多种点的样式，那么在屏幕上的显示会是上面的哪样式呢？

答： 无论在绘制的过程中用户设定了多少种点样式，在屏幕上都只显示最后的设定样式。

问：用 LINE 命令绘制的线段是独立体吗？在系统提供的命令下，我们能对其进行哪些操作？

答： 用 LINE 命令绘制的线段是独立体，在系统提供的命令下，我们能对其进行如下操作：拉伸、缩放等编辑，在"指定第一点"的提示下按回车键或右击，既可以将前一次绘制的直线段终点作为起点来绘制新的直线段。

问：什么叫做接头？通过指定每个元素距多线原点的偏移量可以进行哪些设置？

答： 接头是只那些出现在多线元素每个顶点处的线条，多线可以使用多种端点封口，通过指定每个元素距多线原点的偏移量可以进行确定元素的位置，还可以设置每个元素的颜色和线型，以及显示或隐藏多线的接头。

问：绘制圆弧时，输入的半径值和圆心角有正负表示什么意思？

答：绘制圆弧时，输入的半径值和圆心角有正负之分，对于半径，当输入的半径值为正时，表示从圆弧起点开始顺时针方向画弧；反之，则沿逆时针方向画弧。对于圆心角，当角度为正时，系统沿逆时针方向绘制圆弧；反之，则沿顺时针方向绘制圆弧。

问：什么叫做同心椭圆？其与偏移有什么区别？

答：椭圆由定义可知是由长度和宽度两条轴决定的，而且长轴与短轴不能相等，要表示同心椭圆，是要求绘制一个中心相同的椭圆，而不是偏移原来的椭圆，偏移可以产生椭圆的样条曲线，但不能表示所期望的缩放距离。

绘制精确建筑图形

学习导航

在使用 AutoCAD 2008 进行建筑绘图时，虽然使用基本的绘图命令可以绘制图形，但是想要精确地绘制图形，还必须使用对象捕捉和动态输入等来进行精确的定位。

本章要点

- ◉ 选择对象
- ◉ 对象捕捉
- ◉ 动态输入
- ◉ 极轴追踪

4.1　选择对象

在对图形进行编辑时，首先要选择编辑对象。在 AutoCAD 中，有多种选择对象的方式，如通过单击对象逐个拾取、利用矩形窗口或交叉窗口选择；也可以向选择几种添加对象或从中删除对象，所有被选择的对象将组成一个选择集。选择集可以包括单个对象，也可以包括更复杂的编组。选择对象时，AutoCAD 以蓝色小方块来显示选中的对象，如图 4-1-1 所示。

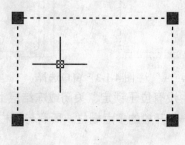

图 4-1-1　选择对象

4.1.1　选择对象模式

在选择对象时，若在"选择对象："命令提示下输入"？"号，命令行将显示如下提示信息：

选择对象:？　　　　　　　　　　　　\\输入? 号

无效选择

需要点或窗口(W)/上一个(L)/窗交(C)/框(BOX)/全部(ALL)/栏选(F)/圈围(WP)/圈交(CP)/编组(G)/添加(A)/删除(R)/多个(M)/前一个(P)/放弃(U)/自动(AU)/单个(SI)/子对象/对象　　\\选择选项

其各项的含义如下：

（1）【需要点或窗口】：该项目为缺省选项，表示用户可以通过逐个单击或者使用窗口选取对象。当使用选取窗口选择对象时，只有完全包括在选取窗口中内的对象才被选中，如图 4-1-1 所示。

（2）【上一个】：选取可见元素中最后创建的对象。

（3）【窗交】：选择该选项后，在使用选取窗口选择对象时，那些与窗口相交或完全位于选取窗口内的对象均被选中。所以此时的选取窗口又称为交叉选取窗口，如图 4-1-2 所示。

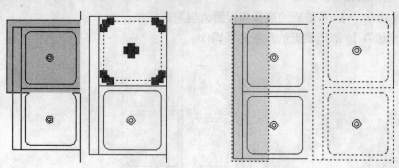

图 4-1-2　窗口选择

（4）【框】：选择该选项后，制作选取窗口时，如果从左到右设置选取窗口的两角点，该选取窗口性质则为普通选取窗口；如果从右到左设置选取窗口的两角点，该选取窗口的性质则为交叉选取窗口，如图 4-1-3 所示。

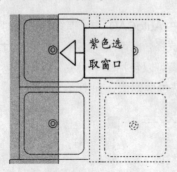
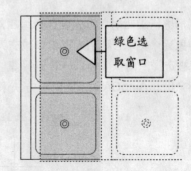

图 4-1-3　窗口选择

（5）【全部】：选取图形中没有位于锁定、关闭或冻结层上的所有对象。

（6）【栏选】：通过绘制一条开放的多点栅栏，所有与栅栏线相接触的对象均会被选中，如图 4-1-4 所示。

（7）【圈围】：通过绘制一个不规则的封闭多边形，并用它作为选取框来选取对象，那么此时只有完全被包围在多边形中的对象被选中，如图 4-1-5 所示。

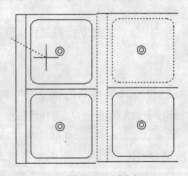

图 4-1-4　栏选　　　　　　　　　　　图 4-1-5　圈围选择

（8）【圈交】：类似圈围，但这时的多边形交叉选取框，如图 4-1-6 所示。

（9）【编组】：使用组名选择已定义的对象组。

（10）【删除】：可以从选择集中（而不是图中）移出已选取的对象，此时只需单击要从选择集中移出的对象即可。

（11）【上一个】：将最近的选择集设置为当前选择集。

（12）【放弃】：取消最近的对象选择操作。

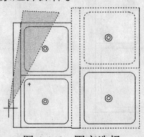

图 4-1-6　圈交选择

4.1.2　选择密集或重叠对象

当对象非常密集或重叠时，要选择所需要的对象通常很困难。为此可按下【Ctrl】键，然后选择一个尽可能接近要选择对象的点，并反复单击循环切换选择。当通过夹点判断出所选对象是自己所需要的对象后，按下回车键可以结束对象选择。

4.1.3　窗选对象

窗口选择对象是使用鼠标自左上角到右下角拖出一个矩形窗口，在矩形窗口内的图形对象将被选中，没有或不全部在矩形窗口内的图形对象没有被选中。窗选是用户选择图形对象最简单和基本的方法。在执行其他绘图命令时，可以使用窗选命令选择图形对象。在命令行中输入WINDOW（W）即可启动窗选命令。

在使用移动命令的过程中，启动该窗口选择命令选择图形对象，命令行上的操作步骤如下：

01　在命令行上输入移动 rotate 命令，启动旋转命令。

02　在命令行上提示："选择对象:"时，输入窗选命令 WINDOW（W），用窗口选择图形对象。

03　在命令行上提示："指定第一个角点:"时，用鼠标在窗口中单击确定要选择的第一点。

04　在命令行上提示："指定对角点:"时，再次单击鼠标左键确定选取范围，将所有完全框住的图形都被选取。

使用此命令的过程与透明命令的使用过程相似。不过使用该命令时，不能在命令前加"'"符号。使用窗口 WINDOW（W）方式选择如图 **4-1-7** 所示的图形，选取后呈虚线，如图 **4-1-8** 所示。

使用窗选时，只有被完全框住的图形元素才能被选中，若框住图形元素的一部分则不能被选中，如用窗选法只选择一条直线的一部分，则该直线不能被选中。用鼠标直接进行窗选时，则应在确定第一个角点后从左上向右下拖动鼠标进行选取。

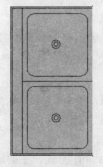
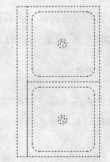

　　图 4-1-7　框选图形　　　　　　　　图 4-1-8　选中的图形对象

4.1.4　交叉选择对象

交叉选择对象方法和窗口选择对象的方法相似，只不过鼠标是自右下角到左上角框选出一个

新手学 AutoCAD 2008 室内与建筑实例完美手册

矩形窗口。同时交叉选择对象与窗口选择对象也有区别：窗口选择对象要求所选择的对象全部被框在窗口内，而交叉选择对象则是窗口内的图形对象和与窗口相交的图形对象都将被选中。在命令行输入 CROSSING（C）即可启动交叉选择对象命令。

使用交叉选择命令选择图形对象，具体操作步骤如下：

01 在命令行输入 rotate 命令，启动旋转命令。

02 在命令行上提示："选择对象："时，输入交叉选择图形对象命令 CROSSING（C），选择交叉选择方式。

03 在命令行上提示："指定第一个角点："时，用鼠标在窗口中单击确定要选择的第一点。

04 在命令行上提示："指定对角点："时，再次单击鼠标左键确定选取范围，所有框内的图形和与框相交的图形对象都被选取。

用交叉选择或 C 方式选择目标的方框为虚线，效果如图 4-1-9 所示，被选取的部分效果如图 4-1-10 所示。

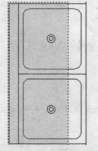

图 4-1-9　选择方框为虚线　　　　图 4-1-10　选中的图形对象

> 交叉选择命令属于透明命令，在使用交叉选择命令时，需要结合其他的命令完成。

4.1.5　其他选择方式

除了前面的选择方式外，还有以下几种目标选择方式：

（1）Multiple：多项选择。在命令行输入 M，然后逐个单击所要的实体。

> 该方式在未按下回车键前选定目标不会变为虚线，按下回车键后选定目标才会变为虚线，且提示选择和找到的目标数。

（2）Box：方框选择方式，等效于 Windows 或 Crossing 方式，主要取决于第二角点于第一角点的右侧或左侧而定：位于右侧，则等效于 Windows 方式，其方框为实线；位于左侧，则等效于 Crossing 方式，其方框为虚线。

（3）Auto：自动选择，等效于单点选择或窗选 W、C 方式。若拾取点处正好有一实体则就选择它；否则，要求你确定另一角点。

若拾取点第一角点位于右边，第二角点位于左边则为 C 方式，若拾取点第一角点位于左边，第二角点位于右边则为 W 方式，但如直接选择 W 或 C 方式则不受此限。

（4）Single：单一选择。选择一个实体后，即退出实体选择状态。常与其他选择方式联合使用。

（5）Last：选择前一实体（单一选择目标），或最后绘制的那个实体。

（6）Previous：前一个选择集。选择上一次使用 SELECT 或 DDSELECT 命令预设的物体选择集，它适用于对同一物体进行多种编辑操作。

（7）Undo：取消上一个实体方式选择。

（8）Remove：移去已选目标中的任一或多个目标。

在进行目标选择时，如果欲选实体中只有少部分目标不需要，则可先选择全部实体，再用 R 选项去除不需要部分。

（9）Group：输入已定义的选择集。系统提示"输入编组名："，此时可输入已用 SELECT 或 GROUP 命令设定并命名的选择集名称。

（10）Add：用于在 REMOVE 执行后返回到实体选择添加状态。在进行目标选择时，如果欲选实体中只有少部分目标不在某个范围内，则可先选择其他实体，再用 A 选项加入剩余部分。

（11）Esc：终止实体选择操作，并放弃选择集。

（12）All：选择图中除了冻结层以外的所有目标。

（13）Wpolygon 或 WP：多边窗口方式。该选项与 Windows 方式类似，但它可构造任意形状的多边形区域，包含在多边形区域内的实体均被选择到。当使用 WP 方式时，AutoCAD 有如下提示：

指定第一圈围点：   \\在图形上选择第一点。
指定直线的端点或[放弃(U)]：   \\点取第二点。
指定直线的端点或[放弃(U)]：   \\点取最后一点。

（14）Fence 或 F：栏选方式。该选项与 CP 方式相似，用户可用此选项构造任意折线，凡该折线穿过的所有实体被选入。栏选线为虚线，该方式对于选择长串目标很有用，栏选线不可封闭或相交。

（15）Fence 选项：对于图形较为复杂，或要编辑、修改的实体位于比较狭长的区域时，能更快捷准确地选择实体。

（16）Cpolygon 或 CP：交叉窗口选择方式。该命令与 Crossing 方式相似，但它可构造任意多边形。该区域被圈中的目标与窗口边界交叉的所有目标均被选入。当使用 CP 方式时，提示与 WP 相同，输入方式及取消方式亦相同。

（17）单点选择：此选项用户只能点取图中某一实体，若要选择多个实体，必须逐一点选。

CP、WP、F 方式正交状态时将影响选点的方位。

4.1.6　快速选择

快速选择 QSELECT 命令可以根据所要选择目标的属性，一次性选择图中具有该属性的实体。启动该命令有如下两种方法：

● 菜单：【工具】|【快速选择】

● 命令行：QSELECT

执行快速选择 QSELECT 命令后，系统将打开如图 4-1-11 所示的【快速选择】对话框。

如果绘图区中没有任何图形，将无法执行该命令。用户也可以在绘图区单击鼠标右键，在弹出的快捷菜单中选择【快速选择】命令，将会打开【快速选择】对话框。

快速选择的操作步骤如下：

01　在图 4-1-11 中的【应用到】下拉列表框中选择要应用到的图形，或单击右侧的 按钮，在绘图窗口中选择需要的图形，如图 4-1-12 所示。

图 4-1-11　【快速选择】对话框

图 4-1-12　选择图形

02　单击鼠标右键返回到【快速选择】对话框中，如图 4-1-13 所示，此时【应用到】选项中显示为【当前选择】。

图 4-1-13　当前选择

03 在【对象类型】下拉列表中选择用于过滤的目标类型，如选择【多段线】。

04 在【特性】列表框中选择用于过滤目标的属性，如选择【线宽】。

05 在【运算符】下拉列表中选择控制过滤器中过滤值的范围，有"等于"、"不等于"、"大于"和"小于"4种类型可供选用。

06 在【值】文本框中设置用于过滤属性的值。

07 在【如何应用】区域中选取符合过滤条件的目标或不符合过滤条件的目标。

其中【如何应用】区域中各项含义如下：

【包括在新选择集中】：选择绘图区中所有符合过滤条件的实体。关闭、锁定和冻结的层上的实体除外。

【排除在新选择集之外】：选择所有不符合过滤条件的实体。关闭、锁定和冻结的层除外。

08 若选择【附加到当前选择集】复选框则将当前的选择设置保存在【快速选择】对话框中作为【快速选择】对话框的设置选项，否则就不保存。

09 设置完成后单击【确定】按钮，此时图中所有符合设置的线都被选取，如图 **4-1-14** 所示。

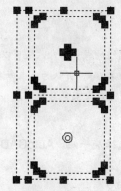

图 4-1-14 被选取的图形对象

QSELECT 命令为透明命令。如果在调用 QSELECT 命令前没有选择目标，则【对象类型】列表框中将列出 AutoCAD 中目标的类型。如果已选择了一个或多个目标，则此列表框将仅显示选中目标的类型。

4.1.7 编组对象

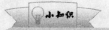

编组是保存对象集的一种方法，用户可以根据需要同时选择和编辑这些对象，也可以分别进行，编组提供了以组为单位操作图形元素的简单方法。

在命令行输入 GROUP 命令即可创建和编辑编组。

4.1.8 经典实例

绘制编组如图 4-1-15 所示。

【光盘：源文件\第 04 章\实例 1.dwg】

实例绘制：

01 启动 AutoCAD 2008 中文版，打开源文件，如图 4-1-15 所示。

02 输入 GROUP 命令，弹出【对象编组】对话框，如图 4-1-16 所示。

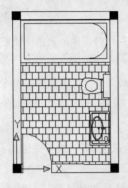

图 4-1-15 编组素材文件   图 4-1-16 【对象编组】对话框

　　创建编组除了可以选择编组的成员以外，还可以为编组命名并添加说明，如果复制编组，副本将被指定默认名 Ax，并认为是未命名，【对象编组】对话框中不会列出未命名编组，除非复选了【包含未命名】项。

03 单击 新建(N) < 按钮，选择洗手池，AutoCAD 提示如下所示，绘制结果如图 4-1-17 所示。

命令: GROUP   \\输入命令

选择要编组的对象: \\系统提示

选择对象: 找到 1 个   \\选择对象

选择对象: \\回车

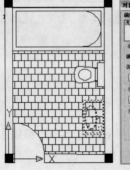

图 4-1-17 新建"洗手池"编组

04 选中【洗手池】编组，在【修改编组】中的选项将可以使用，单击【添加】按钮即可在【洗手池】编组中添加新的对象，AutoCAD 提示如下所示，添加对象到编组如图 4-1-18 所示。

选择要添加到编组的对象... \\系统提示

选择对象: 找到 1 个 \\选择对象

选择对象: 找到 5 个，总计 6 个 \\选择对象

> **小知识**
>
> 如果选择某个可选编组中的一个成员，可以将其包含到一个新编组中，即该编组本身嵌套于新编组中，可以对嵌套的编组进行解组，以恢复其原始编组设置。

05 单击【确定】按钮，完成对象的编组，在【选择对象】提示下输入编组名称【洗手池】时，即可看到选中的对象（图中虚线部分），如图 4-1-19 所示。

图 4-1-18　添加对象到编组

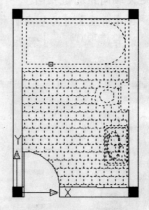

图 4-1-19　新编组对象选择

> **小知识**
>
> 选择编组的方法有几种，如按名称选择编组或编组中的一个成员，或者通过按【Ctrl+H】组合键或【Shift+Ctrl+A】组合键在打开/关闭编组之间进行切换。

4.2　辅助定位

在使用 AutoCAD 绘制建筑图形时，常常需要在一些特殊的点之间进行连线或者定位，用户往往难以准确地输入坐标值或准确地拾取点，这时可以使用系统提供的捕捉、栅格和正交功能来辅助精确定位。

4.2.1　设置捕捉和栅格

捕捉用于设定光标移动间距。栅格是一些标定位置的小点，通过这些小点可以直观地参照距离和位置，其本身不是图形的组成部分，也不会被输出。

1. 捕捉与栅格选项卡中各项的含义

在打开的【草图设置】对话框中选择【捕捉和栅格】选项卡，在该选项卡中可以设置捕捉和栅格方式，如图 4-2-1 所示。

（1）【启动捕捉】复选框：使用该复选框可以打开和关闭捕捉方式。

（2）【捕捉】区域：在该选项区域中，可以设置捕捉 X、Y 轴间距、角度和基点 X、Y 坐标。

（3）【启用栅格】复选框：使用该复选框可以打开或者关闭栅格的显示。

（4）【栅格】区域：在该选项区中，可以设置栅格 X、Y 轴间距。

（5）【捕捉类型和样式】区域：在该选项区中可以选择类型是栅格捕捉还是极限捕捉。

2. 用对话框设置捕捉间距

设置捕捉间距的操作步骤如下：

01　在【捕捉 X 轴间距】文本框中输入需要的值，在【捕捉 Y 轴间距】文本框中单击，其值与捕捉 X 轴间距的值相同。

02　在【角度】、【X基点】和【Y基点】文本框中可根据需要进行设置，一般按默认值。

03　单击 选项(T)… 按钮，打开【选项】对话框，并选择【草图】选项卡，如图 4-2-2 所示。

 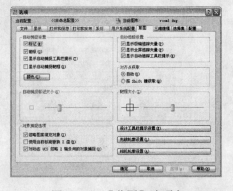

图 4-2-1　【捕捉和栅格】选项卡　　　　　图 4-2-2　【草图】选项卡

04　在【自动捕捉标记颜色】下拉列表中可根据用户的喜好设置不同的颜色。

05　在【自动捕捉标记大小】区域中拖动滑块可设置捕捉标记大小。

06　在【靶框大小】区域中拖动滑块可调整绘图区鼠标指针中间靶框的大小。

07　设置完成后单击【应用】按钮，再单击【确定】按钮返回到【草图设置】对话框。

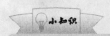

在进行绘图时，可以利用设置的光标捕捉间距在绘图区域中准确定义输入点。默认的光标捕捉间距为 10，即光标每次移动 10 个绘图单位或 10 的整数倍的距离。

3. 用命令设置捕捉间距

除了利用对话框进行设置外，也可使用栅格命令 SNAP 对光标捕捉间距、捕捉模式及捕捉类型进行设置。

启动 SNAP 命令后，命令行将提示：

命令: snap　　　　　　　　　　\\输入命令

指定捕捉间距或 [开(ON)/关(OFF)/纵横向间距(A)/样式(S)/类型(T)] <10.0000>: \\输入捕捉间距。

该命令提示中各项的含义如下：

（1）开（ON）/关（OFF）：对捕捉进行打开和关闭设置。

（2）纵横向间距（A）：选择该选项可设置捕捉的纵向和横向间距。

（3）旋转（R）：使十字光标连同捕捉方向一起旋转一定的角度。

（4）样式（S）：设置捕捉样式为标准的矩形捕捉模式，轴测模式可在二维空间中仿三维视图。

（5）类型（T）：设置捕捉类型是缺省的直角坐标捕捉类型还是极坐标捕捉类型。

使用栅格 SNAP 命令，设置捕捉纵向间距为 200，横向间距为 150 并打开捕捉功能。其具体操作如下：

01 在命令行上输入栅格 SNAP 命令，启动 SNAP 命令设置捕捉间距。

02 命令行上提示："指定捕捉间距或［开（ON）/关（OFF）/纵横向间距（A）/旋转（R）/样式（S）/类型（T）] <50.0000>: " 时，输入 A，设置捕捉纵横向间距。

03 在命令行上提示："指定水平间距<50.0000>: " 时，输入水平间距 200，设置捕捉水平间距。

04 在命令行上提示："指定垂直间距<50.0000>: " 时，输入垂直间距 100，设置捕捉垂直间距。

完成捕捉间距的设置后，系统会自动打开捕捉功能。

> 单击状态栏上的【捕捉】按钮、按下【Ctrl+B】组合键或【F9】功能键设置光标捕捉的开/关状态。光标捕捉间距只限制鼠标控制的移动，键盘输入坐标值时不受光标捕捉间距的限制。

4.2.2 对象捕捉

AutoCAD 提供了多种对象捕捉模式帮助用户将指定点快速、精确地限制在现有对象的确切位置上（例如中点或交点），而不必知道该点的坐标或绘制构造点。

在打开的【草图设置】对话框中，选择【对象捕捉】选项卡，并单击【启用对象捕捉】复选框，打开对象捕捉模式，如图 4-2-3 所示。

图 4-2-3 【对象捕捉】选项卡

在 AutoCAD 2008 中，各对象捕捉的类型、表示方式、命令形式如表 4-1 所示。

表 4-1　AutoCAD 2006 捕捉类型

捕捉类型	表示方式	命令形式
端点	□	END
中点	△	MID
圆心	○	CEN
节点	⊠	NOD
象限点	◇	QUA
交点	✕	INT
延伸	┈	EXT
插入点	⋤	INS
垂足	⌐	PER
切点	○	TAN
最近点	⊠	NEA
外观交点	⊠	APPINT
平行	∥	PAR

4.2.3　极轴追踪

使用极轴追踪的功能可以用指定的角度来绘制对象。用户在极轴追踪模式下确定目标点时，系统会在光标接近指定角度上显示临时的对齐路径，并自动在对齐路径上捕捉距离光标最近的点，同时给出该点的信息提示，用户可据此准确地确定目标点。

在【草图设置】对话框单击【极轴追踪】选项卡，可以启用极轴追踪，以及设置极轴角度增量、极轴角测量方式，如图 4-2-4 所示。

图 4-2-4　【极轴追踪】选项卡

设计极轴追踪步骤如下：

01　勾选【启用极轴追踪】复选框，打开极轴自动追踪功能。

02　在【增量角】下拉列表中选择需要的追踪角度，如果设置为 "90"，表示以角度为 90°或 90°的倍数进行追踪。

单击状态栏上的【极轴】按钮，或按下【F10】功能键，也可启用极轴追踪功能。

03 选择【附加值】复选框，然后单击 新建(N) 按钮，添加用户需要的极坐标追踪角度增量。

04 在【对象捕捉追踪设置】区域中若选取【仅正交追踪】单选项，当极坐标追踪角度增量为90°时，则只能在水平和垂直方向建立临时捕捉追踪线；若选取【用所有极轴角设置追踪】单选项，则允许光标沿已获得的对象捕捉点的任何极轴角进行路径追踪。

05 完成设置后，按下 确定 按钮。

4.2.4 动态输入

在 AutoCAD 2008 中，可以比较方便地让命令追踪光标，只需从状态栏打开 DYN（动态输入）即可。

那么如何设置动态输入呢？下面我们将介绍如何设置动态输入。

（1）在状态栏的 DYN 上单击鼠标右键，显示【草图设置】对话框的【动态输入】选项卡，或者单击【工具（T）】中的【草图设置】，并选择【动态输入】选项卡。在这里可以设置要显示多少的信息，如图 4-2-5 所示。

图 4-2-5 【动态输入】选项卡

（2）要在光标位置显示命令行输入和提示，务必确保选中 在十字光标附近显示命令提示和命令输入(C) 和 启用指针输入(P)。

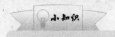
要打开动态输入，也可以按【F12】键。

（3）单击【指针输入】选项区中的 设置(S)... 按钮，弹出【指针输入设置】对话框，在该对话框中可以选择设置来控制坐标的输入格式和输入值，如图 4-2-6 所示。

经过设置以后可以直接在屏幕上输入来创建现有的图形，也可以通过夹点编辑功能在屏幕上输入新值来更改现有对象的长度或角度，为此，需要选中 可能时启用标注输入(D)，如图 4-2-7 所示。

图 4-2-6 【指针输入设置】对话框

图 4-2-7 【标注输入的设置】对话框

新手学 AutoCAD 2008 室内与建筑实例完美手册

使用【Tab】键在两个值之间进行切换。

（4）动态输入并非用于替换命令窗口。用户可以隐藏命令窗口以增加绘图区域，但在执行某些操作时需要显示命令窗口。按【F2】键也可以根据需要隐藏、显示命令提示和错误消息，也可以浮动命令窗口，并使用【自动隐藏】展开或卷起窗口。

使用【Ctrl+9】组合键可以打开/关闭传统命令行窗口。

（5）动态输入的技巧。现在，可以在工具栏提示中输入坐标值，在默认情况下，大多数命令输入的 x,y 坐标值被解释为绝对坐标，输入相对坐标时，通常不需要输入@符号，只需要输入相对偏移值，要使用绝对坐标，请使用磅（#）前缀。

DYNPICOORDS 系统变量用于控制指针输入是使用相对坐标格式还是使用绝对坐标格式，也可以使用符号前缀来临时替代这些设置。

● 要在工具栏提示中显示相对坐标时输入绝对坐标，请输入#。
● 要在显示绝对坐标时输入相对坐标，请输入@。
● 要输入绝对世界坐标系（WCS）坐标，请输入*（星号）。
● 当标注输入处于打开状态(DYNMODE-2 或 3)时，如果输入逗号（,）或尖括号（<）或者选择多个夹点，则程序将切换为指针输入。
● 输入标注值并按 Tab 键，字段将显示锁定图标，并且光标受输入的值的约束。
● 当光标位于绘图区域以外并且工具栏提示不可见时，如果在【动态输入】工具栏提示中输入值，可能会得到一样的结果。

透视图不支持动态输入。

（6）标注输入和夹点。当标注输入还处于打开（DYNMODE=2 或 3）时，使用夹点来拉伸顶点的操作方式已改变。要获得最佳结果，请通过将 DYNMODE 设置为 0 或 1、按【F12】或者单击状态栏中的【动态输入】按钮（DYN），关闭标注输入。

使用夹点拉伸对象时或创建新对象时，标注输入指针仅显示锐角。即所有角度都显示为 180 度或小于 180 度，因此，270 度将显示为 90 度。与【图形单位】对话框中设置的角度方向无关。角度规格根据光标移动的方向来确定正角方向。

（7）循环选择对象。根据动态输入的不同，使用【Tab】键遍历对象将导致如下两个不同的行为：

● 对于标注输入选择共享一个公共夹点的多个对象并单击该夹点，【Tab】键将遍历每个选定对象的所有标注。

● 对于指针输入：如果在执行命令时输入值，请使用左尖括号（<）或逗号（，）来显示
其他输入字段，而不要使用【Tab】键。

（8）在动态提示栏提示中粘贴值。要使用 PASTECLIP 将值从 Windows 剪切板粘贴到动态
提示中，需要先在工具栏提示中输入字母，按【Backspace】键删除该字母，然后再粘贴条目；
否则，条目将作为文字粘贴到图形中。

■4.3 通过捕捉图形几何点精确定位 ■

在绘制图形的过程中，使用对象捕捉工具栏上的命令，可以将指定点快速、精确地限制在已
有对象的特殊位置上。

4.3.1 使用对象捕捉类型

在窗口工具栏上单击鼠标右键，在弹出的快捷菜单中选择【ACAD】子菜单下的【对象捕捉】
命令，即可打开【对象捕捉】工具栏，如图 4-3-1 所示。

图 4-3-1 【对象捕捉】工具栏

● ┅【临时追踪】按钮：命令形式为 TT。用于临时使用对象捕捉跟踪功能，可在不打开
对象捕捉跟踪功能的情况下临时使用一次该功能。

● ┌【捕捉自】按钮：命令形式为 FROM。用于设置一个参照点以便于定位。在使用该
命令时，可以指定一个临时点，然后根据该临时点来确定其他点的位置。

● ╱【捕捉到端点】按钮：命令形式为 END。用于捕捉圆弧、直线、多段线、网格、椭
圆弧、射线或多段线的最近端点，"端点"对象捕捉还可以捕捉到延伸边的端点有 3D
面、迹线和实体填充线的角点。

● ╱【捕捉到中点】按钮：命令形式为 MID。用于捕捉圆弧、椭圆弧、直线、多线、多
段线、面域、实体、样条曲线或参照线的中点。

● ╳【捕捉到交点】按钮：命令形式为 INT。用于捕捉直线、多段线、圆弧、圆、椭圆弧、
椭圆、样条、曲线、结构线、射线或平行多线线段任何组合体之间的交点。

● ╳【捕捉到外观交点】按钮：命令形式为 APPINT。用于捕捉两个在三维空间实际并未
相交，但是由于投影关系在二维视图中相交的对象的交点，这些对象包括圆、圆弧、
椭圆、椭圆弧、直线、多线、射线、样条曲线、参照线等。

● ┈【捕捉到延长线】按钮：命令形式为 EXT。此捕捉模式将以用户选定的实体为基准，
并显示出其延伸线，用户可捕捉此延伸线上的任一点。

● ◎【捕捉到圆心】按钮：命令形式为 CEN，用于捕捉圆弧、圆、椭圆、椭圆弧或实体
填充线的圆（中）心点，圆及圆弧必须在圆周上拾取一点。

● ◈【捕捉到象限点】按钮：命令形式为 QUA。用于捕捉圆弧、椭圆弧、填充线、圆或
椭圆的 0°、90°、180°、270° 的四分之一象限点，象限点是相对于当前 UCS 用

户坐标系而言的。

- ⟳【捕捉到切点】按钮：命令形式为 TAN。用于捕捉选取点与所选圆、圆弧、椭圆或样条曲线相切的切点。

- ⊥【捕捉到垂足】按钮：命令形式为 PER。用于捕捉选取点与选取对象的垂直交点，垂直交点并不一定在选取对象上定位。

- ∥【捕捉到平行】按钮：命令形式为 PAR。用于将用户选定的实体作为平行的基准，当光标与所绘制的前一点的连线方向平行于基准方向时，系统将显示出一条临时的平行线，用户可捕捉到此线上的任一点。

- ⊟【捕捉到插入点】按钮：命令形式为 INS。用于捕捉块、外部引用、形、属性、属性定义或文本对象的插入点。也可通过单击【对象捕捉】工具条中的图标来激活该捕捉方式。

- ∘【捕捉到节点】按钮：命令形式为 NOD。用于捕捉点对象（POINT、DIVIDE、MEASURE命令绘制的点），包括尺寸对象的定义点。

- ⅄【捕捉到最近点】按钮：命令形式为 NEA。用于捕捉最靠近十字光标的点，此点位于直线、圆、多段线、圆弧、线段、样条曲线、射线、结构线、视区或实体填充线、迹线或 3D 面对应的边上。

- ⊠【无捕捉】按钮：命令形式为 NON。用于关闭一次对象捕捉。

- ⩀【对象捕捉设置】按钮：命令形式为 DSETTINGS。单击该按钮，打开如图 4-3-2 所示的"草图设置"对话框，在该对话框中，用户可以将经常使用的对象捕捉设置在一直处于打开状态。

图 4-3-2 【草图设置】对话框

4.3.2 设置运行捕捉模式和覆盖捕捉模式

在【草图设置】对话框中的【对象捕捉】选项卡中，设置的对象捕捉模式始终处于运行状态，直到关闭为止，用户将这种捕捉模式称为运行捕捉模式。如果要临时打开捕捉模式，则可以在输入点的提示下选择【对象捕捉】工具栏的工具，将这种捕捉模式称为覆盖捕捉模式。

设置覆盖捕捉模式，在按下【Shift】键或【Ctrl】键同时单击鼠标右键，弹出如图 4-3-3 所示的快捷菜单，在快捷菜单中选择相应的捕捉方式。

图 4-3-3 覆盖捕捉模式对应的快捷菜单

4.3.3 对象捕捉追踪

对象捕捉追踪功能可以看作是对象捕捉和极轴追踪功能的联合应用。即用户先根据对象捕捉功能确定对象的某一特征点 (只需将光标在该点上停留片刻，当自动捕捉标记中出现黄色的标记即可)，然后以该点为基准点进行追踪，以得到准确的目标点。

在【草图设置】对话框的【极轴追踪】选项卡中的对象捕捉设置栏中提供了两种选择方式：

● 【仅正交追踪】：显示通过基点在水平和垂直方向上的追踪路径。
● 【用所有极轴角设置追踪】：将极轴追踪设置应用到对象捕捉追踪，即使用增量角、附加角等方向显示追踪路径。

　　对象捕捉追踪应与对象捕捉配合使用。使用对象捕捉追踪时必须打开一个或多个对象捕捉，同时启用对象捕捉。但极轴追踪的状态不影响对象捕捉追踪的使用，即使极轴追踪处于关闭状态，用户仍可在对象捕捉追踪中使用极轴角进行追踪。

本章总结

本章我们介绍了如何精确绘制建筑图形，首先介绍了选择对象，包括窗选、快速选择以及编组对象等；接着介绍了辅助定位，包括如何设置捕捉、栅格、极轴追踪以及动态输入；最后我们介绍了通过捕捉图形几何点进行精确定位，精确定位的掌握在绘制建筑图形方面很重要，因为无论是设计还是施工我们都要求的是精确的定位。

有问必答

问：选择对象有哪些方式？各有什么特点？

答：选择对象的方式及其特点，详见 4.1 节。

问：**栏选和圈选有什么不同？**

答：栏选：通过绘制一条开放的多点栅栏，所有与栅栏线相接触的对象均会被选中，圈选：通过绘制一个不规则的封闭多边形，并用它作为选取框来选取对象，那么此时只有完全被包围在多边形中的对象被选中。

问：**设置捕捉时，【旋转】选项用于旋转图形中的捕捉及栅格，这将影响什么，而又不影响什么？**

答：设置捕捉时，【旋转】选项用于旋转图形中的捕捉及栅格，这将影响栅格和正交模式，但是不影响 UCS 的原点和方向，在捕捉旋转的状态下，光标的方向也将发生变换，如果此时正交方式是打开的，也只能沿栅格方向画线，而不会是圆坐标方向。

问：**简述对象捕捉在 CAD 制图中的优点，以及常用的对象捕捉模式的种类。**

答：对象捕捉可以精确地定位，绘制精确的图形。常用的对象捕捉有：捕捉到中点、捕捉到端点、捕捉到圆心等。

问：**捕捉和栅格可以同时使用吗？打开与关闭栅格捕捉的方式有哪些？**

答：捕捉和栅格可以同时使用，打开与关闭栅格捕捉的方式有：单击状态栏中的【栅格】按钮或按【F9】键。

第 4 章 绘制精确建筑图形

Study

Chapter

05

创建与管理图层

学习导航

在绘制比较复杂的图形时，过多的图形对象会干扰设计者集中精力针对某个局部或一类的图形进行设计。AutoCAD 为了解决这个问题使用了图层的概念，每个图层就像是一张透明的胶片，同类的图形绘制在同一个图层上，所有的图层叠在一起就构成了完整的图纸，而在设计和查询某一部分的图层时只需打开部分图层。

本章要点

- ◉ 创建图层
- ◉ 删除图层
- ◉ 设置图层
- ◉ 管理图层

新手学 AutoCAD 2008 室内与建筑实例完美手册

■5.1 创建图纸集■

一些图形文件的一系列图纸的有序集合便构成了图纸集，它可以将任何图形布局作为编号输入到图纸集中，它也可以作为一个整体进行管理、传递、发布和归档。在图纸设计过程中往往把工程作为一个整体或分成几个部分，每个整体或部分建立一个图纸集，整体工程图便被分成一个或几个图纸集。那么怎么创建图纸集呢？下面我们将详细地介绍如何创建图纸集。

执行【文件】|【新建图纸集】命令，系统将自动打开如图 5-1-1 所示的【创建图纸集－开始】对话框。

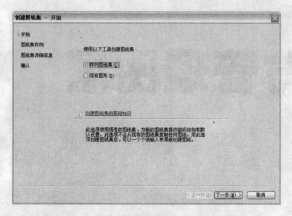

图 5-1-1　【创建图纸集－开始】对话框

若已经创建有图纸集，则选择【打开图纸集】命令选择打开已经有的图纸集。在【开始】对话框中，系统已经提示了用户可以选择不同类型的图纸集，AutoCAD 2008 列出了样例图纸集、现有图形两种。在图纸集类型的下方将显示相应的选项，选择下方不同的单选项，左边的区域将显示不同的含义解释。

选择【样例图纸集】选项时，创建图纸集的顺序是：开始→图形集样例→图纸集详细→信息确认。

选择【现有图形】选项时，创建图纸集的顺序是：开始→图纸集详细信息→选择布局→确认。

创建图纸集详细操作步骤如下：

01　选择【样例图纸集】选项后，单击【下一步】按钮，进入到【图纸集样例】对话框，如图 5-1-2 所示。

02　AutoCAD 2008 系统自带有 7 种图纸样例，系统默认选择的是【Architectural Imperial Sheet Set】图纸样例，如图 5-1-2 所示。该对话框共分【样例名与地址】和【解释说明】两个区域。在样例名与地址区域内显示了已有的样例图纸集以及相应的图纸集地址，选择【浏览到其他图纸集并作为样例】选项，将在其下的文本框内显示所选择的样例图纸集地址位置，在解释说明区域内显示已经选中的图纸集相应的标题与说明。

03　选择所需要的样例名称后，单击 下一步(N) > 按钮，进入到【图纸集详细信息】对话框，如图 5-1-3 所示。

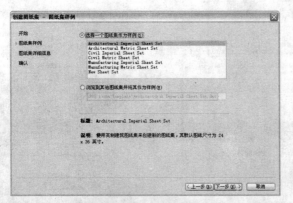

图 5-1-2　【创建图纸集－图纸集样例】对话框

图 5-1-3　【创建图纸集－图纸集详细信息】对话框

04 【图纸集详细信息】对话框中显示了样例图纸集的详细信息内容。在该对话框中可以输入所新建的图纸集的名称，系统默认名称为【新建图纸集（1）】；也可以修改图纸集的所在位置，单击在【在此保存图纸集数据文件】文本框后的 ▯ 按钮，用户可以在打开的对话框中设置图纸集的保存位置，效果如图 5-1-4 所示。

图 5-1-4　【图纸集详细信息】对话框

05 单击 图纸集特性(P) 按钮，系统将自动打开【新建图纸集（1）】对话框，效果如图 5-1-5 所示。在该对话框中包括【图纸集】、【图纸创建】、【图纸集自定义特性】3 个卷展栏。这 3 个卷展栏详细显示着新建图纸集的所有信息情况。在文本显示框中，因显示的内容过多不能完全显示完，将鼠标放在相应的显示框位置，系统自动将弹出完整的文本信息，如图 5-1-6 所示。

新手学 AutoCAD 2008 室内与建筑实例完美手册

图 5-1-5　【新建图纸集（1）】对话框　　　　　图 5-1-6　显示完整的文本信息

06　在【新建的图纸集】对话框中，单击 编辑自定义特性(E)... 按钮，系统将打开如图 5-1-7 所示的【自定义特性】对话框。在该对话框中用户可以根据使用的需要添加或删除图纸集特性，在该对话框中所作的修改都将在【图纸集自定义特性】卷展栏中显示。完成设置后按下 确定 按钮。

图 5-1-7　【自定义特性】对话框

07　单击【创建图纸集】对话框中的 下一步(N) > 按钮，系统将打开【创建图纸集－确认】对话框，如图 5-1-8 所示。显示图纸集所包含的所有内容。用户可以对所建立的图纸集进行一次总的确认，确认所建立的信息是否正确，若正确则单击【完成】按钮完成图纸集的创建操作。在 AutoCAD 2008 系统的操作界面中将增加【图纸集管理器】面板，效果如图 5-1-9 所示。

图 5-1-8　【创建图纸集－确认】对话框　　　图 5-1-9　【图纸集管理器】工具选项板

08　创建好图纸集后，就可以在图纸集管理器上创建新的图纸或查看、修改。在图纸集管理器中相应的图纸集名称上按下鼠标右键，系统将弹出如图 5-1-10 所示的快捷菜单，选择该菜单中的【新建图纸】命令，系统将打开如图 5-1-11 所示的【新建图纸】对话框。在【编号】文本框中输入图纸的编号，如：01；在【图纸标题】文本框输入图纸的标题，如：结构图；则该图纸文件名为：01 结构图。然后单击 确定 按钮，即可在【常规】图纸集下新建一个名称为

"01-结构图"的图纸文件。双击该文件名称，AutoCAD 2008 自动根据所设置的图纸数据打开图纸样式，效果如图 5-1-12 所示。

图 5-1-10 快捷菜单　　　　　　　　　　　图 5-1-11 【新建图纸】对话框

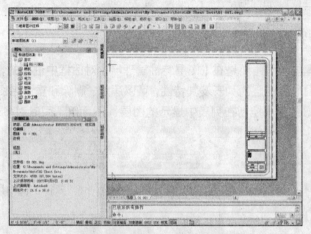

图 5-1-12 打开的图纸样式

在如图 5-1-10 所示的快捷菜单中各选项命令的含义如下：

● 【展开】命令：当图纸集下有图纸时，用于展开图纸集，显示该集内的所有图纸；若图纸集已经展开，则该选项命令变成【收拢】。

● 【新建图纸】命令：用于新建绘图的图纸。

● 【新建子集】命令：用于新建下一级图纸集。AutoCAD 2008 允许图纸集下再建子图纸集。

● 【将布局作为图纸输入】命令：把已有的布局输入作为图纸打开使用。

● 【重命名子集】命令：修改子集的名称。

● 【删除子集】命令：把选择的子集删除。

● 【发布】命令：选中该命令时，弹出下一级子菜单命令，如图 5-1-13 所示。选择其中的命令把选择的图纸集进行相应的发布操作。

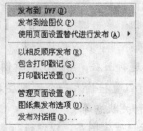

图 5-1-13 【发布】的子命令

新手学 AutoCAD 2008 室内与建筑实例完美手册

● 【电子传递】命令：把所选择的图纸集以电子格式传递到别的用户。

● 【特性】命令：显示图纸集的特性信息。

5.2 创建图层

由于每一个图形中所包含的线条或文本的特性都是不同的，为了把各种特性区分开，必须把线条和文本按照其各自的特性放在不同的图层上。因此 AutoCAD 可以管理和控制复杂的图形，显示图形中图层的列表及其特性，以方便对实体属性进行管理和修改；可以添加、删除和重命名图层，修改图层特性或添加说明。

5.2.1 图层特性管理器

对于图层的管理与操作主要是在【图层特性管理器】对话框中进行的，如图 5-2-1 所示。图层特性管理器显示图形中图层的列表及其特性，可以添加、删除和重命名图层，修改图层特性或添加说明。图层过滤器用于控制在列表中显示的图层，还可用于同时对多个图层进行修改。

图 5-2-1 【图层特性管理器】对话框

那么如何打开【图层管理器】对话框呢？有三种方法可以打开：

● 菜单：【格式】|【图层】

● 图层工具栏：

● 命令行：LAYER

【图层特性管理器】对话框中各选项的含义如下：

● 【新特性过滤器】按钮：单击该按钮，显示【图层过滤器特性】对话框，从中可以基于一个或多个图层特性创建图层过滤器。

● 【新组过滤器】按钮：单击该按钮，创建一个图层过滤器，其中包含用户选定并添加到该过滤器的图层。

● 【图层状态管理器】按钮：单击该按钮，显示【图层状态管理器】对话框，从中可以将图层的当前特性设置保存到命名图层状态中。

● 【新建图层】按钮：创建新图层，系统默认新创建的图层名为【图层 1】。该名称处于选中状态，从而用户可以直接输入一个新图层名。新图层将继承图层列表中当前选定图层的特性（颜色、开/关状态等）。

● 【删除图层】按钮：标记选定图层，以便进行删除。单击 确定 或 应用(A) 按钮后，即可删除相应图层。

- 【置为当前】按钮：将选定图层设置为当前图层。用户创建的对象将被放置到当前图层中。

> 只能删除未参照的图层，参照图层包括图层 0 和 DEFPOINTS、包含对象（包括块定义中的对象）的图层、当前图层和依赖外部参照的图层。局部打开图形中的图层也被视为参照并且不能被删除。

- 【反转过滤器】复选框：用于显示、选择非指定过滤器中的图层。如图 **5-2-2** 所示当前图层列表框中有 10 个图层，其中 0 图层在【所有使用的图层】过滤器上，当选择了【全部过滤器】时，如勾选了该复选框，将隐藏所有的当前过滤器中的图层，如图 **5-2-3** 所示。若选择了【所有使用的图层】过滤器，勾选了该复选框，将隐藏在该图层的 0 层图层，效果如图 **5-2-4** 所示。

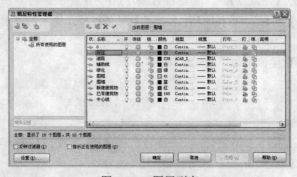

图 5-2-2　图层列表

图 5-2-3　隐藏图层

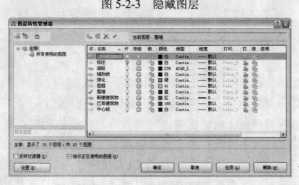

图 5-2-4　隐藏 0 层图层

新手学 AutoCAD 2008 室内与建筑实例完美手册

● 【应用到图层工具栏】复选框：把当前所选择的图层设置应用到【所使用的图层】过滤器上，方便使用过滤器选择或设定图层。

　　如果处理的是共享工程中的图形或基于一系列图层标准的图形，删除图层时要特别小心。

5.2.2　创建图层

创建新的图层的具体步骤如下：

01　打开【图层特性管理器】对话框。

02　单击【新建】按钮，这时列表框中会增加一行，缺省的图层名称是【图层1】（如果有【图层1】则该名称为【图层2】，依次类推），如图5-2-5所示。

03　单击【设置】按钮，即弹出【图层设置】对话框修改图层的名称及其属性，如图5-2-6所示。

04　单击【确定】按钮，即可完成操作。

新建一个图层以后并不能保证以后所绘制的图形对象都位于该图层上，还必须单击【当前】按钮或在【图层】的下拉列表中选择该图层，以便将该图层设置为当前图层。

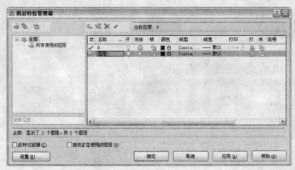

图 5-2-5　新建图层

图 5-2-6　图层设置

5.2.3　设置图层属性

图层的属性包括图层的名称、开关状态、冻结状态、锁定状态、线型、颜色、线宽和打印样式。下面我们将详细地介绍图层属性的设置。

1．设置当前层

当前层就是当前绘图层，用户只能在当前层上绘制图形，并且所绘制的实体将继承当前层的属性。当前图的状态信息都显示在【对象特性】工具栏中，可通过以下几种方法来设置当前图层：

（1）在【图层特性管理器】对话框中选择需置为当前层的图层，单击 ✔ 按钮。

（2）在【图层对象特性】工具栏的【图层控制】下拉列表中单击所需置为当前层的图层。

此外，也可在命令行中设置当前图层，执行 CLAYER 命令，系统将提示"输入 CLAYER 的新值<"0">："，在该提示下输入要置为当前层的图层名称即可。

2. 名称

名称是图层的标识符号，在创建图层时由 AutoCAD 自动指定一个缺省名称，以后可以修改，在图层列表中选择一个图层并在其【名称】上单击鼠标左键，就可以修改其名称了。另外，也可以在【详细信息】选项区的【名称】文本框中进行修改。

3. 颜色

打开【颜色】设置的方法有以下三种方法：

● 菜单：【格式】|【颜色】
● 【图层特性】工具栏： ■ByLayer ▼
● 命令行：COLOR

以上 3 种方法所改变的颜色只是当前图层的颜色，若要改变所有图层的颜色，则要到【图层特性管理器】对话框中编辑修改。其具体的操作步骤是：

01　单击【图层特性】工具栏上的【图层特性管理器】按钮 ，系统将打开【图层特性管理器】对话框，如图 5-2-7 所示。

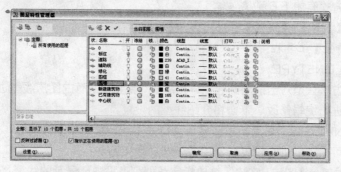

图 5-2-7　【图层特性管理器】对话框

02　在【图层特性管理器】对话框中，选择所要修改图层的【颜色】栏下的 按钮，系统将自动打开如图 5-2-8 所示的【选择颜色】对话框，该对话框中包含了【索引颜色】、【真彩色】、【配色系统】3 个选项卡。用户可以根据自己的需要选择颜色。在这里选择【索引颜色】选项卡，选择其中一种颜色，选定颜色后，将在对话框的【颜色】文本框中显示该颜色的名称或索引号码；在【颜色】文本框的右边预览区内将可以看到所选择的颜色效果，在预览区内共有两层颜色层，前面层是更改后的颜色，后面层是当前图层的颜色。

03　选择好颜色后，单击对话框中的 确定 按钮完成图层颜色的设置。

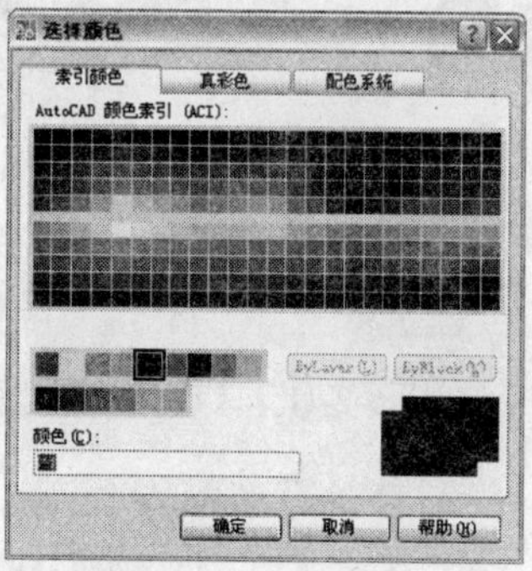

4. 线宽

同类的图形对象通常都设置为相同的线宽，因此在图层中可以为它们设置统一的线宽值。设置图层的线宽可以在【线宽】下拉列表框中选择，也可以单击【线宽】列，在弹出的【线宽】对话框中选择线宽值，如图 5-2-9 所示。

在 AutoCAD 中线宽值不是任意的，只能从系统预置的线宽值中选择。

图 5-2-8　【选择颜色】对话框

要在屏幕上以线宽显示图形对象，可以选择【格式】|【线宽】菜单项，在打开的【线宽设置】对话框中【显示线宽】复选框，如图 5-2-10 所示。

图 5-2-9 【线宽】对话框

图 5-2-10 【线框设置】对话框

在【线宽设置】对话框中，也可以为当前选中的图形对象单独设置线框。

5．线型

线型的打开方式有如下三种：

● 菜单：【格式】|【线型】

● 【图层特性】工具栏： ——— ByLayer ▼

● 命令行：LINETYPE

上面的 3 种方法只是对当前层的线型进行编辑，若要对所有的图层线型进行编辑，则要使用图层特性管理器进行编辑修改。下面将介绍线型的设置：

选择线型 LINETYPE 命令后，系统将自动打开【线型管理器】对话框，如图 5-2-11 所示，在该对话框中即可对线型进行设置。其中各个选项含义如下：

（1）【线型过滤器】区域：在该区域中指定线型列表框中要显示的线型，选中【反向过滤器】复选框，则以相反的过滤条件显示线型。

（2）加载(L)... 按钮：单击此按钮，系统将打开如图 5-2-12 所示的【加载或重载线型】对话框，在该对话框的【可用线型】列表框中选取所需的线型，也可单击 文件(F)... 按钮从文件中调出加载线型。

图 5-2-11 【线型管理器】对话框

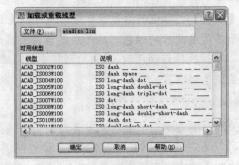
图 5-2-12 【加载或重载线型】对话框

若需同时选择或清除线型列表中所有的线型，在列表中单击鼠标右键，在弹出的快捷菜单中选择【全部选择】或【全部清除】命令即可。

（3）**当前(C)** 按钮：单击此按钮，可以为所选择的图层或对象设置当前线型。新创建对象的默认线型是当前线型（包括【随层】或【随块】线型值）。依赖于外部参照线型不能被设置为当前线型。要设置当前线型，在线型列表中选定需设置为当前层的线型，单击 **当前(C)** 按钮即可。

（4）**删除** 按钮：单击此按钮，可删除所选定的线型。在【线型管理器】对话框中删除的线型只是从当前图形中被删去，而不是从线型库文件中删去，删去的线型还存在于线型库文件中。

（5）**显示细节(D)** / **隐藏细节(D)** 按钮：用于控制是否显示【线型管理器】对话框的【详细信息】条。单击 **显示细节(D)** 按钮，将打开如图 5-2-13 所示的【详细信息】条。这时 **显示细节(D)** 按钮已经变成了 **隐藏细节(D)** 按钮。在该【详细信息】条

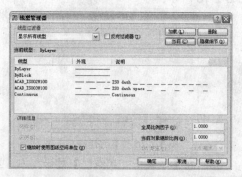

图 5-2-13 【详细信息】条

中，包含了线型的名称、比例因子等。该条中各个选项含义如下：

● 【名称】文本框：显示所选定线型的名称。
● 【说明】文本框：显示线型的描述说明，输入新的字符可修改选定线型的名称及其形状描述。
● 【缩放时使用图纸空间单位】复选框：控制图纸空间和模型空间是否用相同线型比例因子。
● 【全局比例因子】文本框：控制所有线型的比例因子。
● 【当前对象缩放比例】文本框：设置新创建对象的线型比例。
● 【ISO 笔宽】文本框：将线型比例设置为标准 ISO 值中的某个数值，实际比例是【全局比例因子】值与对象比例因子的乘积。

在【线型】列表框中显示了所使用的线型名称、外观及描述说明。在绘图过程中，可随时更改线型名称，所更改的线型名称并未改变线型库文件中的线型。其中，随层、随块、CONTINUOUS 和依赖于外部参照的线型名称不能更改。

使用【图层特性管理器】来设置图层线型的具体操作步骤如下：

01 单击【图层】工具栏上的【图层特性管理器】按钮 ，系统将打开【图层特性管理器】对话框，在该对话框中单击【新建】按钮 ，如图 5-2-14 所示。

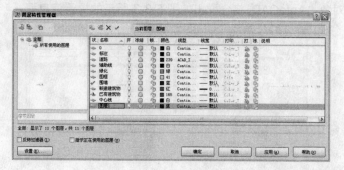

图 5-2-14 【图层特性管理器】对话框

新手学 AutoCAD 2008 室内与建筑实例完美手册

02 在【图层特性管理器】对话框中，选择所要编辑修改的图层，单击在该图层中的线型条的线型名称，系统将自动打开如图 5-2-15 所示的【选择线型】对话框，该对话框中如果没有需要的图层线型，则单击 加载(L)... 按钮加载线型，系统自动打开【加载或重载线型】对话框，如图 5-2-16 所示。

图 5-2-15 【选择线型】对话框　　　　图 5-2-16 【加载或重载线型】对话框

03 在【加载或重载线型】对话框内，显示了 CAD 所有的线型。选择合适的线型后，单击 确定 按钮完成线型的加载或重载操作。这时在【选择线型】对话框中显示已经加载或重载的线型。若需要加载多种线型，则再次单击 加载(L)... 按钮，进入到【加载或重载线型】对话框选择加载线型。

04 在步骤 03 中所加载的线型只是在【选择线型】对话框内，还没有应用到图层上。在【选择线型】对话框中选择要应用的线型，然后单击 确定 按钮，则把所选择的线型应用到原先所选择的图层上。

05 在其他图层的线型条上单击进入【选择线型】对话框，选择相应的线型应用到图层上。

5.3 管理图层

当图形复杂时，图层管理是非常有用的。它可以关闭一些暂时不用的图层，获得更清晰的图形结构，同时也可以减少内存占用空间。图层管理是专业性的体现，它可使任何一个设计师所绘制的图形图层都是清晰明了的。

5.3.1 删除图层

删除图层操作比较简单，只需在列表中选中该图层，如图 5-3-1 所示。后单击【删除】按钮即可，如图 5-3-2 所示。但要注意有的图层是不能删除的，如当前图层、有图形对象的图层等，如果要删除这些对象，AutoCAD 将会弹出如图 5-3-3 所示的提示信息框。

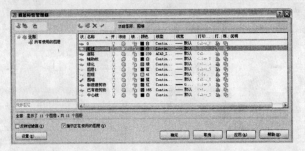

图 5-3-1 选择删除对象

图 5-3-2　单击【删除】按钮后

图 5-3-3　不能删除图层的提示信息框

5.3.2　切换当前层

CAD 图形是由一层一层的图形叠加起来的，当前的操作只有继承当前图层的特性，因此切换当前图层是很必要的事情，切换当前层有以下四种方法。

使用【图层】工具栏上的【图层特性管理器】。单击【图层特性管理器】按钮 ，打开【图层特性管理器】对话框，在该对话框中选择要切换成当前的图层，然后单击 按钮，如图 5-3-4 所示。

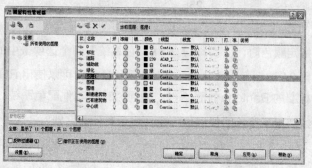

图 5-3-4　设置为当前图层

使用【图层】工具栏上的【图层控制】下拉列表，在弹出的下拉列表中选择需要设置为当前图层的图层名，如图 5-3-5 所示。

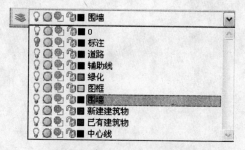

图 5-3-5　在【图层】下拉列表中设置当前图层

在命令行上输入图层切换 CLAYER 命令，命令行将提示："输入 CLAYER 的新值<"0">:"时，输入所要切换成当前层的图层名。

使用【图层】工具栏上的【把对象的图层置为当前】按钮 ，然后选择要设置为当前图层的图层上的图形对象，该图层自动切换为当前图层。

○　**本章总结**

图层是重要的绘图工具，特别是在比较复杂的绘图中，图层将会起到不可估量的作用。本章主要介绍了图纸集的创建、图层的创建以及设置图层的属性，最后还介绍了如何管理图层。对本章内容的掌握是绘制复杂建筑物的基础。

○　**有问必答**

问：如果在创建图层时选择了一个现有的图层，或是为新建图层指定了图层特性，那么以后创建的新图层会怎么样？

答：如果在创建图层时选择了一个现有的图层，或是为新建图层指定了图层特性，那么以后创建的新图层将会继承先前图层的一切特性。

问：图层名是唯一的吗？最长能有多长？能不能有一些符号？

答：图层名是唯一的，最长能有 255 个字符，图层不允许含义大于号、小于号、斜杠、引号、冒号、分号等符号。

问：在为对象指定颜色时，【真彩色】和【配色系统】两个选项卡中的调色板有什么区别？

答：真彩色使用 24 位颜色定义来显示 1600 万种颜色，可以使用 RGB 或 HSL 颜色模式；配色系统包括几个标准的 Pantone 配色系统，也可以输入其他配色系统。

问：图层中的线型与某些绘图仪提供的硬件线型有什么区别？

答：图层中的线型与某些绘图仪提供的硬件线型不能混为一谈，这两种类型的虚线产生的效果是一样的，不要同时使用这两种类型，否则可能产生不可预料的后果。

问：删除图层时要注意些什么？

答：删除图层时要注意以下一些问题：当前图层、0 图层、外部参照的一些图层不能删除。

Study

Chapter

06

>>>

建筑图形对象的编辑

新手学 AutoCAD 2008 室内与建筑实例完美手册

学习导航

　　在使用 AutoCAD 绘制建筑图形时，如果仅仅使用绘图工具只能创建一些简单基本的图形，如门、桌子，对于复杂的建筑图形，往往不能一次完成，而是通过不断地修改来达到最终完美的效果，一些相似的图形可以通过复制、镜像等编辑操作绘制出来。在 AutoCAD 2008 中，系统提供了丰富的图形编辑命令，如图形的复制、移动、修剪、阵列等，这些命令的使用能够给用户绘图提供了很大的方便。

本章要点

- ◉ 复制图形对象
- ◉ 移动与旋转对象
- ◉ 修剪与延伸对象
- ◉ 倒角与圆角
- ◉ 夹点编辑

■6.1　复制图形对象 ■

复制图形对象包括复制对象、镜像对象、偏移对象和阵列对象。

6.1.1　复制对象

复制对象就是把选择的对象复制到指定的位置，是用来复制一个已有的实体。启动【复制】命令的方法有如下 3 种：

● 下拉菜单：【修改】|【复制】
● 修改工具栏：
● 命令行：COPY（CO、CP）

经典实例

绘制如图 6-1-1 所示的图形。

【光盘：源文件\第 06 章\实例 1.dwg】

【实例分析】

利用【复制】命令来复制图形。

【实例效果】

实例效果如图 6-1-1 所示。

【实例绘制】

首先应用【直线】命令和矩形命令绘制如图 6-1-2 所示的图形，然后执行【复制】命令绘制如图 6-1-2 所示的剩余的矩形。

图 6-1-1　完成效果图　　　　　　　　　　　图 6-1-2　图形效果

命令: _copy   \\执行复制命令

选择对象: 找到 1 个   \\选择矩形

选择对象: \\回车完成对象选择

当前设置：复制模式 = 多个

指定基点或 [位移(D)/模式(O)] <位移>:   \\单击矩形左下端点

指定第二个点或 <使用第一个点作为位移>:   \\垂直下移鼠标，合适位置单击

指定第二个点或 [退出(E)/放弃(U)] <退出>:   \\依次向下移动鼠标并单击复制三个矩形后回车完成

复制命令

　　使用 COPYCLIP 命令，可将用户选择的图形复制到 Windows 剪贴板上，用于
其他文件或者其他应用软件中。若要编辑该图形时，在其他应用软件中单击该图形
即可在 AutoCAD 中进行编辑。

6.1.2　镜像对象

　　在建筑绘图中，常常需要绘制对称的图形，对于这部分的图形，用户只需绘制其中的部分，
然后利用镜像命令即可快速地绘制另一部分。使用方法为：首先启动命令，然后选择需要镜像的
图形，再指定镜像即可完成。

　　启动【镜像】命令有以下三种方式：

● 下拉菜单：【修改】|【镜像】

● 修改工具栏： ◢◣

● 命令行：MIRROR（MI）

经典实例

绘制如图 6-1-3 所示的图形。

【光盘：源文件\第 06 章\实例 2.dwg】

【实例分析】

利用【镜像】命令来镜像图形。

【实例效果】

实例效果如图 6-1-3 所示。

【实例绘制】

打开【光盘：源文件\第 06 章\实例 1.dwg】

命令: _mirror　　　　　　　　　　\\执行镜像命令

选择对象: 找到 1 个　　　　　　　　\\选择如图 6-1-4 所示的矩形

选择对象: 找到 1 个, 总计 2 个　　\\选择如图 6-1-4 所示的矩形

选择对象: 找到 1 个, 总计 3 个　　\\选择如图 6-1-4 所示的矩形

选择对象: 找到 1 个, 总计 4 个　　\\选择如图 6-1-4 所示的矩形

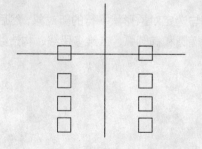

图 6-1-3　镜像完成后的效果

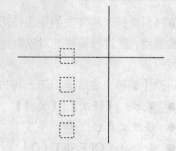

图 6-1-4　选择图形

新手学 AutoCAD 2008 室内与建筑实例完美手册

选择对象: \\回车完成对象选择

指定镜像线的第一点: \\指定垂直直线下端点，如图 6-1-5 所示

指定镜像线的第二点: \\指定垂直直线上端点，如图 6-1-6 所示

要删除源对象吗？[是(Y)/否(N)] <N>: n\\输入 n 并回车保留源对象，输入 y 删除源对象效果如图 6-1-7 所示

图 6-1-5　选择镜像的第一点　　　　　　　　图 6-1-6　捕捉镜像的第二点

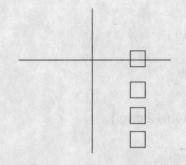

图 6-1-7　删除原图后的图形效果

　　　由于对称线的方向是任意的，随对称线的方向不同，对称图形的位置也有所不同，利用该特性可绘制一些特殊图形。对某些不对称但基本相似的图形，可先使用镜像 MIRROR 命令复制镜像，再用编辑命令作适当修改。

6.1.3　偏移对象

　　偏移对象是一种高效的绘图技巧，可以创建形状与选定对象形状平行的新对象，然后修剪或延伸其端点，能进行偏移的对象有直线、圆弧、圆、椭圆和椭圆弧、二维多段线、构造线、射线和曲线等。

　　启动【偏移】命令有以下三种方式：

● 菜单：【修改】|【偏移】

● 修改工具栏： ⏚

● 命令行：OFFSET（O）

第 6 章　建筑图形对象的编辑

经典实例

绘制如图 6-1-8 所示的图形。

【光盘：源文件\第 06 章\实例 3.dwg】

【实例分析】

利用【偏移】命令来偏移图形。

【实例效果】

实例效果如图 6-1-8 所示。

【实例绘制】

首先运用【矩形】命令绘制一个矩形，如图 6-1-9 所示，然后运用【偏移】命令绘制图形。

图 6-1-8　偏移后的效果

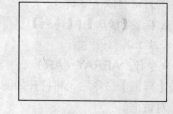

图 6-1-9　偏移前的图形

命令：_offset　　　　　　　　　　　　\\执行偏移命令

当前设置：删除源=否　图层=源　OFFSETGAPTYPE=0

指定偏移距离或 [通过(T)/删除(E)/图层(L)] <通过>：指定第二点：\\指定偏移对象与原对象的距离，如图 6-1-10 所示

选择要偏移的对象，或 [退出(E)/放弃(U)] <退出>：\\选择上述矩形

指定要偏移的那一侧上的点，或 [退出(E)/多个(M)/放弃(U)] <退出>：\\单击矩形内侧，如图 6-1-11 所示

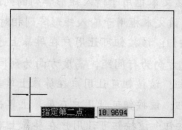

图 6-1-10　指定偏移距离

图 6-1-11　指定要偏移的一侧的点

新手学 AutoCAD 2008 室内与建筑实例完美手册

通过偏移圆或圆弧创建更大或更小的圆或圆弧，取决于向哪一侧偏移；二维多段线和样条曲线在偏移距离大于可调整的距离时将自动进行修剪。

6.1.4 阵列对象

阵列对象是指在矩形或环形阵列中创建对象的副本。对于创建多个定间距的对象，阵列比复制要快。系统默认为【矩形阵列】。

【阵列】命令可将指定目标进行矩形阵列或环形阵列，而且每个对象都可独立处理。启动【阵列】命令的方法有以下 3 种：

- 菜单：【修改】|【阵列】
- 修改工具栏：⊞
- 命令行：ARRAY（AR）

启动【阵列】命令后，将打开如图 6-1-12 所示的【阵列】对话框。

该对话框用于控制矩形或环形阵列的相关参数。在该对话框中，有两个单选项，分别是【矩形阵列】单选项和【环形阵列】单选项。其中各项参数功能如下：

图 6-1-12 【阵列】对话框

1．【矩形阵列】单选卡

- 【行】文本框：该文本框用于输入矩形阵列的行数。
- 【列】文本框：该文本框用于输入矩形阵列的列数。
- 【行偏移】文本框：该文本框用于输入矩形阵列的行间距。
- 【列偏移】文本框：该文本框用于输入矩形阵列的列间距。
- 【阵列角度】文本框：该文本框用于输入矩形阵列相对于 UCS 坐标系 X 轴旋转的角度。
- 【指定矩形区域】按钮：该按钮可让用户在屏幕上选择一个矩形区域以确定矩形阵列的行及列间距，长度方向为行间距，高度方向为列间距。
- 【指定行偏移】按钮：该按钮可让用户在屏幕上单击两点以确定矩形阵列的行间距。
- 【指定列偏移】按钮：该按钮可让用户在屏幕上单击两点以确定矩形阵列的列间距。
- 【指定阵列角度】按钮：该按钮可让用户在屏幕上单击两点以确定矩形阵列的相对于 UCS 坐标系 X 轴旋转的角度。
- 【选择对象】按钮：该按钮可让用户在屏幕上选择将要进行矩形阵列的对象。

2．【环形阵列】单选卡

在如图 6-1-12 所示的对话框中单击【环形阵列】，将会打开【环形阵列】对话框，如图 6-1-13 所示。其中，各项的含义如下：

（1）【X】、【Y】文本框：该文本框用于输入环形阵列的中心点。

（2）【方法】下拉列表：该文本框用于输入环形阵列的阵列方式，它有 3 种可以选择的阵列方式：

- 【项目总数和填充角度】下拉列表：通过中心、总角度和阵列对象之间的角度来控制环形阵列。【项目间角度】选项为灰色时，表示不可选。
- 【项目总数和项目间的角度】下拉列表：通过中心、复制份数和阵列对象之间的角度来控制环形阵列。【填充角度】选项为灰色时，表示不可选。
- 【填充角度和项目间的角度】下拉列表：通过中心、复制份数和总角度来控制环形阵列。此时，【项目总数】选项为灰色时，表示不可选。

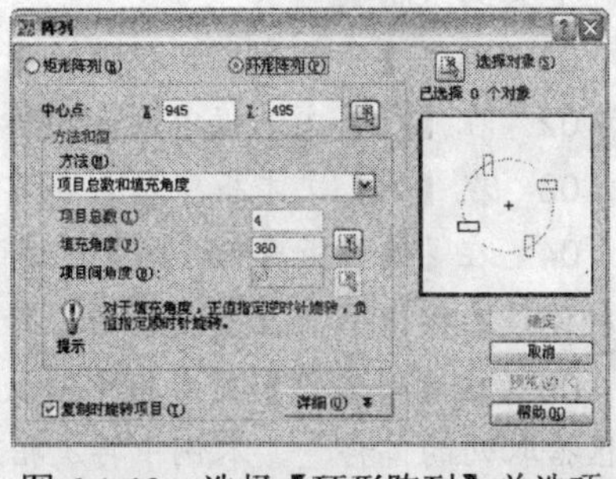

图 6-1-13　选择【环形阵列】单选项

（3）【项目总数】文本框：该文本框用于输入环形阵列复制份数。

（4）【填充角度】文本框：该文本框用于输入环形阵列总角度。

（5）【项目间角度】文本框：该文本框用于输入原始对象相对于中心点旋转或保持原始对象的原有方向。

（6）【复制时旋转项目】复选框：该复选框用于确定是否在复制阵列时旋转。

（7）🔳【指定中心点】按钮：按下该按钮，可让用户在屏幕上单击一点以确定环形阵列的中心。

（8）🔳【指定总角度】按钮：按下该按钮，可让用户在屏幕上单击两点以确定环形阵列的阵列总角度。

（9）🔳【指定填充角度】按钮：按下该按钮，可让用户在屏幕上单击两点以确定环形阵列对象之间的角度。

（10）🔳【选择对象】按钮：按下该按钮，可让用户在屏幕上选择将要进行环形阵列的对象。

3．矩形阵列

经典实例

绘制如图 6-1-14 所示的图形。

【光盘：源文件\第 06 章\实例 4.dwg 】

【实例分析】

先绘制一个矩形，如图 6-1-15 所示，再使用阵列命令来绘制该图形。

【实例效果】

实例效果如图 6-1-14 所示。

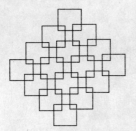

图 6-1-14　阵列后的图形

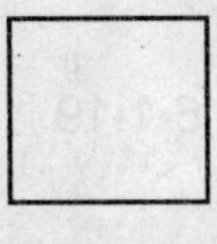

图 6-1-15　阵列前的矩形

新手学 AutoCAD 2008 室内与建筑实例完美手册

【实例绘制】

01 单击【修改】工具栏中的【阵列】按钮 品，打开如图 6-1-16 所示的【阵列】对话框。

02 在【行】文本框中输入要阵列成的行数，本实例中输入"4"。

03 在【列】文本框中输入要阵列成的列数，本实例中输入"4"。

04 在【偏移距离和方向】区域的【行偏移】文本框中输入行偏移值，或单击其右侧的【拾取行偏移】按钮 ，在绘图区拾取行上的偏移量，本例中拾取水平踏步的端点。

05 在【列偏移】文本框中输入列偏移值，或单击其右侧的【拾取列偏移】按钮 ，在绘图区拾取列的偏移量，本例中再次拾取对角线。

06 在【阵列角度】文本框中输入阵列的角度，或单击其右侧的【拾取阵列的角度】按钮 ，在绘图区中拾取偏移角度，本实例中再次拾取踏步的对角线即可。

07 单击【选择对象】按钮 ，在绘图区中选取要偏移的对象，此时【阵列】对话框的设置如图 6-1-17 所示。

图 6-1-16　【阵列】对话框　　　　　　　　图 6-1-17　参数设置

08 单击 预览(V) < 按钮预览阵列效果，同时将打开如图 6-1-18 所示的【阵列】对话框。

图 6-1-18　【阵列】对话框

09 如果所阵列的对象不符合要求，单击 修改 按钮返回【阵列】对话框中进行修改；如果所阵列的对象符合要求，单击 接受 按钮并关闭提示对话框。

4. 环形阵列

经典实例

绘制如图 6-1-19 所示的图形。

【光盘：源文件\第06章\实例 5.dwg】

【实例分析】

下面绘制两个同心圆，再利用【阵列】命令绘制该图形。

【实例效果】

实例效果如图 6-1-19 所示。

【实例绘制】

01 打开【光盘：源文件\第 06 章\实例 5 基本图形.dwg】，如图 6-1-20 所示，对该图形进行阵列编辑。

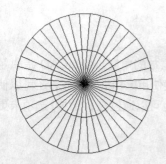

图 6-1-19　完成效果

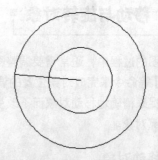

图 6-1-20　图形效果

02　在命令行中输入阵列命令 ARRAY，或单击修改工具栏中的 品 按钮，打开【阵列】对话框。

03　选择【环形阵列】单选项，打开的【阵列】对话框，如图 6-1-21 所示。单击【中心点】右侧的【拾取中心】点按钮 ，在图 6-1-20 中拾取圆的中心。

04　在【方法】下拉列表中选择【项目总数和填充角度】选项，在【项目总数】文本框中输入阵列对象的数量 40。

05　在【填充角度】文本框中输入阵列对象角度及旋转方向 360。单击【选择对象】按钮 ，返回绘图区选择图形中的水平线段，如图 6-1-22 所示。

图 6-1-21　【环形阵列】单选项

06　单击鼠标右键返回【阵列】对话框，【阵列】对话框的参数设置如 6-1-23 所示。单击 确定 按钮完成图形的阵列。

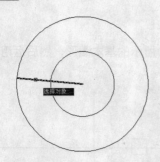

图 6-1-22　选择对象

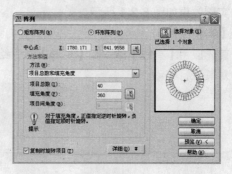

图 6-1-23　环形阵列的参数设置

小知识

　　矩形的列数和行数均包含所选形体，环形阵列的复制份数也包括原始形体在内。对于矩形阵列，若输入的行距和列距为负值，则加入的行在原行的下方，加入的列在原列的左方。

新手学 AutoCAD 2008 室内与建筑实例完美手册

6.2 移动与旋转对象

在绘图的过程中，通常需要调整图形对象的位置和摆放的角度，AutoCAD 提供了【移动】和【旋转】等命令来完成对象位置的调整。用户可以直接使用鼠标进行调整，还可以使用坐标值和对象捕捉来精确地移动对象而不改变其方向和大小，也可以通过在【特性】选项卡更改坐标值来重新计算对象。

6.2.1 移动对象

选择对象，然后指定移动基点和第二点或者输入坐标来指定对象的移动方向和距离，AutoCAD 将图形对象从原位置移动或复制到新位置。

使用【移动】命令有以下 3 种方式：

- 菜单：【修改】|【移动】
- 修改工具栏：✛
- 命令行：MOVE（M）

经典实例

绘制如图 6-2-1 所示的图形。

【光盘：源文件\第 06 章\实例 6.dwg】

【实例分析】

先绘制一个矩形，再使用【移动】命令来绘制该图形。

【实例效果】

实例效果如图 6-2-1 所示。

【实例绘制】

首先应用【直线】命令和【矩形】命令绘制如图 6-2-2 所示的基本图形，然后运用【移动】命令对其进行移动。

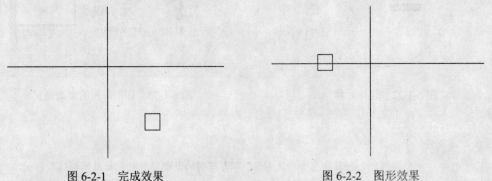

| 图 6-2-1 完成效果 | 图 6-2-2 图形效果 |

```
命令:_move                          \\执行移动命令
选择对象: 找到 1 个                   \\选择矩形
选择对象:                            \\回车完成对象选择
```

指定基点或 [位移(D)] <位移>:   \\指定矩形的一个角点，如图 6-2-3 所示
指定第二个点或 <使用第一个点作为位移>:\\指定第二点，如图 6-2-4 所示

图 6-2-3 选择基点   图 6-2-4 指定第二点

6.2.2 旋转对象

绕指定点旋转对象，首先要决定旋转对象，然后指定旋转基点和旋转角度。调用【旋转】命令有以下三种方式：

- 菜单：【修改】|【旋转】
- 修改工具栏：
- 命令行：ROTATE（RO）

经典实例

绘制如图 6-2-5 所示的图形。
【光盘：源文件\第 06 章\实例 7.dwg】
【实例分析】
先绘制一个矩形，再使用【旋转】命令来绘制该图形。
【实例效果】
实例效果如图 6-2-5 所示。
【实例绘制】
打开【光盘：源文件\第 06 章\实例 7.dwg】，如图 6-2-6 所示，运用【旋转】命令对矩形进行旋转，效果如图 6-2-5 所示。

图 6-2-5 完成效果   图 6-2-6 图形效果

命令：_rotate   \\执行旋转命令
UCS 当前的正角方向：ANGDIR=逆时针 ANGBASE=0
选择对象：找到 1 个   \\选择矩形，如图 6-2-7 所示

新手学 AutoCAD 2008 室内与建筑实例完美手册

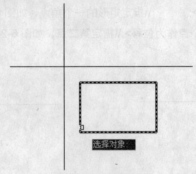

图 6-2-7　选择对象

选择对象:　　　　　　\\按回车键完成对象选择

指定基点:　<对象捕捉 开>　\\单击矩形左上交点,如图 6-2-8 所示

指定旋转角度,或 [复制(C)/参照(R)] <0>: 50　\\输入旋转的角度值,如图 6-2-9 所示

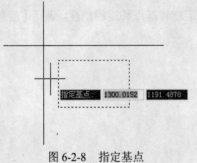

图 6-2-8　指定基点

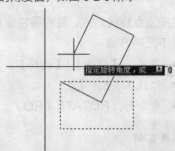

图 6-2-9　指定旋转角度

6.2.3　缩放对象

缩放对象是指将指定的对象按指定的比例相对于基点放大或缩小。

启动【缩放】是指命令有以下三种方式:

● 命令: SCALE

● 菜单命令: 【修改】|【缩放】

● 修改工具栏: 🔲

例如,对如图 6-2-10 所示的图形进行比例缩放。启动该命令,AutoCAD 将提示:

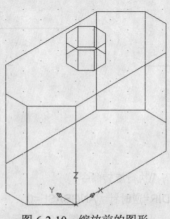

图 6-2-10　缩放前的图形

命令: _scale

选择对象: 找到 1 个　　　　　　　　　　　　\\选择图形

选择对象:　　　　　　　　　　　　　　　　\\按【Enter】键完成对象选择

指定基点:　<对象捕捉 开>　　　　　　　　\\ 指定缩放基点为坐标原点

指定比例因子或 [复制(C)/参照(R)] <1.0000>:0.5　　\\指定缩放比例

绘制结果如图 6-2-11 所示。

- 【指定比例因子】: 确定要缩放的比例因子，若
  执行该默认项，即输入比例因子后回车，
  AutoCAD 将对象按该比例因子相对于基点缩放，
  且 0<比例因子<1 时缩小对象，比例因子>1 时放
  大对象。
- 【复制】: 将对象缩放后复制该对象。
- 【参照】: 将对象以参考方式缩放，使用参照进
  行缩放，将现有距离作为新尺寸的基础，并请指
  定当前距离和新的所需尺寸。

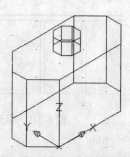

图 6-2-11　缩放后的图形

> **小知识**
>
> 　　使用参照时，AutoCAD 根据参照长度与新长度的值自动计算比例因子，然后按
> 该比例进行相应的缩放。

6.3　修建与延伸对象

在绘图过程中，如果图形的大小不符合要求，可以使用修剪对象、延伸对象和缩放对象调整现有对象相对于其他对象的长度。

6.3.1　修剪对象

用剪切边修剪对象，即以剪切边为界，将被修剪对象上位于剪切边某一侧的部分剪掉。启动【修剪】命令有以下三种方式：

- 下拉菜单: 【修改】|【修剪】
- 修改工具栏:
- 命令行: TRIM（TR）

> **经典实例**

绘制如图 6-3-1 所示的图形。

【光盘: 源文件\第 06 章\实例 8.dwg】

【实例分析】

利用【修剪】命令来修剪不需要的部分。

【实例效果】

实例效果如图 6-3-1 所示。

【实例绘制】

打开【光盘：源文件\第 06 章\实例 8.dwg】图形文件，如图 6-3-2 所示。对其进行修剪处理，效果如图 6-3-1 所示。

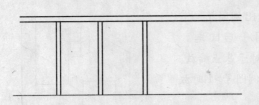

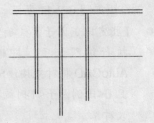

图 6-3-1　修改后的图形　　　　　　　　　图 6-3-2　修改前的图形

命令: _trim　　　　　　　　　　　　　　\\执行修剪命令

当前设置:投影=UCS，边=无

选择剪切边...

选择对象或 <全部选择>: 找到 1 个　　　\\选择水平直线，如图 6-3-3 所示

选择对象:　　　　　　　　　　\\回车完成对象选择

选择要修剪的对象，或按住 Shift 键选择要延伸的对象，或

[栏选(F)/窗交(C)/投影(P)/边(E)/删除(R)/放弃(U)]:　　　　\\单击直线下侧多线如图 6-3-4 所示

选择要修剪的对象，或按住 Shift 键选择要延伸的对象，或

[栏选(F)/窗交(C)/投影(P)/边(E)/删除(R)/放弃(U)]:　　　　\\单击直线下侧多线

选择要修剪的对象，或按住 Shift 键选择要延伸的对象，或

[栏选(F)/窗交(C)/投影(P)/边(E)/删除(R)/放弃(U)]:　　　　\\单击直线下侧多线

选择要修剪的对象，或按住 Shift 键选择要延伸的对象，或

[栏选(F)/窗交(C)/投影(P)/边(E)/删除(R)/放弃(U)]:　　　　\\回车完成修剪命令

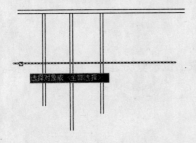

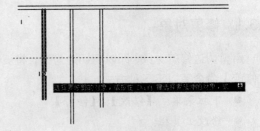

图 6-3-3　选择对象　　　　　　　　　　图 6-3-4　选择要修剪的对象

6.3.2　延伸对象

延伸对象与修剪对象相反，它可以通过缩短或拉长使指定的对象到指定的边界，使其与其他的对象的边相接，调用【延伸】命令有以下三种方式：

● 菜单：【修改】|[延伸]

● 修改工具栏：--/

● 命令行：EXTEND（EX）

经典实例

绘制如图 6-3-5 所示的图形。

【光盘：源文件\第 06 章\实例 9.dwg】

【实例分析】

利用【延伸】命令将如图 6-3-6 所示的多线延伸与直线对齐。

【实例效果】

实例效果如图 6-3-5 所示。

【实例绘制】

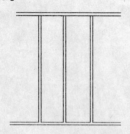

图 6-3-5　延伸后的图形

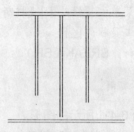

图 6-3-6　延伸前的图形

命令: _extend	\\执行延伸命令
当前设置:投影=UCS，边=无	
选择边界的边...	
选择对象或 <全部选择>：找到 1 个	\\选择红色的水平多线如图 6-3-7 所示
选择对象:	\\回车完成对象选择
选择要延伸的对象，或按住 Shift 键选择要修剪的对象，或	
[栏选(F)/窗交(C)/投影(P)/边(E)/放弃(U)]:	\\选择左侧垂直的多线如图 6-3-8 所示
输入多线连接选项 [闭合(C)/开放(O)/合并(M)] <合并(M)>:m	\\输入选项 M
选择要延伸的对象，或按住 Shift 键选择要修剪的对象，或	
[栏选(F)/窗交(C)/投影(P)/边(E)/放弃(U)]:	\\选择中间垂直的多线
输入多线连接选项 [闭合(C)/开放(O)/合并(M)] <合并(M)>:m	\\输入选项 M
选择要延伸的对象，或按住 Shift 键选择要修剪的对象，或	
[栏选(F)/窗交(C)/投影(P)/边(E)/放弃(U)]:	\\选择右侧垂直的多线
输入多线连接选项 [闭合(C)/开放(O)/合并(M)] <合并(M)>:	\\回车完成延伸命令

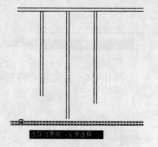

图 6-3-7　选择对象

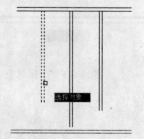

图 6-3-8　选择要延伸的对象

6.4 倒角与圆角

在工程绘图中，可以修改对象使其以圆角或平角相接，也可以在对象上创建间距。AutoCAD 提供了【打断】、【倒角】和【圆角】命令，下面分别来说明这 3 类操作。

6.4.1 打断对象

【打断】命令可把已有的对象分成两个，或删除对象的某部分。该命令可将直线、弧、圆、多段线、椭圆、样条曲线、射线分成两个实体。启动【打断】命令的方法有如下 3 种：

● 下拉菜单：【修改】|【打断】
● 修改工具栏：🗂
● 命令行：BREAK（BR）

经典实例

绘制如图 6-4-1 所示的图形。

【光盘：源文件\第 06 章\实例 10.dwg】

【实例分析】

利用【打断】命令来打断对象。

【实例效果】

实例效果如图 6-4-1 所示。

【实例绘制】

打开【光盘：源文件\第 06 章\实例 10.dwg】图像文件，如图 6-4-2 所示。运用打断命令将上侧直线打断，效果如图 6-4-1 所示。

图 6-4-1　打断后的图形 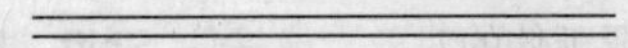　　　　　　　　　　图 6-4-2　打断前的图形

命令：_break　　　　　　　　　　\\执行打断命令
选择对象：　　　　　　　　　　\\选择上侧直线，如图 6-4-3 所示
指定第二个打断点 或 [第一点(F)]：　\\指定打断点，如图 6-4-4 所示

图 6-4-3　选择对象 　　　　　　　　　　图 6-4-4　指定第二打断点

小知识

打断于点命令选择对象时，只能用直接拾取方式选择一次对象。

6.4.2 倒角对象

【倒角】命令使用频率很高,特别是在建筑室内设计装饰图时,倒角距离是单个对象与倒角线相接或其他对象相交而进行修剪或延伸的长度。启用【倒角】命令有以下三种方式:

● 菜单:【修改】|【倒角】

● 修改工具栏:

● 命令行: CHAMFER(CHA)

启动【倒角】命令后,系统将提示"选择第一条直线或[放弃(U)/多段线(P)/距离(D)/角度(A)/修剪(T)/方式(E)/多个(M)]:"。该提示中各选项的含义如下:

(1)【选择第一条直线】:确定定义二维倒角所需的两条边中的第一条边或要倒角的三维实体的边。

(2)【放弃】:恢复在命令中执行的上一个操作。

(3)【多段线】:在二维多段线的所有顶点处产生倒角。

(4)【距离】:设置倒角距离。

(5)【角度】:通过指定角度和距离的方法设置倒角的距离。

(6)【修剪】:指定对象倒角后是否修剪或者保留原来的样子。

(7)【方式】:在【距离】和【角度】两个选项之间选择一种倒角方式。系统默认方式为距离方式。

(8)【多个】:给多个对象集共同倒角。

小知识

CHAMFER 只能对直线、多段线等直线型对象进行倒角,不能对弧、椭圆弧等曲线进行倒角。

经典实例

绘制如图 6-4-5 所示的图形。

【光盘:源文件\第 06 章\实例 11.dwg】

【实例分析】

利用【倒角】命令来倒角对象。

【实例效果】

实例效果如图 6-4-5 所示。

【实例绘制】

首先运用【矩形】命令绘制如图 6-4-6 所示的矩形图形,然后运用【倒角】命令对其进行倒角处理,效果如图 6-4-5 所示。

命令:_chamfer   \\执行倒角命令

("修剪"模式)当前倒角距离 1 = 0.0000,距离 2 = 0.0000

选择第一条直线或 [放弃(U)/多段线(P)/距离(D)/角度(A)/修剪(T)/方式(E)/多个(M)]: m\\输入选项 M

选择第一条直线或 [放弃(U)/多段线(P)/距离(D)/角度(A)/修剪(T)/方式(E)/多个(M)]: d\\输入选项 D

新手学 AutoCAD 2008 室内与建筑实例完美手册

指定第一个倒角距离 <0.0000>: 100   \\执行倒角距离

图 6-4-5　倒角后的图形形　　　　　　　　　图 6-4-6　倒角前的图

指定第二个倒角距离 <100.0000>:   \\回车或者空格确定第二个倒角距离

选择第一条直线或 [放弃(U)/多段线(P)/距离(D)/角度(A)/修剪(T)/方式(E)/多个(M)]: \\单击直线 AB

选择第二条直线，或按住 Shift 键选择要应用角点的直线:　\\单击直线 AD

选择第一条直线或 [放弃(U)/多段线(P)/距离(D)/角度(A)/修剪(T)/方式(E)/多个(M)]: \\单击直线 BC

选择第二条直线，或按住 Shift 键选择要应用角点的直线:　\\单击直线 AB

选择第一条直线或 [放弃(U)/多段线(P)/距离(D)/角度(A)/修剪(T)/方式(E)/多个(M)]: \\单击直线 BC

选择第二条直线，或按住 Shift 键选择要应用角点的直线:　\\单击直线 CD

选择第一条直线或 [放弃(U)/多段线(P)/距离(D)/角度(A)/修剪(T)/方式(E)/多个(M)]: \\单击直线 AD

选择第二条直线，或按住 Shift 键选择要应用角点的直线:　\\单击直线 CD

选择第一条直线或 [放弃(U)/多段线(P)/距离(D)/角度(A)/修剪(T)/方式(E)/多个(M)]: \\回车完成倒角

命令

　　　根据提示依次选择两个倒角边时，选择的第一条直线按第一倒角距离倒角，第
二条直线按第二倒角距离倒角。

6.4.3　圆角对象

启动【圆角】命令有以下 3 种方式：

● 下拉菜单：【修改】|【圆角】

● 二维绘图面板：

● 命令行：FILLET（F）

启动【圆角】命令后，系统将提示"选择第一个对象或 [放弃(U)/多段线(P)/半径(R)/修剪(T)/多个(M)]:"。其中该提示中各项的含义如下：

● 【选择第一个对象】：选择定义二维圆角所需的两个对象中的第一个对象，或选择三维
实体的边以便给其加圆角。

● 【放弃】：恢复在命令中执行的上一个操作。

● 【多段线】：以指定半径对多段线倒圆角。

● 【半径】：指定圆角半径。

● 【修剪】：打开或关闭修剪模式。

经典实例

绘制如图 6-4-7 所示的图形。

【光盘：源文件\第 06 章\实例 12.dwg】

【实例分析】

利用【圆角】命令来圆角对象。

【实例效果】

实例效果如图 6-4-7 所示。

【实例绘制】

首先运用【正多边形】命令绘制正六边形，如图 6-4-8 所示。然后运用【圆角】命令对其进行圆角处理，最终效果如图 6-4-7 所示。

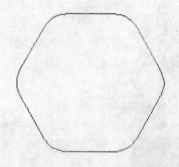 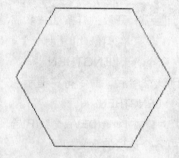

图 6-4-7　圆角完成后的图形　　　　　　　　　图 6-4-8　圆角前的图形

命令：_fillet　　　　　　　　　　　　　　　　　\\执行圆角命令

当前设置：模式 = 修剪，半径 = 0.0000

选择第一个对象或 [放弃(U)/多段线(P)/半径(R)/修剪(T)/多个(M)]: r　　　\\输入选项 R

指定圆角半径 <0.0000>: 100　　　　　　　　　　　　　　\\输入圆角半径

选择第一个对象或 [放弃(U)/多段线(P)/半径(R)/修剪(T)/多个(M)]: m\\输入选项 M

选择第一个对象或 [放弃(U)/多段线(P)/半径(R)/修剪(T)/多个(M)]:　　　\\选择第一条边如图 6-4-9 所示

选择第二个对象，或按住 Shift 键选择要应用角点的对象:　　　\\选择相邻边如图 6-4-10 所示

选择第一个对象或 [放弃(U)/多段线(P)/半径(R)/修剪(T)/多个(M)]:　　　\\选择第二条边

选择第二个对象，或按住 Shift 键选择要应用角点的对象:　　　\\选择相邻边

选择第一个对象或 [放弃(U)/多段线(P)/半径(R)/修剪(T)/多个(M)]:　　　\\选择第三条边

选择第二个对象，或按住 Shift 键选择要应用角点的对象:　　　\\选择相邻边

选择第一个对象或 [放弃(U)/多段线(P)/半径(R)/修剪(T)/多个(M)]:　　　\\选择第四条边

选择第二个对象，或按住 Shift 键选择要应用角点的对象:　　　\\选择相邻边

选择第一个对象或 [放弃(U)/多段线(P)/半径(R)/修剪(T)/多个(M)]:　　　\\选择第五条边

选择第二个对象，或按住 Shift 键选择要应用角点的对象:　　　\\选择相邻边

选择第一个对象或 [放弃(U)/多段线(P)/半径(R)/修剪(T)/多个(M)]:　　　\\选择第六条边

选择第二个对象，或按住 Shift 键选择要应用角点的对象:　　　\\选择相邻边

选择第一个对象或 [放弃(U)/多段线(P)/半径(R)/修剪(T)/多个(M)]:\\回车退出圆角命令

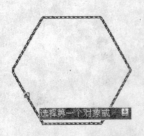

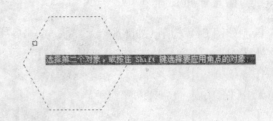

图 6-4-9　选择第一个对象　　　　　　　图 6-4-10　选择相邻边

6.5　拉长对象

【拉长】命令用于改变线或弧的长度、弧的角度。该命令适用于开放的线、圆弧、开放的多段线、椭圆弧和开放的样条曲线。启动【拉长】命令的方法有如下两种：

● 下拉菜单：[修改]|【拉长】

● 命令行：LENGTHEN

启动该命令后，命令行将提示：

命令: LENGTHEN

选择对象或 [增量(DE)/百分数(P)/全部(T)/动态(DY)]:

其中各个选项的含义如下：

（1）【选择对象】：选择要改变长度的对象。

（2）【增量（DE）】：以指定的增量修改对象的长度，该增量从距离选择点最近的端点处开始测量。增量还以指定的数值修改弧的角度，该增量从距离选择点最近的端点处开始测量。正值扩展对象，负值修剪对象。

（3）【百分数（P）】：通过指定对象总长度的百分数设置对象长度。百分数也按照圆弧总包含角的指定百分比修改圆弧角度。

（4）【全部(T)】：通过指定从固定端点测量的总长度的绝对值来设置选定对象的长度。【全部】选项也按照指定的总角度设置选定圆弧的包含角。

（5）【动态（DY）】：打开动态拖动模式。通过拖动选定对象的端点之一来改变其长度。其他端点保持不变。

小知识

除以上的方法外，还可以使用以下方法改变对象长度：

（1）拖动对象的终点；（2）指定对象总长度或角度的一个百分比来确定新的长度或角度；（3）指定长度或角度的增加量；（4）指定对象新的总长度和角度。

经典实例

绘制如图 6-5-1 所示的图形。

【光盘：源文件\第 06 章\实例 13.dwg】

【实例分析】

利用【拉长】命令拉长圆弧。

【实例效果】

实例效果如图 6-5-1 所示。

【实例绘制】

首先打开【光盘：源文件\第 06 章\实例 13.dwg】图形文件，如图 6-5-2 所示。然后运用【拉长】命令对其进行拉长处理，最终效果如图 6-5-1 所示。

图 6-5-1 拉长对象效果	图 6-5-2 拉长前的图形
命令: LENGTHEN	\\执行拉长命令
选择对象或 [增量(DE)/百分数(P)/全部(T)/动态(DY)]: de	\\输入选项 DE
输入长度增量或 [角度(A)] <0.0000>: a	\\输入选项 A
输入角度增量 <45>:	\\输入角度 45°
选择要修改的对象或 [放弃(U)]:	\\选择圆弧
选择要修改的对象或 [放弃(U)]:	\\回车完成拉长命令

6.6 拉伸对象

拉伸对象是指拖动选择的对象，且对象的形状发生改变。启动【拉伸】命令有以下三种方法：

● 菜单：【修改】|【拉伸】

● 二维绘图面板： ⬚

● 命令行：STRETCH（S）

经典实例

绘制如图 6-6-1 所示的图形。

【光盘：源文件\第 06 章\实例 14.dwg】

【实例分析】

利用【拉伸】命令进行拉伸。

【实例效果】

实例效果如图 6-6-1 所示。

【实例绘制】

打开【光盘：源文件\第 06 章\实例 14.dwg】图形文件，如图 6-6-2 所示。然后运用拉伸命令对其进行拉伸处理，最终效果如图 6-6-1 所示。

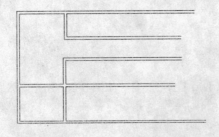

图 6-6-1　拉伸后的图形　　　　　　　　图 6-6-2　拉伸前的图形

命令: _stretch	\\执行拉伸命令

以交叉窗口或交叉多边形选择要拉伸的对象...

选择对象: 指定对角点: 找到 4 个	\\框选水平多线
选择对象:	\\回车或者空格完成对象选择
指定基点或 [位移(D)] <位移>:	\\单击左下端点
指定第二个点或 <使用第一个点作为位移>:	\\水平右移鼠标，一定位置单击即可

6.7　分解对象

分解对象是指把复合对象分解成单个的 AutoCAD 构成对象。用户可以把多段线、矩形框、多边形等分解成简单的直线或弧形对象，把对象组分解成各个构成对象或其他对象组。调用【分解】命令的方法有如下 3 种：

- 菜单：【修改】|【分解】
- 二维绘图面板： ✗
- 命令行：EXPLODE（X）

经典实例

绘制如图 6-7-1 所示的图形。

【光盘：源文件\第 06 章\实例 15.dwg】

【实例分析】

利用【分解】命令分解对象。

【实例效果】

实例效果如图 6-7-1 所示。

【实例绘制】

打开【光盘：源文件\第 06 章\实例 15.dwg】图形文件，如图 6-7-2 所示。利用【分解】命令对其进行分解处理，效果如图 6-7-1 所示。

命令: _explode	\\执行分解命令
选择对象: 找到 1 个	\\选择多边形
选择对象:	\\回车完成分解命令

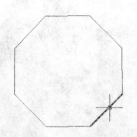

图 6-7-1 分解后的图形

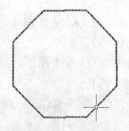

图 6-7-2 分解前的图形

6.8 合并对象

合并命令是将对象合并，形成一个完整的对象。其合并的对象为直线、多段线、圆弧、椭圆弧或样条曲线等。调用【合并】命令有以下三种方法：

● 菜单：【绘图】|【合并】
● 二维绘图面板：╼
● 命令行：JOIN

启动【合并】命令后，系统将提示各项的含义如下：

命令：JOIN   \\输入命令
选择源对象：   \\选择一条直线、多段线、圆弧、椭圆弧或样条曲线。
选择要合并到源的直线：   \\选择要合并的线段。

> **小知识**
>
> 对象可以是直线、多段线或圆弧。对象之间不能有间隙，并且必须位于与 UCS 的 XY 平面平行的同一平面上。
>
> 合并两条或多条圆弧时，将从源对象开始按逆时针方向合并圆弧。合并两条或多条椭圆弧时，将从源对象开始按逆时针方向合并椭圆弧。

6.9 删除对象

【删除】命令用于删除屏幕上选中的实体。启动【删除】命令的方法有如下 3 种：

● 菜单：【修改】|【删除】
● 二维绘图面板：✎
● 命令行：ERASE（E）

> **经典实例**

绘制如图 6-9-1 所示的图形。

【光盘：源文件\第 06 章\实例 16.dwg】

新手学 AutoCAD 2008 室内与建筑实例完美手册

【实例分析】

利用【删除】命令删除对象。

【实例效果】

实例效果如图 6-9-1 所示。

【实例绘制】

打开【光盘：源文件\第 06 章\实例 16.dwg】图形文件，如图 6-9-2 所示，然后运用【删除】命令将正多边形内部对角线删除，效果如图 6-9-1 所示。

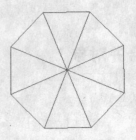

图 6-9-1　删除后的图形　　　　　　　　　　　　　图 6-9-2　删除前的图形

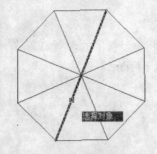

图 6-9-3　选择要删除的图形

命令：_erase　　　　　　　　　　　\\执行删除命令

选择对象：找到 1 个　　　　　　　\\选择正多边形内部直线，如图 6-9-3 所示

选择对象：找到 1 个，总计 2 个　　\\选择正多边形内部直线

选择对象：找到 1 个，总计 3 个　　\\选择正多边形内部直线

选择对象：找到 1 个，总计 4 个　　\\选择正多边形内部直线

选择对象：　　　　　　　　　　　\\回车完成删除命令

6.10 夹点编辑

在建筑图形的绘制过程中，为了保证绘图的准确性、减少重复的操作以及提高绘图效率，需要对绘制的图形进行复制、移动、拉伸等编辑操作。下面我们将用实例来说明用夹点的快速编辑。

6.10.1 夹点编辑的应用

夹点编辑是一种集成的编辑模式，可以拖动夹点直接而快速地编辑对象。AutoCAD 的夹点编辑功能，可以进行拉伸、移动、复制等编辑对象的操作。

经典实例

绘制如图 6-10-1 所示的图形。

【光盘：源文件\第 06 章\实例 17.dwg】

【实例分析】

利用夹点命令来绘制图形。

【实例效果】

实例效果如图 6-10-1 所示。

【实例绘制】

启动 AutoCAD 2008 中文版，打开【光盘：源文件\第 06 章\夹点.dwg】。

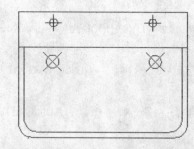

图 6-10-1　夹点编辑的应用效果

首先选择要进行编辑对象的两条内边线，单击后在这些对象上出现若干蓝色实心小方块，这些小方块称为对象的特征点。单击左侧内边线上的特征点作为基点进行拉伸，如图 6-10-2 所示，AutoCAD 将会提示：

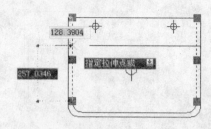

图 6-10-2　夹点拉伸编辑

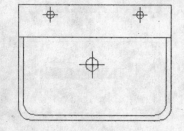

图 6-10-3　夹点拉伸编辑后的图形

命令：

** 拉伸 **

指定拉伸点或 [基点(B)/复制(C)/放弃(U)/退出(X)]:　\\拉伸后效果如图 6-10-3 所示

选择内部排水孔使用夹点进行移动，如图 6-10-4 所示，AutoCAD 将会提示：

命令：

** 拉伸 **

指定拉伸点或 [基点(B)/复制(C)/放弃(U)/退出(X)]: mo

** 移动 **

指定移动点或 [基点(B)/复制(C)/放弃(U)/退出(X)]:　\\拉伸和移动后效果如图 6-10-5 所示

新手学 AutoCAD 2008 室内与建筑实例完美手册

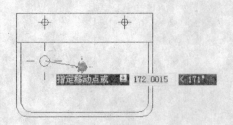

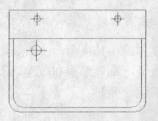

图 6-10-4　夹点移动编辑　　　　　　　　　　图 6-10-5　移动后的图形

由于排水过大需要缩小，选择移动后的排水孔，缩小为原来的 **0.7** 倍，如图 **6-10-6** 所示，AutoCAD 将会提示：

命令：

** 拉伸 **

指定拉伸点或 [基点(B)/复制(C)/放弃(U)/退出(X)]: sc　　\\输入 sc 进行缩放操作

** 比例缩放 **

指定比例因子或 [基点(B)/复制(C)/放弃(U)/参照(R)/退出(X)]: 0.7　　\\输入比例因子后回车效果如图 6-10-7 所示

增加一个排水孔，选择排水孔进行多重移动，AutoCAD 将会提示：

命令：

** 拉伸 **

指定拉伸点或 [基点(B)/复制(C)/放弃(U)/退出(X)]: mo　　\\输入 mo 进行移动

** 移动 **

指定移动点或 [基点(B)/复制(C)/放弃(U)/退出(X)]: c　　　\\输入 c 进行复制，如图 6-10-8 所示

** 移动 (多重) **

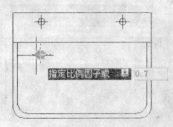

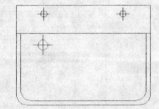

图 6-10-6　指定比例因子　　　　　　　　　　图 6-10-7　移动后的图形

指定移动点或 [基点(B)/复制(C)/放弃(U)/退出(X)]:　　\\按 ESC 键接受编辑操作，效果如图 6-10-9 所示

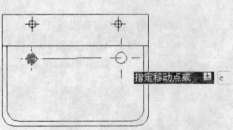

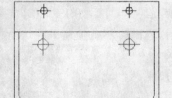

图 6-10-8　复制图形　　　　　　　　　　　图 6-10-9　复制后的效果

为了方便排水，旋转排水孔阻塞方向，AutoCAD 将会提示：

命令:

** 拉伸 **

指定拉伸点或 [基点(B)/复制(C)/放弃(U)/退出(X)]: ro   \\输入 ro 进行旋转

** 旋转 **

指定旋转角度或 [基点(B)/复制(C)/放弃(U)/参照(R)/退出(X)]: 45 \\输入旋转角度值，如图 6-10-10 所示

完成上述操作后，效果如图 6-10-11 所示。

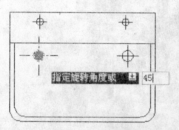

图 6-10-10 指定旋转角度

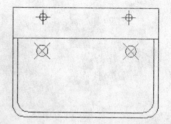

图 6-10-11 夹点旋转编辑后的图形

小知识

选择夹点时按下【Shift】键，可以使用多个夹点作为基夹点来使选定夹点之间的对象形状保持不变，对于圆和椭圆上的象限夹点，通常从中心点而不是选定的夹点测量距离。

6.10.2 夹点编辑的技巧

从上面可以看出，夹点编辑可以大量地减少选择命令，在 AutoCAD 中经常用它来做定位、标注以及移动、复制等复杂的操作，从而提高了工作效率。

但在是实际的绘图中，有的用户可能会发现，有时候选择较大的建筑图纸或者复杂一点的图形并不能看到夹点，这就给用户使用夹点的操作带来了很大的麻烦，如图 6-10-12 所示。

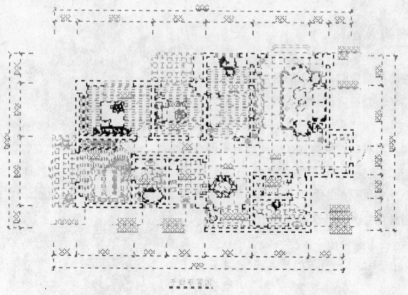

图 6-10-12 不显示夹点

那么这究竟是怎么回事呢？原来当用户选择的图形非常复杂时，系统无法判断用户的操作，所以就不显示夹点，遇到这样的问题又怎么解决呢？根据长期的经验，可以有一个比较好的方法来解决这类问题：当用户选择的图形不显示夹点时，在不退出选择命令的情况下，按【Ctrl+C】组合键，夹点就会在选择的图形中显示出来，如图 6-10-13 所示。

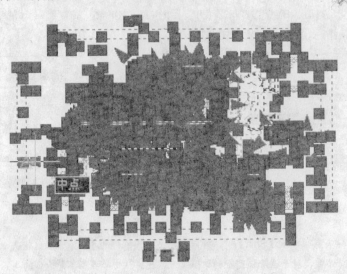

图 6-10-13　显示夹点

本章总结

本章我们学习了对图形对象的编辑，包括复制对象、移动与旋转对象、修剪与延伸对象、倒角与圆角对象、拉伸与拉长对象、分解与合并以及删除对象，最后还介绍了如何使用夹点快速编辑对象。

有问必答

问：**在阵列对象时，输入的角度能为负数吗？**

答：不能，其只能是非负的数，可以输入大于 180 度的数，以逆时针方向为正，顺时针方向为负。

问：**镜像与旋转对象有什么相同点与不同点？**

答：镜像与旋转都能使对象发生一定角度的转动，但是镜像是镜像后的对象发生一定的转动，其与镜像线的角度有关。而旋转是原来的对象发生了旋转，不产生新的对象。

问：**拉伸与拉长有什么区别和相同点？**

答：【拉长】命令用于改变线或弧的长度、弧的角度。该命令适用于开放的线、圆弧、开放的多段线、椭圆弧和开放的样条曲线；【拉伸】命令是指拖动选择的对象，且对象的形状发生改变。

问：把对象分解后倒角与圆角的效果和未把对象分解圆角与倒角的效果是一样的吗？有没有什么区别呢？

答：把对象分解后倒角和圆角的效果和未把对象分解圆角与倒角的效果是一样的，没有什么区别，只是对象的变化而已。

问：夹点编辑对象有什么优点？

答：夹点编辑可以大量地减少选择命令，在 AutoCAD 中经常用它来做定位、标注以及移动、复制等复杂的操作，从而提高了工作效率。

新手学 AutoCAD 2008 室内与建筑实例完美手册

Study

Chapter

07

输入与编辑文字

学习导航

　　文字是建筑工程图中不可缺少的一部分，如标题的建立、技术要求的说明和注释等。它可以对图形中不便于表达的内容加以说明，使图形的含义更加清晰，从而使设计、修改和施工人员对图形要求一目了然，AutoCAD 2008 提供了强大的文字处理功能以便使用户更加方便地使用。

本章要点

- ◉ 创建建筑标注文字样板
- ◉ 创建文字样式
- ◉ 单行文字
- ◉ 多行文字
- ◉ 文字输入技巧

7.1　创建建筑文字标注样板

设置文字样式是创建建筑文字注释和尺寸标注的首要任务，AutoCAD 中文字都具有与之相关的文字样式。虽然直接输入的文字都是使用默认字体和格式的当前文字样式，但也可以使用其他的方法自定义文字外观。在一幅图形中可以定义多种文字样式，以适应不同图形对象的需要。

7.1.1　建筑文字国标

在建筑图样中输入文字时，GB/14691-1-993规定了技术图样以及相关技术文件书写的汉字、字母以及数字的结构形式和基本尺寸，以便于管理。

AutoCAD 使用当前的文字样式，该样式对文字标注有具体的技术要求，在填写明细栏、标题栏和尺寸标注，需要设置字体、字号、倾斜角度、方向和其他文字特征，除了字体端正等基本要求外，还有如下的具体要求：

（1）字体高度的公称尺寸的系列为 1.8、2.5、3.5、5、7、10、14 和20mm，如果需要更大的字体，其字体高度一般应该按照 1.414 的比率递增，字体高度代表字的号数。字体与图纸幅面之间的选用关系参照表 7-1-1 所示。

表 7-1-1　字号与图纸幅面之间的关系

图幅 字体 h	A0	A1	A2	A3	A4
汉字、字母和数字	5mm			3.5mm	

说明：h=汉字、字母和数字的高度

（2）建筑绘图中，汉字在输出时为长仿宋体，并采用国家正式公布和推广的简化字，汉字高度（h）不应少于 3.5mm，字宽一般为 h/1.414。

（3）字母和数字可以写成倾斜或者直体。倾斜字头向右侧倾斜，与水平成 75 度。

字母和数字分别为 A 和 B 型。其中 A 型字笔画宽度（d）为字高 h 的 1/14，B 型字笔画宽度为字高的 1/10。

（4）用作指数、分数和极限偏差、注脚等的数字和字母，一般采用小一号的字体。

（5）在同一图样中，只允许选用一种形式的字体。标点符号应按其含义正确使用，小数点进行输出时应占一个字位，并位于中间靠下处。除省略号和破折号为两个字位外，其余均为一个符号一个字位。图样中的数学符号、物理量符号、计量单位符号和其他符号、代号，应该分别符合相应的标注规定。

字体的最小字距、行距以及间隔线或基准线与书写字体的最小间距如表 7-1-2 所示。

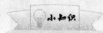

在建筑绘图中，用户可以根据此规定将书写文字简化为 3 种字体，即长形字体尺寸、方形字体尺寸、宽型字体尺寸。

表 7-1-2 字体与字距的关系

字体	最小距离	数字
汉字	字距	1.5mm
	行距	2mm
	间隔线或基准线与汉字的距离	1mm
字母与数字	字距	0.5mm
	间距	1.5mm
	行距	1mm
	间隔线或基准线与字母、数字的间距	1mm
当汉字与字母、数字混合使用时，字体的最小字距、行距等应根据汉字的规定使用		

7.1.2 创建建筑样板图文字样板

在专业的建筑施工图中，对各种文本对象、尺寸对象以及字母符号等标注，都有一定的字体要求，使用 AutoCAD 默认的样式创建出的汉字、数字或字母等字体有时不符合建筑施工要求，因此用户需要建立符合我国建筑标注规范的文字样式。

创建文字样式 DDSTYLE/STYLE 命令用于建立和修改字型样式，以满足不同形式的文本标注需要。启动【文字样式】命令有如下 3 种方法：

● 二维绘图面板：A

● 【格式】|【文字样式】

● 命令行：DDSTYLE/STYLE（ST）

启动【文字样式】命令后，系统将打开【文字样式】对话框，如图 7-1-1 所示。该对话框各项功能如下：

图 7-1-1 【文字样式】对话框

1. 样式名区域

（1）新建(N)... 按钮：单击 新建(N)... 按钮打开【新建文字样式】对话框，如图 7-1-2 所示。
在该对话框的【样式名】编辑框中可以输入要创建的字型名称，然后单击 确定 按钮确认字型名称。

（2）删除(D) 按钮：单击 删除(D) 按钮，系统将会打开一个【警告】对话框，如图 7-1-3 所示，提示不能删除当前正在使用的字型。

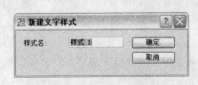

图 7-1-2 【新建文字样式】对话框

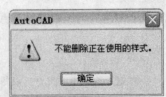

图 7-1-3 【警告】对话框

在【样式名】为 Standard 时，[删除(D)] 按钮为不可用状态。

2. 字体区域

（1）【字体】下拉列表：该下拉列表中列出了操作系统中自带的 TTP 字体与 AutoCAD 本身的源（SHP）和编译（SHX）型字体。

（2）【大字体】下拉列表：在此列表框中可以选择大字体。

（3）【高度】下拉列表：设置文本的高度。如果设置为零，在每次使用这个字型标注图形时，AutoCAD 都会要求输入文本高度。若在此设置字高，则标注文本时不再询问字高，默认所有该字型均以此字高标注。当使用同一高度设置时，TTP 字体将会比 SHX 字体高度略小一些。

（4）【使用大字体】复选框：选择该复选框，可以使用亚洲语系的大字体（如汉字）。

3. 效果区域

（1）该区域用于设置字体的特征，如文本的宽度因子（即字符宽度与高度之比）、倾斜角度以及文本是否颠倒（上、下）书写、是否反向（左、右）书写、是否垂直书写。选择后的字体效果可以在右边的预览区域看到。

（2）宽度比例取值为 1 表示保持正常字符宽度，大于 1 表示加宽字符，小于 1 表示使字符变窄；倾斜角度取值为 0 表示不倾斜，大于 0 时字符向右倾斜，小于 0 时字符向左倾斜。

使用【文字样式】命令，设置文字样式的操作步骤如下：

01　执行【文字样式】命令后，将打开【文字样式】对话框，如图 7-1-4 所示。

02　单击 [新建(N)...] 按钮打开【新建文字样式】对话框，如图 7-1-5 所示。

图 7-1-4　【文字样式】对话框　　　　　图 7-1-5　【新建文字样式】对话框

03　在【样式名】文本框中输入要创建的新样式名称，完成后单击 [确定] 按钮返回【文字样式】对话框。

04　在【文字样式】对话框的【样式名】下拉列表中选择需要的样式，单击 [删除(D)] 按钮可删除已定义的样式名。

05　在【字体名】下拉列表中选择需要的字体。在【字体样式】下拉列表中设置当前使用的字体形式。在【高度】下拉列表中设置当前使用字体的字高。

06　在【效果】栏中设置字体的倒影和镜像效果，以及文字的宽度比例和倾斜角度。

07　在【预览】框中可看到所设置的文字样式。单击 [应用(A)] 按钮，将所设置的文字样式应用到文本中。最后单击 [关闭(C)] 按钮关闭对话框。

宽度比例和倾斜角度的设置对已经存在的 TEXT 或 MTEXT 文本没有影响；高度、颠倒和反向的选取与否，可以影响已存在的 MTEXT 文本以及以后标注的 TEXT、MTEXT 文本。

对于每种文本字型而言，其字体都是唯一的，即所有使用该字型的文本都使用该字体。如果想在一幅图形中使用不同的字体设置，则必须指定不同的文本字型。

▪7.2 单行文字 ▪

AutoCAD 中，对于不需要多种字体或多行的简短输入项一般使用单行文字，单行文字对于标签非常方便。使用【二维绘图面板】中的【文字】按钮可以进行文字的创建和编辑，如图 7-2-1 所示。

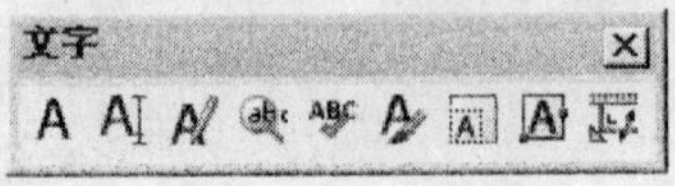

图 7-2-1　【文字】工具栏

7.2.1　创建单行文字

单行文字每次只能输入一行文本，按【Esc】键结束每行，每行文字都是独立的对象，可以重新定位、调整格式或进行其他的修改。

创建单行文字有以下 3 种方式：

● 菜单：【绘图】|【文字】|【单行文字】
● 文字工具栏： A
● 命令行：DTEXT

启动【单行文字】命令的过程中，系统提示如下：

命令：_dtext　　　　　　　　　　　　　　　　　\\输入命令

当前文字样式： "样式 1" 文字高度： 2.5000 注释性： 否

指定文字的起点或 [对正(J)/样式(S)]:　　　　　\\选择选项

其中，各个选项含义如下：

（1）【当前文字样式】: Standard：系统提示当前文字样式。

（2）【当前文字高度】: 2.5000：系统提示当前文字的高度。

（3）【指定文字的起点或 [对正(J)/样式(S)]】：指定文字的起点位置。其中各个选项含义如下：

1）【指定文字的起始点】：指定文本标注的起始点，并默认为左对齐方式。

2）【对正（J）】：指定文本的对齐方式。在命令行输入 J 并按下回车键后，系统提示：

输入选项

[对齐(A)/调整(F)/中心(C)/中间(M)/右(R)/左上(TL)/中上(TC)/右上(TR)/左中(ML)/正中(MC)/右中(MR)/左下(BL)/中

下(BC)/右下(BR)]:　　　　　\\选择选项

其中，各选项含义如下：

● 【对齐（A）】：确定输入文本基线的起点和终点，使输入的文本在起点和终点之间重新按比例设置文本的字高，并均匀放置在两点之间。

- 【调整（F）】：确定输入文本基线的起点和终点，文本高度保持不变，使输入的文本在起点和终点之间均匀排列。
- 【中心（C）】：指定一个坐标点，确定文本的高度和文本的旋转角度，把输入的文本中心放在指定的坐标点。
- 【中间（M）】：指定一个坐标点，确定文本的高度和文本的旋转角度，把输入的文本中心和高度中心放在指定坐标点。
- 【右（R）】：将文本以右对齐，起始点在文本的右侧。
- 【左上（TL）】：指定标注文本左上角点。
- 【中上（TC）】：指定标注文本顶端中心点。
- 【右上（TR）】：指定标注文本右上角点。
- 【左中（ML）】：指定标注文本左端中心点。
- 【正中（MC）】：指定标注文本中央的中心点。
- 【右中（MR）】：指定标注文本右端角点。
- 【左下（BL）】：指定标注文本左下角点，确定与水平方向的夹角为文本的旋转角，则过该点的直线就是标注文本中最低字符的基线。
- 【中下（BC）】：指定标注文本底端的中心点。
- 【右下（BR）】：指定标注文本右下角点。

3）样式：该项用于设定图形中已定义的字型作为当前文本字型。

（4）【指定高度 <2.5000>】：输入文字的高度值。

（5）【指定文字的旋转角度 <0>】：确定文字旋转的角度值。

（6）【输入文字】：输入文字内容。

7.2.2 经典实例

输入如图 7-2-2 所示的单行文字。

【源文件\第 07 章\实例 1.dwg】

【实例分析】

利用【单行文字】命令来命名图形。

【实例效果】

实例效果如图 7-2-2 所示。

【实例绘制】

首先运用【矩形】命令绘制一个矩形，然后运用【单行文字】命令对其进行标注，最终效果如图 7-2-2 所示。

命令: _dtext   \\执行单行文字命令命令

当前文字样式: "Standard" 文字高度: 200.0000   \\显示当前系统文字样式和高度

指定文字的起点或 [对正(J)/样式(S)]:   \\指定文字对象的起点或输入选项

指定高度 <200.0000>:   \\指定文字高度

指定文字的旋转角度 <0>:   \\指定文字角度或按【Enter】键

这时在矩形内指定文字的位置后将进入文字编辑框，如图 7-2-3 所示，键入文字"矩形"即可。

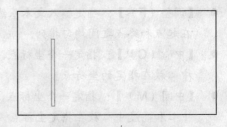

图 7-2-2　标注单行文字　　　　　　　图 7-2-3　输入单行文字

7.2.3　编辑单行文字

编辑单行文字主要是修改文字内容和特性，可以分别使用 DDEDIT 和 PROPERTIES 命令来编辑。当只需修改文字内容时，使用 DDEDIT；当要修改内容、文字样式、位置、方向、大小、对正和其他特性时，使用 PROPERTIES。

修改文字特性有两种方法：一是通过修改样式，修改文字的颠倒、反向和垂直效果；二是选中文字后，单击【标准】工具栏中的【特性】按钮，打开文字【特性】面板，如图 7-2-4 所示，在【特性】面板的【内容】文本框中对文字进行修改。

在该选项板中，用户可以在【文字】选项栏中选择相应的选项来修改文字特性。

但是在实际的绘图中，除了要输入普通的文字和英文字符之外，还常常需要输入一些特殊的符号，由于这些特殊的符号不能直接从键盘上输入，AutoCAD 提供了相应的 Unicode 字符串和控制代码来输入特殊的字符和带格式的文字，也可使用 Windows 系统提供的模拟键盘实现。

图 7-2-4　【特性】面板

1．Unicode 字符串和控制代码

创建特殊字符，包括度符号、正/负公差等，如表 7-2-1 所示。

表 7-2-1　Unicode 字符串和控制代码

字符代码	替代符号	替代的特殊符号	说明
Unicode 字符串	\U+00B0	℃(度)	创建特殊符号
	\U+00B1	±（公差）	
	\U+2205	¢（直径）	
控制代码	%%nnn	Nnn（输入字符）	为文字加上划线和下划线，或通过在文字字符串中包括控制信息来插入特殊字符
	%%o	一控制加上划线	
	%%u	控制是否加下划线	
	%%d	℃（度）	
	%%p	±（公差）	
	%%%	%（百分号）	
	%%c	¢（直径）	

第 7 章　输入与编辑文字

2. 模拟键盘

使用 Windows 系统提供的模拟键盘输入特殊字符，具体的步骤如下：

（1）选择某种汉字输入法，打开【输入法】提示条。

（2）右击【输入法】提示条中的模拟键盘图标███，打开模拟键盘类型列表。

（3）单击选中的模拟键盘符号打开模拟键盘，单击选定需要输入的符号即可，如图 7-2-5 所示。

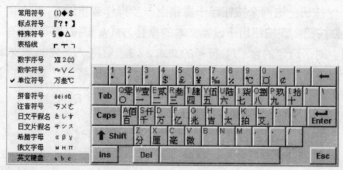

图 7-2-5　模拟键盘

■ 7.3　多行文字 ■

多行文字有任意数目的文字行或段落组成，可以布满指定的宽度，还可以在竖直方向无限延伸。AutoCAD 2008 对多行文字有很强大的编辑功能。

7.3.1　输入多行文字

1. 输入多行文字

使用【多行文字】命令可为图形标注任意行数的段落文本，并使文本加粗、倾斜和添加下划线。启动【多行文字】命令的方法有如下 3 种：

- 菜单：【绘图】|【文字】|【多行文字】
- 二维绘图面板：**A**
- 命令行：MTEXT（MT）

调用【多行文字】命令后，系统将打开多行文字编辑器，如图 7-3-1 所示。其中各项的含义如下：

（1）【样式】下拉列表：显示当前文字样式的名称。

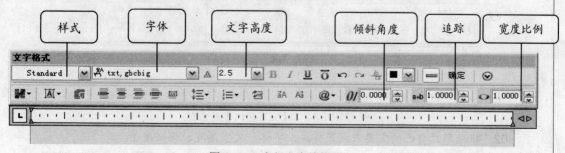

图 7-3-1　多行文字编辑器

（2）【字体】下拉列表（宋体）：设置作为当前使用的字体形式。

（.3）【文字高度】下拉列表（2.5）：设置当前使用的字体高度。可在下拉列表中选取，也可直接输入，默认值为 2.5。

（4） B 、 I 、 U 按钮：设置标注文本是否加黑、倾斜、加下划线，这 3 个按钮属开关按钮，即单击一次打开，再单击一次关闭。

（5） ↰ 、 ↱ 按钮：这两个按钮用于撤销上一步操作或重做。

（6） 堆叠按钮：该按钮用于设置文本的重叠方式。该按钮只对含有 "^"、"/" 两种分隔符号的文本适用。对于选定的含 "/" 符号的文本，该选项将 "/" 左边的文本设置为分子，右边的文本设置为分母；对于选定的含 "^" 符号的文本，该选项将 "^" 左边的文本设置为上标，右边的文本设置为下标。

（7） ■▼ 颜色下拉列表：设置标注文本的颜色。

（8） ▥ 标尺按钮：设置是否显示文字输入框上方的标尺。

（9） 确定 按钮：设置完成文字内容后，单击该按钮即可完成多行文字输入操作。

（10） ◉ 选项按钮：单击该按钮，弹出快捷菜单，可以设置文字的其他属性。

（11） ⬚ 、 ⬚ 、 ⬚ 按钮：设置文字排列方式是左对齐、居中或者右对齐。

（12） ⬚ 、 ⬚ 、 ⬚ 按钮：设置多行文字的段落为上对齐、中央对齐或者下对齐。

（13） ⬚ 、 ⬚ 、 ⬚ 按钮：对多行文字的段前自动设置数字编号、项目符号或者大写字母。

（14） ⬚ 插入字段：单击该按钮，开启【字段】对话框，可以在对话框中选择插入的字段。

（15） ⬚A 、 A⬚ 按钮：设置输入的英文字体为大写或者小写。

（16） ō 上划线按钮：为文字添加上划线。

（17） @ 符号按钮：单击该按钮，可以在弹出快捷菜单中选择需要插入的各种符号。

（18）【倾斜角度】文本框：在该输入框中可以输入文字的倾斜角度。

（19）【追踪】文本框：设置文字之间的间距。

（20）【宽度比例】文本框：设置文字的宽度比例。

在进行多行文本标注时，上一行标注完成后，如果不进行重新设定，下一行文本将继承上一行的设定，如字体、字高、倾角、下划线等。在输入文本的过程中，可对单个和几个文本进行不同的设置如字体、加粗、倾斜、下划线等。

使用【多行文字】的操作步骤如下：

01 使用【多行文字】命令后，系统将打开如图 7-3-2 所示的【文字格式】对话框。

图 7-3-2 【文字格式】对话框

02 根据用户自己的需要来设置样式、字体、文字高度、倾斜度等。

03 在【字体格式】对话框中输入 "多边形" 文字后，单击 确定 按钮完成文字的输入。

第 7 章 输入与编辑文字

2. 创建基本的引线文字

经典实例

绘制如图 7-3-3 所示的圆弧。

【源文件\第 07 章\实例 2.dwg】

【实例分析】

利用【单行文字】命令来命名图形。

【实例效果】

实例效果如图 7-3-3 所示。

【实例绘制】

AutoCAD 2008 建筑制图

图 7-3-3　引线文字

命令: QLEADER	\\输入命令
指定第一个引线点或 [设置(S)] <设置>:	\\指定第一点
指定下一点:	\\指定下一点
指定下一点:	\\指定下一点
指定文字宽度 <0>: 20	\\输入文字高度
输入注释文字的第一行 <多行文字(M)>: AutoCAD 2008 建筑制图\\输入文字	
输入注释文字的下一行:	\\回车完成文字命令

3. 设置引线文字格式

关于引线文字的设置，AutoCAD 2008 在以前的版本上增加了非常强大的功能，用户可以设置引线和注释对象的类型，以及引线和注释之间的位置关系。

【多重引线】命令有以下三种方式：

● 命令行：mleader

● 二维绘图面板：

● 【标注】|【多重引线】

调用【多重引线】命令后，系统将会打开如图 7-3-4 所示的【引线】面板。

在工具栏里也可以打开【多重引线】，如图 7-3-5 所示。

图 7-3-4　【引线】面板　　　　　　　　图 7-3-5　【多重引线】对话框

新手学 AutoCAD 2008 室内与建筑实例完美手册

其中，各项的含义如下：

- 【多重引线】：多重引线对象或多重引线可先创建箭头，也可先创建尾部或内容。如果已使用多重引线样式，则可以从该样式创建多重引线。
- 【添加引线】：将引线添加至选定的多重引线对象。根据光标的位置，新引线将添加到选定多重引线的左侧或右侧。如果在指定的多重引线样式中有两个以上的引线点，系统将提示用户指定另一点。
- 【删除引线】：从选定的多重引线对象中删除引线。
- 【多重引线对齐】：选择多重引线后，指定所有其他多重引线要与之对齐的多重引线。
- 【多重引线合并】：将选定的包含块的多重引线作为内容组织为一组并附着到单引线。
- 【多重引线样式】：单击此按钮后，系统会弹出如图 7-3-6 所示的对话框。

在此对话框里可以设置当前多重引线样式，以及创建、修改和删除多重引线样式。其中各项的含义如下：

- 【当前多重引线样式】：显示应用于所创建的多重引线样式的名称。默认的多重引线样式为 STANDARD。
- 【样式】：显示多重引线列表。当前样式被亮显。

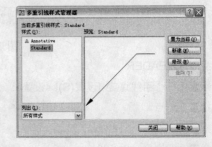

图 7-3-6 【多重引线样式管理器】对话框

- 【列出】：控制【样式】列表的内容。单击【所有样式】，可显示图形中可用的所有多重引线样式。单击【正在使用的样式】，仅显示被当前图形中的多重引线参照的多重引线样式。
- 【预览】：显示【样式】列表格中选定样式的预览图像。
- 【置为当前】：将【样式】列表中选定的多重引线样式设置为当前样式。所有新的多重引线都将使用此多重引线样式进行创建。
- 【新建】：显示【创建新多重引线样式】对话框，如图 7-3-7 所示，从中可以定义新多重引线样式。

单击【继续】则将继续创建，则将打开【修改多重引线样式】对话框，如图 7-3-8 所示。

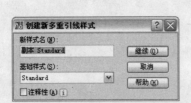

图 7-3-7 【创建新多重引线样式】对话框

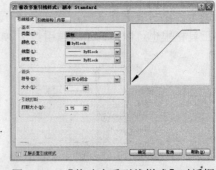

图 7-3-8 【修改多重引线样式】对话框

在【引线格式】选项卡里，其各项含义如下：

- 【基本】：控制多重引线的基本外观，在【基本】复选框里，【类型】确定引线类型，可以选择直引线、样条曲线或无引线；【颜色】确定引线的颜色；【线型】确定引线的线型；

【线宽】确定引线的线宽。

● 【箭头】：控制多重引线箭头的外观。在【箭头】复选框里，【符号】设置多重引线的箭头符号。【大小】显示和设置箭头的大小。

● 【引线打断】：显示和设置选择多重引线后用于 DIMBREAK 命令的折断大小。

单击【引线结构】则会显示如图 7-3-9 所示的对话框，其各项含义如下：

● 【约束】：控制多重引线的约束。【最大引线点数】指定引线的最大点数；【第一段角度】指定引线中的第一个点的角度；【第二段角度】指定多重引线基线中的第二个点的角度。

● 【基线设置】：控制多重引线的基线设置。【自动包含基线】将水平基线附着到多重引线内容；【设置基线距离】为多重引线基线确定固定距离。

● 【比例】：控制多重引线的缩放。【注释性】指定多重引线为注释性。单击信息图标以了解有关注释性对象的详细信息。如果多重引线非注释性，则以下选项可用。

● 【将多重引线缩放到布局】：根据模型空间视口和图纸空间视口中的缩放比例确定多重引线的比例因子。

● 【指定缩放比例】：指定多重引线的缩放比例。

单击【内容】则将显示如图 7-3-10 所示的对话框。其各项含义如下：

图 7-3-9 【引线结构】对话框

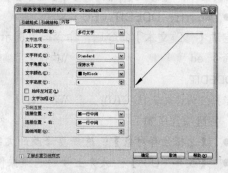

图 7-3-10 【内容】对话框

● 【多重引线类型】：确定多重引线是包含文字还是包含块。如果多重引线包含多行文字，则下列选项可用：

【文字选项】：控制多重引线文字的外观。【默认文字】为多重引线内容设置默认文字。单击 [...] 按钮将启动多行文字在位编辑器。【文字样式】指定属性文字的预定义样式。显示当前加载的文字样式。【文字角度】指定多重引线文字的旋转角度。【文字颜色】指定多重引线文字的颜色。【文字高度】指定多重引线文字的高度。【始终左对齐】指定多重引线文字始终左对齐。【文字边框】使用文本框对多重引线文字内容加框。

【引线连接】：控制多重引线的引线连接设置。【连接位置-左】控制文字位于引线左侧时基线连接到多重引线文字的方式。【连接位置-右】控制文字位于引线右侧时基线连接到多重引线文字的方式。【基线间隙】指定基线和多重引线文字之间的距离。如果多重引线包含块，则下列选项可用。

（1）单击【修改】则将显示【修改多重引线样式】对话框，如图 7-3-11 所示，从中可以修改多重引线样式。

（2）【删除】只能删除【样式】列表中选定的多重引线样式，不能删除图形中正在使用的样式。

新手学 AutoCAD 2008 室内与建筑实例完美手册

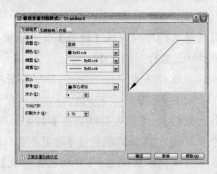

图 7-3-11   【修改多重引线样式】对话框

7.3.2   编辑与查找文字

1. 编辑文本

如果标注的文本不符合绘图的要求，往往需要在原有的基础上进行修改，使用【修改文本】命令可快速编辑文本内容，包括增加或替换字符等。启动编辑文本命令的方法有如下两种：

● 菜单：【修改】|【对象】|【文字】|【编辑】
● 命令行：DDEDIT（ED）

启动【修改文本】命令后，命令行上提示：

命令: ed   \\执行文字编辑命令

DDEDIT

选择注释对象或 [放弃(U)]:   \\选择对象

其中，各选项含义如下：

● 【选择注释对象】：选择要修改的文字对象。
● 【放弃（U）】：放弃上步的选择操作。

　　　　【编辑文本】命令 DDEDIT 只能对用【单行文字】命令 TEXT 和【多行文字】命令 DTEXT 标注文本进行修改。

使用 DDEDIT 命令将"半径"改为"直径"。具体操作步骤如下：

01　在命令行上输入 DDEDIT，启动【修改文本】命令。

02　在命令行上提示："选择注释对象或[放弃(U)]:"时，选取要编辑的文本"直径标注"，打开如图 7-3-12 的文字格式编辑器，在【编辑文字】框中将"半径"两个字去掉，再添上"直径"，然后单击 确定 按钮。

03　在命令行上提示："选择注释对象或 [放弃(U)]:"时，按下回车键结束文本编辑。

图 7-3-12   【文字格式】对话框

2．修改文字其他特性

在 AutoCAD 2008 中，用户可以使用对象特性管理器修改文字的特性。如图 **7-3-13** 所示的单行文字的特性设置如图 **7-3-14** 所示。

AutoCAD 2008

图 7-3-13　单行文字　　　　　　　　　图 7-3-14　【特性】面板

（1）在【基本】卷展栏：可以修改文字的图层、颜色、线型、线型比例和线宽等对象特性。如果使用了系统提供的某些字体，就可以获得一个类似三维曲面的文字对象。

（2）在【文字】卷展栏：可以修改文字的内容、样式、对正方式、文字高度、旋转和宽度比例等特性，如图 **7-3-15** 所示。设置宽度因子为 **0.8** 和倾斜角度为 **20°** 的参数，绘制文字，其效果如图 **7-3-16** 所示。

AutoCAD 2008

图 7-3-15　【文字】卷展栏　　　　　　　　图 7-3-16　文字效果

（3）在【其他】卷展栏中，提供了文字颠倒和反向的特性修改。【旋转】选项如图 **7-3-17** 所示，旋转特性文字效果如图 **7-3-18** 所示。

图 7-3-17　【旋转】选项　　　　　　　　　图 7-3-18　文字旋转 180 度

新手学 AutoCAD 2008 室内与建筑实例完美手册

3．文字的编辑操作

【缩放文本】命令 SCALETEXT 是放大或缩小文字对象，而不改变它们的位置。启动【缩放文本】命令的方法有如下两种：

● 文字工具栏：Ａ

● 命令行：SCALETEXT

启动【缩放文本】命令后，命令行上提示

命令：_scaletext　　　　　　　　　\\输入命令

选择对象：找到 1 个　　　　　　　\\选择对象

选择对象：　　　　　　　　　　　\\回车

输入缩放的基点选项

[现有(E)/左(L)/中心(C)/中间(M)/右(R)/左上(TL)/中上(TC)/右上(TR)/左中(ML)/正中(MC)/右中(MR)/左下(BL)/中下(BC)/右下(BR)] <现有>: E　　\\选择选项

其中，各个选项含义如下：

（1）选择对象：使用对象选择方法并在完成后按下回车键。

（2）输入缩放的基点选项[现有(E)/左(L)/中心(C)/中间(M)/右(R)/左上(TL)/中上(TC)/右上(TR)/左中(ML)/正中(MC)/右中(MR)/左下(BL)/中下(BC)/右下(BR)] <现有>::　　指定一个位置作为缩放基点 。其中该命令各选项的含义如下：

● 【现有（E）】：已有的基点位置或系统默认的基点。

● 【左（L）】：指定标注文本左边点。

● 【中心（C）】：指定一个坐标点，确定文本的高度和文本的旋转角度，把输入的文本中心放在指定的坐标点。

● 【中间（M）】：指定一个坐标点，确定文本的高度和文本的旋转角度，把输入的文本中心和高度中心放在指定坐标点。

● 【右（R）】：将文本以右对齐，起始点在文本的右侧。

● 【左上（TL）】：指定标注文本顶端左边点。

● 【中上（TC）】：指定标注文本顶端中点。

● 【右上（TR）】：指定标注文本顶端右边点。

● 【左中（ML）】：指定标注文本左端中心点。

● 【正中（MC）】：指定标注文本中央的中心点。

● 【右中（MR）】：指定标注文本中央的右边点。

● 【左下（BL）】：指定标注文本底端的左边点，确定与水平方向的夹角为文本的旋转角，则过该点的直线就是标注文本中最低字符字底的基线。

● 【中下（BC）】：指定标注文本底端的中心点。

● 【右下（BR）】：指定标注文本底端的右边点。

（3）指定新高度或[匹配对象(M)/缩放比例(S)]<2.5>：其中该命令中各选项的含义如下：

● 【匹配对象(M)】：缩放最初选定的文字对象以与选定的文字对象大小匹配。

● 【缩放比例(S)】：按参照长度和指定的新长度缩放所选文字对象。

按照基点提示，可以选择某个位置作为缩放基点，供每个选定的文字对象单独使用。缩放基点位于文字选项的一个插入点处，但是即使选项与选择插入点时的选项相同，文字对象的对正也不受影响。

【文本快显】命令 QTEXT 控制文字和属性对象的显示和打印。启动【文本快显】命令的方法是在命令行输入 QTEXT 命令。

启动【文本快显】命令后，命令行上提示："输入模式 [开(ON)/关(OFF)] <开>:"，其中各选项的含义如下：

- 【开（ON）】：显示文本内容。
- 【关（OFF）】：在文本的地方显示文本方框。

4．查找与替换文本

【查找与替换文本】命令 FIND，用于对 TEXT 命令标注的文本进行查找和替换。启动【查找与替换】命令的方法有如下 3 种：

- 菜单：【编辑】|【查找】
- 二维绘图面板：
- 命令行：FIND

启动该命令以后，系统将会打开如图 7-3-19 所示的对话框。其各项含义如下：

（1）在【查找字符串】文本框中输入要查找的文本串，或者从下拉列表中选择用户最近使用过的 6 个文本串中的一个。

（2）在【搜索范围】下拉列表中选择查找的范围。该下拉列表中有【整个图形】和【当前选择】两个选项。各项的含义如下：

- 【整个图形】选项：是在整个绘图区中进行查找。
- 【当前选择】选项：是在当前的选择范围内进行查找。

（3）单击选择对象 按钮，在绘图区中选择要查找的对象，按下回车键返回到【查找和替换】对话框。

（4）单击 选项(O)... 按钮，打开如图 7-3-20 所示的【查找和替换选项】对话框，其中各选项含义如下：

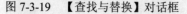
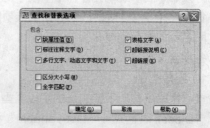

图 7-3-19　【查找与替换】对话框　　　　图 7-3-20　【查找与替换选项】对话框

- 【包含】区域：确定要在哪些类型的实体中进行查找，系统默认为所有类型都被选择。
- 【区分大小写】复选框：该选项可使一些不确定的、与被查找对象类似的文本也可以被找到。
- 【全字匹配】复选框：该选项用来找出与被查找字完全相同的文本。

（5）设置完成后单击 确定(O) 按钮。单击 查找(F) 按钮，查找到的结果显示在搜索结果栏中，如查找 "2008"，则查找完成后的效果如图 7-3-21 所示。

（6）在【改为】文本框中输入一个文本串或从下拉列表中选择一个文本串，用以替换找到的文本串。如输入 "2009" 后，单击 替换(R) 按钮，即可将查找到的文本替换为【改为】文本框中输入的内容。

新手学 AutoCAD 2008 室内与建筑实例完美手册

（7）单击 ┌全部改为(A)┐ 按钮，则替换所有找到的符合要求的文本串。在状态区会提示替换已经完成并显示替换的个数，如图 7-3-22 所示。查找并替换完成后，单击 ┌**关闭(C)**┐ 按钮关闭对话框。

图 7-3-21 【查找和替换】对话框

图 7-3-22 替换个数

▪7.4 在文字中使用字段▪

字段是设置显示可能会在图形生命周期中修改数据的可更新文字，它等价于自动更新的"智能文字"，可以跨图纸运行，以便更新所有引用。

7.4.1 插入字段

字段可以插入到任意种类的文字（公差除外）中，从预定义字段列表中选择字段，这些字段可以插入到文字对象、属性或表单元格中。

启动【添加字段】命令有以下 3 种方式：

● 命令：FLELD

● 菜单：【插入】|【字段】

● 快捷键：【Ctrl+F】

执行该命令后系统将会打开【字段】对话框，如图 7-4-1 所示。【字段】对话框中可用的选项随字段类别和字段名称的变化而变化。

其中，各项含义如下：

（1）字段类别

图 7-4-1 【字段】对话框

设置"字段名称"下要列出的字段类型（例如，"日期和时间"、"文档"和"对象"）。其他项包括"Diesel 表达式"、"LispVariable"和"系统变量"。

（2）字段名称

列出某个类别中可用的字段。选择一个字段名称以显示可用于该字段的选项。

（3）字段值

显示字段的当前值；如果字段值无效，则显示一个空字符串 (----)。此项目的标签随字段名称的变化而变化。例如，从【字段名称】列表中选择【文件名】时，标签是【文件名】，值是当前图形文件的名称。对象字段的标签则是"特性"。例外情况：如果选择的是日期字段，则显示所选日期的格式，例如 M/d/yyyy。

（4）格式列表

列出字段值的显示选项。例如，日期字段可以显示某天是某月某日，也可以不显示；文字字符串的形式可以是大写、小写、首字母大写或标题。【字段】对话框中显示的值反映了选定的格式。

（5）字段表达式

显示字段的表达式。字段表达式不可编辑，但用户可以通过阅读此区域来了解字段的构造方式。

7.4.2　更新字段

默认的情况下，当打开、保存、打印、进行电子传递或重新生成图形时，字段会自动更新。可以通过设置 FIELDEVAL 系统变量禁止这种自动更新，也可以使用 UPDATEFIELD 命令手动更新。

> 小知识
>
> 可以轻松地从现有的对象抓取信息，然后将它指定到字段，只需从【字段】对话框的【字段】类别中选择【对象】，然后选择一个或多个对象即可。

字段更新时，将显示最新的值。

（1）有些字段是取决于上下文的，即它们的值会因所在的空间或布局的不同而有所差异。大多数的字段不是上下相关的，可以在块和外部参照中更新。外部参照中的字段将基于主机文件更新，这些字段不必放在属性里。

（2）修改字段外观

字段文字所使用的文字样式与其插入到的文字对象所使用的样式相同。默认情况下，字段用不能被打印的浅灰色背景显示。【字段】对话框中的格式化选项用来控制所显示文字的外观，可用的选项取决于字段的类型。

（3）编辑字段

双击鼠标可以轻松地编辑字段，这将显示适当的编辑命令及类似命令，因为字段是文字对象的一部分，所以不能直接进行选择。

如果不再希望更新字段，可以通过【将字段转换为文字】菜单项来保留当前的值，方法是选中某个字段后，将当前无法更新的值转换为纯文本文字。

■ 7.5　绘制表格

表格是在行和列中包含数据的对象。创建表格对象时，首先创建一个空表格，然后在表格的单元中添加内容。表格创建完成后，用户可以单击该表格上的任意网格线以选中该表格，然后通过使用【特性】面板或夹点来修改该表格。启动该表格命令的方法有如下 3 种：

- 菜单：【绘图】|【表格】
- 绘图工具栏：▦
- 命令行：TABLE

启动该命令后，打开【插入表格】对话框，如图 7-5-1 所示。在该对话框中可以设置表格的样式，该对话框共

图 7-5-1　【插入表格】对话框

分【表格样式】、【插入方式】、【列和行设置】、【插入选项】和【设置单元样式】5 个区域。

表格样式和列宽、行高可以在后面插入文字时修改，但是行数和列数无法修改。

在【表格样式】区域内可以设置与新建样式。在【表格样式名】下拉列表中选择已经有的表格样式；若下拉列表中没有需要的样式，可以单击后面的 按钮，打开【表格样式】对话框，如图 7-5-2 所示。在该对话框中显示了当前所有的表格样式，【Standard】样式为默认样式，用户可以对该样式进行修改，也可以新建一个全新的表格样式。

若只是对已有的表格样式修改，则单击 修改(M)... 按钮，打开【修改表格样式】对话框，如图 7-5-3 所示。在该对话框中可以对表格的【文字样式】、【文字高度】、【文字颜色】、【表格边框】和【表格单元距】等样式进行设置。

图 7-5-2　【表格样式】对话框

图 7-5-3　【修改表格样式】对话框

若是新建一个表格样式，则在【表格样式】对话框中单击 新建(N)... 按钮，打开【创建新的表格样式】对话框，如图 7-5-4 所示，在该对话框中命名表格样式和选择基础样式类型。然后单击【继续】按钮，打开【新建表格样式】对话框，如图 7-5-5 所示。

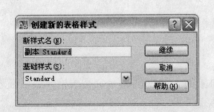

图 7-5-4　【创建新的表格样式】对话框

图 7-5-5　【新建表格样式】对话框

创建好表格后，如图 7-5-6 所示，在绘图区内选择表格，出现的夹点可以对表格进行各种编辑，如图 7-5-7 所示。

图 7-5-6　对表格的标题进行编辑

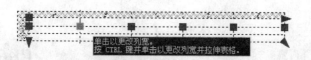

图 7-5-7　表格夹点编辑

表格样式可以为每种行的文字和网格线指定不同的对齐方式和外观。例如，表格样式可以为标题行指定更大号的文字或为列标题行指定正中对齐，以及为数据行指定左对齐。

可以由上而下或由下而上读取表格，列数和行数几乎是无限制的。

表格样式的边框特性控制网格线的显示，这些网格线将表格分隔成单元，标题行和数据行的边框具有不同的线宽设置和颜色，可以显示也可以不显示；选择边框选项时，会同时更新【表格样式】对话框中的预览图像。

表格单元中的文字外观由当前表格样式中指定的文字样式控制，可以使用图形中的任何文字样式或创建新样式，也可以使用设计中心复制其他图形中的表格样式。

本章总结

本章我们学习了如何输入与编辑文字，首先我们学习了如何创建建筑文字标注样板，接着我们又介绍了如何创建与编辑单行文字和多行文字，同时又介绍了在文字中使用字段，即如何插入与更新字段，最后我们又介绍了如何绘制表格，如何使用夹点对表格的快速编辑。本章的内容是建筑标注和注释的基础，它方便我们读图等，所以本章的内容还希望读者好好地掌握。

有问必答

问：为什么要对建筑样板图文进行统一标准？

答：对建筑样板图文进行统一标准是为了规范、为了专业的标准，以及方便交流和使用。

问：单行文字与多行文字有什么区别？

答：单行文字顾名思义只有一行文字，适用于输入较少的文字或单行的输入，而多行文字则可为图形标注任意行数的段落文本。

问：试述 Unicode 字符串和控制代码。

答：其内容详见表 7-2-1 所示的内容，牢记这个表格的内容便于快速地编辑特殊的符号。

问：字段与一般的文字输入相比有什么优点？

答：字段是设置显示可能会在图形生命周期中修改数据的可更新文字，它等价于自动更新的"智能文字"，可以跨图纸运行，以便更新所有引用。

问：表格单元中可以是块吗？如何切块单元格？

答：表格单元中可以是块、文字。切块单元格可以使用【Tab】键，也可以使用鼠标单击，还可以使用箭头键向左、向右、向上和向下移动。

新手学 AutoCAD 2008 室内与建筑实例完美手册

Study

Chapter

08

建筑图形尺寸标注

学习导航

尺寸标注是建筑绘图设计中的一项重要内容，主要反映轴线间的距离、门窗的宽度等的尺寸，以及各个建筑部件对象的真实大小相互之间的位置关系，是建筑中重要的施工依据。

AutoCAD 2008 在以前的版本上又增加了强大的尺寸标注功能，它能使复杂的标注变得异常地简单，同时还减少了大量的重复劳动，极大地提高了工作效率。

本章要点

- ⊙ 国家建筑尺寸标注规范
- ⊙ 创建尺寸标注
- ⊙ 编辑尺寸标注

8.1　尺寸标注要素

尺寸标注对一幅图纸来说是相当重要的，所以在标注尺寸之前，我们有必要了解尺寸标注的相关规定以及了解一些基本的尺寸基本要素。在 AutoCAD 2008 中，用户可以使用【二维绘图面板】中的【标注】工具栏（如图 8-1-1 所示）以及【标注】菜单（如图 8-1-2 所示）对图形进行尺寸标注。

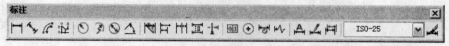

图 8-1-1　【标注】工具栏

图 8-1-2　【标注】菜单

新手学 AutoCAD 2008 室内与建筑实例完美手册

8.1.1　尺寸标注规则

尺寸的形式和类型多种多样，国标"尺寸标注"部分（GB/T 4458·4-2003）对各类尺寸标注规范都有比较详尽的规定。

在 AutoCAD 2008 中，对绘制的建筑部件图形进行尺寸标注时应该遵循以下规则：

（1）不管图形实际尺寸是多少，一律以标注的尺寸作为施工依据。

（2）图纸尺寸如没有特殊标注单位，默认单位为毫米；如采用其他单位，则必须注明相应的计量单位的代号或名称。

（3）图纸中所标注的图形尺寸为最终完成后的尺寸。

（4）尺寸应标注在图形最清晰的地方。

8.1.2　尺寸基本要素

尺寸标注包括尺寸界线、尺寸线、尺寸文本、尺寸箭头、引线标注和中心标记几部分，如图 8-1-3 所示，尺寸标注各部分的含义如下：

（1）尺寸界线：从图形的轮廓线、轴线或对称中心线引出，用以表示尺寸起始位置。

（2）尺寸线：通常与所标注对象平行，放在两尺寸界线之间；尺寸线不能用图形中已有图线代替，必须单独绘制出。尺寸界线应与尺寸线相互垂直。

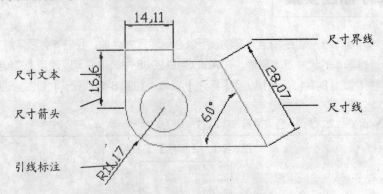

图 8-1-3　尺寸的组成

（3）尺寸箭头：在尺寸线两端，用以表明尺寸线的起始位置。

（4）尺寸文本：写在尺寸线上方或中断处，用以表示所选图形的具体大小，AutoCAD 自动生成所要标注图形的尺寸数值，用户可以添加或修改此尺寸数值。

（5）引线标注：引线标注是使用引线和注释文本对一些特殊位置或需说明的内容进行标注的一种方式。

8.1.3　创建建筑标注样式

在绘制专业的建筑施工图时，由于图形尺寸比较大，用户一般不能使用 AutoCAD 提供的默认标注样式来对施工图进行尺寸标注，而是根据国家对建筑绘图的标准规范来设置相适应的尺寸标注样式。下面说明如何创建建筑绘图的尺寸标注样式。

启动【新建标注样式】命令的方法有如下 3 种：

● 菜单：【标注】|【样式】或【格式】|【标注样式】

● 二维绘图面板：![icon]

● 命令行：DDIM（D）

尺寸标注样式控制尺寸各组成部分的外观形式。只要不改变尺寸标注样式，当前尺寸标注样式就将一直沿用。系统默认标注样式为 ISO-25，通过【标注样式管理器】对话框可根据实际情况新建尺寸标注样式。其操作步骤如下：

01　调用【标注】命令，系统将会打开如图 8-1-4 所示的【标注样式管理器】对话框。

02　单击 新建(N)... 按钮，打开如图 8-1-5 所示的【创建新标注样式】对话框。在【新样式名】文本框中输入新名称，如"01"。

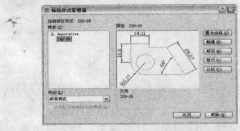

图 8-1-4　【标注样式管理器】对话框

图 8-1-5　【创建新标注样式】对话框

03 在【基础样式】下拉列表中选择一种样式作为基础样式。在【用于】下拉列表中选择新样式名称，效果如图 8-1-6 所示。

04 单击 继续 按钮，打开如图 8-1-7 所示的【新建标注样式：01】对话框。

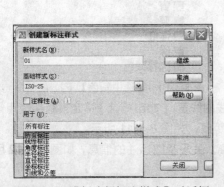

图 8-1-6 【创建新标注样式】对话框

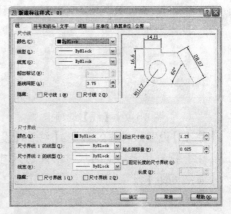

图 8-1-7 【新建标注样式：01】对话框

05 在【新建标注样式：01】对话框中，对【符号和箭头】、【文字】、【调整】、【主单位】、【换算单位】、【公差】各选项卡进行参数设置。

06 参数设置完成后，单击 确定 按钮返回到【标注样式管理器】对话框中，在【样式】列表中将显示新建的标注样式，并在预览框中显示所设置的标注样式，如图 8-1-8 所示。

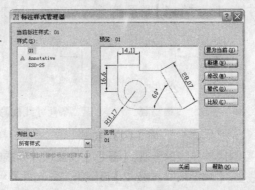

图 8-1-8 【标注样式管理器】对话框

07 单击 置为当前(U) 按钮，将新建的样式置为当前样式。单击 关闭 按钮，新建标注样式设置完成。

8.1.4 设置线

在打开的【新建标注样式：02】对话框中选择【线】选项卡，如图 8-1-9 所示。在此可以设置尺寸线、尺寸界线、箭头和圆心标记的格式和特性。在该选项卡中有两个区域分别是【尺寸线】区域、【尺寸界线】区域。【线】选项卡中各选项参数含义如下：

（1）【尺寸线】：设置尺寸线的特性。【颜色】：显示并设置尺寸线的颜色。如果单击【选择颜色】（在【颜色】列表的底部），将显示【选择颜色】对话框。如图 8-1-10 所示。也可以输入颜色名或颜色号。可以从 255 种 AutoCAD 颜色索引 (ACI) 颜色、真彩色和配色系统颜色中选择颜色。

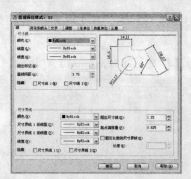

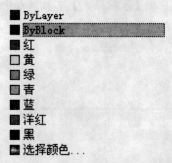

图 8-1-9 【线】选项卡　　　　　　　　图 8-1-10 【选中颜色】下拉菜单

【线型】设置尺寸线的线型;【线宽】设置尺寸线的线宽;【超出标记】指定当箭头使用倾斜、建筑标记、积分和无标记时尺寸线超过尺寸界线的距离,如图 8-1-11 所示。

【基线间距】设置基线标注的尺寸线之间的距离。关于基线标注的信息,如图 8-1-12 所示。

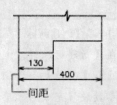

图 8-1-11 超出标记　　　　　　　　图 8-1-12 基线间距

【隐藏】不显示尺寸线。【尺寸线 1】隐藏第一条尺寸线,【尺寸线 2】隐藏第二条尺寸线,如图 8-1-13 所示。

第一条尺寸线被隐藏　　　　第二条尺寸线被隐藏

图 8-1-13 隐藏

（2）【尺寸界线】:控制尺寸界线的外观。【颜色】设置尺寸界线的颜色。【线型尺寸界线 1】设置第一条尺寸界线的线型。【线型尺寸界线 2】设置第二条尺寸界线的线型。【线宽】设置尺寸界线的线宽。【隐藏】不显示尺寸界线。【尺寸界线 1】隐藏第一条尺寸界线,【尺寸界线 2】隐藏第二条尺寸界线,如图 8-1-14 所示。

第一条尺寸界线被隐藏　　　　第二条尺寸界线被隐藏

图 8-1-14 界线隐藏

【超出尺寸线】指定尺寸界线超出尺寸线的距离,如图 8-1-15 所示。

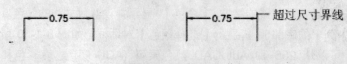

图 8-1-15 超出尺寸线

【起点偏移量】设置自图形中定义标注的点到尺寸界线的偏移距离，如图 8-1-16 所示。

图 8-1-16 起点偏移

【固定长度的尺寸界线】启用固定长度的尺寸界线长度，设置尺寸界线的总长度，起始于尺寸线，直到标注原点，如图 8-1-17 所示。

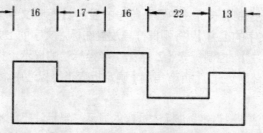

图 8-1-17 固定长度的尺寸界线

8.1.5 设置符号和箭头

在打开的【新建标注样式：02】对话框中选择【符号和箭头】选项卡，它用来设置箭头、圆心标记、弧长符号和折弯半径标注的格式和位置，如图 8-1-18 所示。在该选项卡中有【箭头】【圆心标记】【弧长符号】【半径标注折弯】【折断标注】以及【线性折弯标注】6个区域。【符号和箭头】选项卡中各选项参数设置解释如下：

（1）【箭头】：控制标注箭头的外观（注意：不能将注释性块用作标注或引线的自定义箭头）。【第一个】设置第一条尺寸线的箭头。当改变第一个箭头的类型时，第二个箭头将自动改变以同第一个箭头相匹配。要指定用户定义的箭头块，则选择【用户箭头】，显示【选择自定义箭头块】对话框，如图 8-1-19 所示。选择用户定义的箭头块的名称。该块必须在图形中。

图 8-1-18 【符号和箭头】对话框

图 8-1-19 【选择自定义箭头块】对话框

【第二个】设置第二条尺寸线的箭头。要指定用户定义的箭头块，请选择【用户箭头】。显示【选择自定义箭头块】对话框。选择用户定义的箭头块的名称。该块必须在图形中。【引线】设置引线箭头。要指定用户定义的箭头块，则选择【用户箭头】。显示【选择自定义箭头块】对话框。选择用户定义的箭头块的名称，该块必须在图形中。【箭头大小】显示和设置箭头的大小。

（2）【圆心标记】：控制直径标注和半径标注的圆心标记和中心线的外观。DIMCEnter、DIMDIAMETER 和 DIMRADIUS 命令使用圆心标记和中心线。对于 DIMDIAMETER 和 DIMRADIUS，仅当将尺寸线放置到圆或圆弧外部时，才绘制圆心标记。【无】不创建圆心标记或中心线。该值在 DIMCEN 系统变量中存储为 0（零）。【标记】创建圆心标记。【直线】创建中心线。【大小】显示和设置圆心标记或中心线的大小。

（3）【折断标注】：控制折断标注的间距宽度。【打断大小】显示和设置用于折断标注的间距大小。

（4）【弧长符号】：控制弧长标注中圆弧符号的显示。【标注文字的前缀】将弧长符号放置在标注文字之前。【标注文字的上方】将弧长符号放置在标注文字的上方。【无】不显示弧长符号。

（5）【半径折弯标注】：控制折弯（Z 字型）半径标注的显示。折弯半径标注通常在圆或圆弧的中心点位于页面外部时创建。【折弯角度】确定折弯半径标注中，尺寸线的横向线段的角度，如图 8-1-20 所示。

（6）【线性折弯标注】：控制线性标注折弯的显示。当标注不能精确表示实际尺寸时，通常将折弯线添加到线性标注中。通常，实际尺寸比所需值小。【线性折弯大小】通过形成折弯的角度的两个顶点之间的距离确定折弯高度，如图 8-1-21 所示。

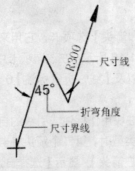

图 8-1-20　半径折弯标注

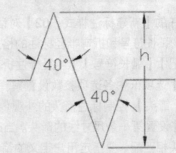

图 8-1-21　线性折弯标注

8.1.6　设置文字

在打开的【新建标注样式：02】对话框中选择【文字】选项卡，该选项卡设置标注文字的格式、放置和对齐，在该选项卡中包括了【文字外观】、【文字位置】、【文字对齐】3 个区域，如图 8-1-22 所示。【文字】选项卡中各个参数设置解释如下：

（1）【文字外观】：控制标注文字的格式和大小。【文字样式】显示和设置当前标注文字样式。从列表中选择一种样式。要创建和修改标注文字样式，则选择列表旁边的　按钮，将显示如图 8-1-23 所示的对话框，从中可以定义或修改文字样式。

【文字颜色】设置标注文字的颜色。【填充颜色】设置标注中文字背景的颜色。【文字高度】设置当前标注文字样式的高度。在文本框中输入值。如果在【文字样式】中将文字高度设置为固定值（即文字样式高度大于 0），则该高度将替代此处设置的文字高度。如果要使用在【文字】选项卡上设置的高度，请确保【文字样式】中的文字高度设置为 0。【分数高度比例】设置相对于标注文字的分数比例。仅当在【主单位】选项卡上选择【分数】作为【单位格式】时，此选项才可用。在此处输入的值乘以文字高度，可确定标注分数相对于标注文字的高度。【绘制文字边框】如果选择此选项，将在标注文字周围绘制一个边框。

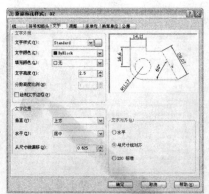

图 8-1-22　【文字】对话框　　　　　　图 8-1-23　【文字样式】对话框

（2）【文字位置】：控制标注文字的位置。【垂直】控制标注文字相对尺寸线的垂直位置。垂直位置选项包括：

- 【居中】：将标注文字放在尺寸线的两部分中间。
- 【上方】：将标注文字放在尺寸线上方。从尺寸线到文字的最低基线的距离就是当前的字线间距。
- 【外部】：将标注文字放在尺寸线上远离第一个定义点的一边。
- 【JIS】：按照日本工业标准（JIS）放置标注文字。
- 【水平】：控制标注文字在尺寸线上相对于尺寸界线的水平位置。水平位置选项包括：
- 【居中】：将标注文字沿尺寸线放在两条尺寸界线的中间。
- 【第一条尺寸界线】：沿尺寸线与第一条尺寸界线左对正。尺寸界线与标注文字的距离是箭头大小加上字线间距之和的两倍。
- 【第二条尺寸界线】：沿尺寸线与第二条尺寸界线右对正。尺寸界线与标注文字的距离是箭头大小加上字线间距之和的两倍。
- 【第一条尺寸界线上方】：沿第一条尺寸界线放置标注文字或将标注文字放在第一条尺寸界线之上。
- 【第二条尺寸界线上方】：沿第二条尺寸界线放置标注文字或将标注文字放在第二条尺寸界线之上。

　　【从尺寸线偏移】设置当前字线间距，文字间距是指当尺寸线断开以容纳标注文字时标注文字周围的距离。此值也用作尺寸线段所需的最小长度。仅当生成的线段至少与字线间距同样长时，才会将文字放置在尺寸界线内侧。仅当箭头、标注文字以及页边距有足够的空间容纳字线间距时，才将尺寸线上方或下方的文字置于内侧。

　　（3）【文字对齐】：控制标注文字放在尺寸界线外边或里边时的方向是保持水平还是与尺寸界线平行。【水平】水平放置文字。【与尺寸线对齐】文字与尺寸线对齐。【ISO 标准】当文字在尺寸界线内时，文字与尺寸线对齐。当文字在尺寸界线外时，文字水平排列。

8.1.7　设置调整

　　在打开的【新建标注样式：02】对话框中选择【调整】选项卡，如图 8-1-24 所示。该选项卡中有四个区域：【调整选项】区域、【文字位置】区域、【标注特征比例】区域、【优化】区域。在这些区域可以对标注的尺寸界线、箭头、文字位置等参数进行设置。【调整】选项卡内的各项参数含义解释如下：

（1）在【调整选项】区域中设置尺寸文本与尺寸箭头的格式。该区域中各项的含义如下：

【文字或箭头（最佳效果）】单选项：选择一种最佳方式来安排尺寸文本和尺寸箭头的位置。

- 【箭头】单选项：将尺寸箭头放在尺寸界线外侧。
- 【文字】单选项：将尺寸文本放在尺寸界线外侧。
- 【文字和箭头】单选项：将尺寸文本和尺寸箭头都放在尺寸界线外侧。

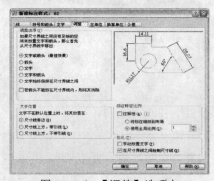

图 8-1-24 　【调整】选项卡

- 【文字始终保持在尺寸界线之间】单选项：尺寸文本始终放在尺寸界线之间。
- 【若不能放在尺寸界线内，则消除箭头】单选项：如果尺寸箭头不适合标注要求，则显示时尺寸箭头不可见。默认为不选择该复选框。

（2）在【文字位置】区域中设置特殊尺寸文本的放置位置。如果尺寸文本不能按上面所规定的位置放置，可以通过该区域中的其他选项来确定其位置。该区域中各项的含义如下：

- 【尺寸线旁边】单选项：将尺寸文本放在尺寸线旁边。
- 【尺寸线上方，加引线】单选项：将尺寸文本放在尺寸线上方，并自动加上引出线。
- 【尺寸线上方，不加引线】单选项：将尺寸文本放在尺寸线上方，不加引出线。

（3）在【标注特征比例】区域中设置尺寸标注的比例因子。其中各选项的含义如下：

- 【使用全局比例】单选项：输入比例因子的值。
- 【按布局（图纸空间）缩放标注】单选项：确定该比例因子是否用于图纸空间。默认情况下该比例因子只用于模型空间；若选取该单选项，则比例因子可用于图纸空间。

（4）在【优化】区域中可调节尺寸格式。各选项的含义如下：

- 【手动放置文字】复选框：选取该复选框，在标注尺寸时可人工调节尺寸文本位置。
- 【在尺寸界线之间绘制尺寸线】复选框：选取该复选框，则在尺寸界线之间必须画出尺寸线。

8.1.8 设置主单位

在打开的【新建标注样式：02】对话框中选择【主单位】选项卡，效果如图 8-1-25 所示。在该选项卡中可以对标注标尺的【单位】、【精确度】、【标注单位格式】等进行参数设置，设置主标注单位的格式和精度，并设置标注文字的前缀和后缀，【主单位】选项卡内的各项参数含义解释如下：

（1）【线性标注】：设置线性标注的格式和精度。

- 【单位格式】：设置除角度之外的所有标注类型的当前单位格式。
- 【精度】：显示和设置标注文字中的小数位数。
- 【小数分隔符】：设置用于十进制格式的分隔符。

图 8-1-25 　【主单位】选项卡

● 【舍入】：为除【角度】之外的所有标注类型设置标注测量值的舍入规则。如果输入 0.25，则所有标注距离都以 0.25 为单位进行舍入。如果输入 1.0，则所有标注距离都将舍入为最接近的整数。小数点后显示的位数取决于【精度】设置。

● 【前缀】：在标注文字中包含前缀。可以输入文字或使用控制代码显示特殊符号。例如，输入控制代码 %%c 显示直径符号。当输入前缀时，将覆盖在直径和半径等标注中使用的任何默认前缀。如果指定了公差，前缀将添加到公差和主标注中。

● 【后缀】：在标注文字中包含后缀。可以输入文字或使用控制代码显示特殊符号。例如，在标注文字中输入 mm 的结果如图例所示。输入的后缀将替代所有默认后缀。如果指定了公差，后缀将添加到公差和主标注中。

（2）【测量单位比例】：定义线性比例选项。主要应用于传统图形。

● 【比例因子】：设置线性标注测量值的比例因子。建议不要更改此值的默认值 1.00。例如，如果输入 2，则 1 英寸直线的尺寸将显示为 2 英寸。该值不应用到角度标注，也不应用到舍入值或者正负公差值。

● 【仅应用到布局标注】：仅将测量单位比例因子应用于布局视口中创建的标注。除非使用非关联标注，否则，该设置应保持取消复选状态。

（3）【消零】：控制不输出前导零和后续零以及零英尺和零英寸部分。

● 【前导】：不输出所有十进制标注中的前导零。例如，0.5000 变成 .5000。

● 【后续】：不输出所有十进制标注中的后续零。例如，12.5000 变成 12.5，30.0000 变成 30。

● 【0 英尺（F）】：当距离小于一英尺时，不输出英尺-英寸型标注中的英尺部分。例如，0'-6 1/2" 变成 6 1/2"。

● 【0 英寸（I）】：当距离为英尺整数时，不输出英尺-英寸型标注中的英寸部分。例如，1'-0" 变为 1'。

（4）【角度标注】：显示和设置角度标注的当前角度格式。

● 【单位格式】：设置角度单位格式。

● 【精度】：设置角度标注的小数位数。

（5）【消零】：控制不输出前导零和后续零。

● 【前导】：不输出角度十进制标注中的前导零。例如，0.5000 变成 .5000。

● 【后续】：不输出角度十进制标注中的后续零。例如，12.5000 变成 12.5，30.0000 变成 30。

8.1.9 设置换算单位

在打开的【新建标注样式：02】对话框中选择【换算单位】选项卡，当勾选了【显示换算单位】复选框后，选项卡中的各个参数都可以使用，效果如图 8-1-26 所示。该选项卡中包括了【换算单位】、【消零】、【位置】3 个区域。【换算单位】选项卡内的各个参数含义解释如下：

（1）【显示换算单位】复选框：选择该复选框，这时选项卡内的所有参数都可用。

（2）【换算单位】区域：设置转换式文本的测量单位。

图 8-1-26 【换算单位】选项卡

该区域中各项的含义如下：

- 【单位格式】下拉列表：选择测量的形式。
- 【精度】下拉列表：设置测量精度。
- 【换算单位乘数】文本框：设置单位换算的比例。
- 【舍入精度】文本框：圆整测量值。
- 【前缀】文本框：输入尺寸文本前缀。
- 【后缀】文本框：输入尺寸文本后缀。

（3）【消零】区域：设置控制线性尺寸前面或后面的零是否可见。各个复选框的含义如下：

- 【前导】复选框：控制尺寸小数点前面的零是否显示。
- 【后续】复选框：控制尺寸小数点后面的零是否显示。
- 【0 英尺】复选框：选择英尺为单位时，零的可见性。
- 【0 英寸】复选框：选择英寸为单位时，零的可见性。

（4）【位置】区域：设置转换式文本摆放位置。各项的含义如下：

- 【主值后】单选项：放在基本尺寸后面。
- 【主值下】单选项：放在基本尺寸下面。

8.1.10 设置公差

在打开的【新建标注样式：02】对话框中选择【公差】选项卡，如图 8-1-27 所示。在该选项卡中可以对标注尺寸进行设置其公差，如公差格式和公差换算单位。【公差】选项卡内的各项参数含义解释如下：

1. 公差格式

控制公差格式。【方式】设置计算公差的方法，如图 8-1-28 所示。

图 8-1-27 【公差】选项卡

图 8-1-28 【方式】下拉菜单

- 【无】：不添加公差。
- 【对称】：添加公差的正/负表达式，其中一个偏差量的值应用于标注测量值。标注后面将显示加号或减号。在【上偏差】中输入公差值。
- 【极限偏差】：添加正/负公差表达式。不同的正公差和负公差值将应用于标注测量值。将在【上偏差】中输入的公差值前面显示正号 (+)；在【下偏差】中输入的公差值前面显示负号 (−)。

- 【界限】：创建极限标注。在此类标注中，将显示一个最大值和一个最小值，一个在上，另一个在下。最大值等于标注值加上在【上偏差】中输入的值。最小值等于标注值减去在【下偏差】中输入的值。
- 【基本】：创建基本标注，这将在整个标注范围周围显示一个框。

（1）【精度】：设置小数位数。

（2）【上偏差】：设置最大公差或上偏差。如果在【方式】中选择【对称】，则此值将用于公差。

（3）【下偏差】：设置最小公差或下偏差。

（4）【高度比例】：设置公差文字的当前高度。计算出的公差高度与主标注文字高度的比例。

（5）【垂直位置】：控制对称公差和极限公差的文字对正。

- 【上对齐】：公差文字与主标注文字的顶部对齐。选择该选项时，DIMTOLJ 系统变量将设置为 2。
- 【中对齐】：公差文字与主标注文字的中间对齐。选择该选项时，DIMTOLJ 系统变量将设置为 1。
- 【下对齐】：公差文字与主标注文字的底部对齐。选择该选项时，DIMTOLJ 系统变量将设置为 0。

2. 公差对齐

堆叠时，控制上偏差值和下偏差值的对齐。

- 【对齐小数分隔符】：通过值的小数分割符堆叠值。
- 【对齐运算符】：通过值的运算符堆叠值。

3. 消零

控制不输出前导零和后续零以及零英尺和零英寸部分。消零设置也会影响由 AutoLISP® rtos 和 angtos 函数执行的实数到字符串的转换。

- 【前导】：不输出所有十进制标注中的前导零。例如，0.5000 变成 .5000。
- 【后续】：不输出所有十进制标注的后续零。例如，12.5000 变成 12.5，30.0000 变成 30。
- 【0 英尺】：如果长度小于一英尺，则消除英尺-英寸标注中的英尺部分。例如，0'-6 1/2" 变成 6 1/2"。
- 【0 英寸】：如果长度为整英尺数，则消除英尺-英寸标注中的英寸部分。例如，1'-0" 变为 1'。

4. 换算单位公差

设置换算公差单位的格式。

- 【精度】：显示和设置小数位数。

5. 消零控制不输出前导零和后续零以及零英尺和零英寸部分。

- 【前导】：不输出所有十进制标注中的前导零。例如，0.5000 变成 .5000。
- 【后续】：不输出所有十进制标注的后续零。例如，12.5000 变成 12.5，30.0000 变成 30。
- 【0 英尺】：如果长度小于一英尺，则消除英尺-英寸标注中的英尺部分。例如，0'-6 1/2" 变成 6 1/2"。

- 【0 英寸】：如果长度为整英尺数，则消除英尺-英寸标注中的英寸部分。例如，1'-0" 变为 1'。

8.2 创建尺寸标注

　　AutoCAD 2008 增强若干一般标注增强功能，包括公差对齐选项、角度标注的象限支持和半径标注的圆弧延伸线，使得尺寸标注的功能更加强大。

　　尺寸标注主要有线性标注、半径标注、角度标注、坐标标注和弧长标注等几种标准类型。

8.2.1 创建线性标注

　　线性标注是指标注对象在水平方向、垂直方向或指定的方向上的尺寸，可以水平、垂直或对齐放置，可以修改文字内容、文字角度或尺寸线的角度。

1. 线性标注

　　【线性标注】命令用于标注水平、垂直或旋转的尺寸，它通过指定两点确定尺寸界线，系统自动进行线性标注。启动【线性标注】的方法有如下 3 种：

- 菜单：【标注】|【线性】
- 二维绘图面板：$\Box$
- 命令行：DIMLINEAR（DIMLIN）

　　调用【线性标注】命令 DIMLINEAR 过程中，命令行将会提示如下：

命令：_dimlinear　　　　　　　　　　　\\执行线性标注命令

指定第一条尺寸界线原点或 <选择对象>: \\指定第一条尺寸界线

指定第二条尺寸界线原点：　　　　　　　\\指定第二条尺寸界线

指定尺寸线位置或

[多行文字(M)/文字(T)/角度(A)/水平(H)/垂直(V)/旋转(R)]: \\输入选项

标注文字 = 1000

其中，各项的含义如下：

　　（1）指定第一条尺寸界线原点或<选择对象>：指定要标注尺寸的对象的第一条尺寸界线。

　　（2）指定第二条尺寸界线原点：指定要标注尺寸的对象的第二条尺寸界线。

　　（3）指定尺寸线位置或 [多行文字（M）/文字（T）/角度（A）/水平（H）/垂直（V）/旋转（R）]：指定尺寸线的位置，把尺寸线放在适当的位置上。其中该命令提示中各项的含义如下：

- 【多行文字】：用于改变多行尺寸文本，或者给多行尺寸文本添加前缀、后缀。
- 【文字】：用于改变当前尺寸文本，或者给尺寸文本添加前缀、后缀。
- 【角度】：用于改变尺寸文本的角度。
- 【水平】：执行水平尺寸标注方式。
- 【垂直】：执行垂直尺寸标注方式。
- 【旋转】：设置尺寸线的旋转角度。

DIMLINEAR 命令虽然可以标注倾斜的尺寸文本，但一般只用它标注垂直和水平方向的线型对象，对于倾斜的线型，一般使用 DIMALIGNED 命令进行标注。

经典实例

绘制如图 8-2-1 所示的图形。

【光盘：源文件\第 08 章\实例 1.dwg】

【实例分析】

利用【线性标注】来标注如图 8-2-2 所示的矩形。

【实例效果】

实例效果如图 8-2-1 所示。

【实例绘制】

命令:_dimlinear   \\执行线性标注命令

指定第一条尺寸界线原点或 <选择对象>:   \\指定 A 点

指定第二条尺寸界线原点: \\指定 B 点

指定尺寸线位置或

[多行文字(M)/文字(T)/角度(A)/水平(H)/垂直(V)/旋转(R)]:

标注文字 = 118.44

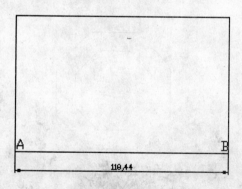

图 8-2-1　标注后的矩形

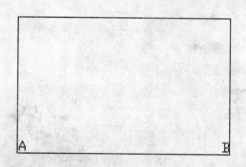

图 8-2-2　标注前的矩形

用户在选择尺寸界线定位点时，可以采用【对象捕捉】模式来进行捕捉对象点，这样才能准确、快速地标注尺寸。

2. 对齐标注

【对齐标注】命令是指尺寸线始终与标注对象保持平行。若标注对象是圆弧，则尺寸标注的尺寸线与圆弧的两个端点所产生的线段将保持平行。启动【对齐标注】的方法有如下 3 种：

新手学 AutoCAD 2008 室内与建筑实例完美手册

● 菜单：【标注】|【对齐】

● 二维绘图面板：

● 命令行：DIMALIGNED

启动【对齐标注】命令 DIMALIGNED 过程中，命令行中各项的含义如下：

（1）指定第一条尺寸界线原点或<选择对象>：指定要标注尺寸的对象的第一条尺寸界线。

（2）指定第二条尺寸界线原点：指定要标注尺寸的对象的第二条尺寸界线。

（3）指定尺寸线位置或［多行文字（M）/文字（T）/角度（A）］：指定尺寸线的位置，把尺寸线放在适当的位置上。其中该命令提示中各项的含义如下：

● 【多行文字（M）】：用于改变多行尺寸文本，或者给多行尺寸文本添加前缀、后缀。

● 【文字（T）】：用于改变当前尺寸文本，或者给尺寸文本添加前缀、后缀。

● 【角度（A）】：用于改变尺寸文本的角度。

(4) 标注文字=342.58：系统提示标注的文字。

经典实例

标注如图 8-2-3 所示的图形。

【光盘：源文件\第 08 章\实例 2.dwg 】

【实例分析】

利用【对齐标注】命令来标注如图 8-2-4 所示的图形。

【实例效果】

实例效果如图 8-2-3 所示。

【实例绘制】

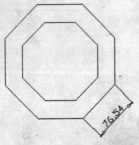

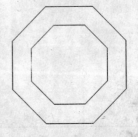

图 8-2-3 标注后的图形   图 8-2-4 标注前的图形

命令：_dimaligned   \\执行对齐标注命令

指定第一条尺寸界线原点或 <选择对象>：   \\指定第一条尺寸线

指定第二条尺寸界线原点：   \\指定第二条尺寸线

指定尺寸线位置或

[多行文字(M)/文字(T)/角度(A)]：   \\指定尺寸线位置

标注文字 = 76.54

小知识

DIMALIGNED 命令一般用于倾斜对象的尺寸标注，系统能自动将尺寸线调整为与所标注线段平行。

3. 基线标注

【基线标注】命令 DIMBASELINE，用于在图形中以某一尺寸线为基线进行标注其他图形对象的尺寸。CAD 系统默认以最后一次标注的尺寸边界线为标注基线。启动【基线标注】的方法有如下 3 种：

- 菜单：【标注】|【基线】
- 二维绘图面板：⊢⊣
- 命令行：DIMBASELINE

调用【基线标注】命令 DIMBASELINE 过程中，命令行中各项的含义如下：

指定第二条尺寸界线原点或［放弃（U）/选择（S）］<选择>：选择标注的第二条尺寸线的位置点。其中该命令提示中各选项的含义如下：

- 【放弃（U）】：放弃上次操作或系统默认的操作。
- 【选择（S）】：选择可以作为标注基线的尺寸。

经典实例

标注如图 8-2-5 所示的图形。

【光盘：源文件\第 08 章\实例 3.dwg】

【实例分析】

利用【基线标注】命令来标注图形。

【实例效果】

实例效果如图 8-2-5 所示。

【实例绘制】

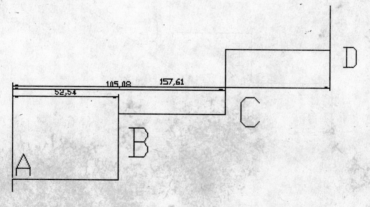

图 8-2-5　使用基线标注

命令: _dimbaseline　　　　　　　　　　　　\\执行基线标注命令

选择基准标注:　　\\指定 A 点

指定第二条尺寸界线原点或 [放弃(U)/选择(S)] <选择>:　\\指定 C 点

标注文字 = 105.08

指定第二条尺寸界线原点或 [放弃(U)/选择(S)] <选择>:　\\指定 D 点

标注文字 = 157.61

指定第二条尺寸界线原点或 [放弃(U)/选择(S)] <选择>:　\\回车完成标注命令

新手学 AutoCAD 2008 室内与建筑实例完美手册

4. 连续标注

【连续标注】命令 DIMCONTINUE，用于在同一尺寸线水平或垂直方向连续标注尺寸。CAD 系统默认以最后一次标注的边界线为基线进行对图形对象连续标注。启动【连续标注】的方法有如下 3 种：

- 菜单：【标注】|【连续】
- 标注工具栏：▯▯▯
- 命令行：DIMCONTINUE

启动【连续标注】命令 DIMCONTINUE 过程中，命令行中各选项的含义和基线标注的一样。

经典实例

标注如图 8-2-6 所示的图形。

【光盘：源文件\第 08 章\实例 4.dwg 】

【实例分析】

利用【连续标注】命令来标注图形。

【实例效果】

实例效果如图 8-2-6 所示。

【实例绘制】

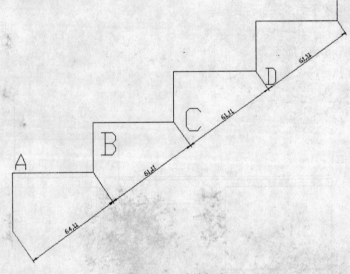

图 8-2-6　连续标注

命令：_dimcontinue	\\输入命令
指定第二条尺寸界线原点或 [放弃(U)/选择(S)] <选择>：	\\指定 B 点
标注文字 = 61.11	
指定第二条尺寸界线原点或 [放弃(U)/选择(S)] <选择>：	\\指定 C 点
标注文字 = 61.11	
指定第二条尺寸界线原点或 [放弃(U)/选择(S)] <选择>：	\\指定 D 点
标注文字 = 61.11	
指定第二条尺寸界线原点或 [放弃(U)/选择(S)] <选择>：	\\回车

在使用连续标注命令之前，应先用线性标注命令标注第一段尺寸。在使用连续标注命令标注尺寸后，不能修改尺寸文本，所以用户绘制图形时必须准确，否则将会出现错误。

8.2.2　创建半径标注

【半径标注】命令 DIMRADIUS，用于标注圆或圆弧的半径尺寸。启动【半径标注】的方法有如下 3 种：

- 菜单：【标注】|【半径】
- 二维绘图面板：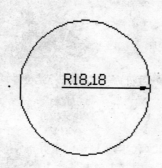
- 命令行：DIMRADIUS（DIMRAD）

在启动【半径标注】命令 DIMBASELINE 的过程中，命令行提示：

命令：_dimradius　　　　　　　　　\\输入命令

选择圆弧或圆：　　　　　　　　　　\\选择对象

标注文字 = 91.32

指定尺寸线位置或 [多行文字(M)/文字(T)/角度(A)]:\\选择选项

其中，各项的含义如下：

（1）选择圆弧或圆：选择要标注的圆或圆弧。

（2）标注文字=91.32：系统自动提示标注尺寸数值。

（3）指定尺寸线位置或［多行文字（M）/文字（T）/角度（A）］：指定尺寸线的位置，把尺寸线放在适当的位置上。其中该命令提示中各项的含义如下：

- 【多行文字（M）】：用于改变多行尺寸文本，或者给多行尺寸文本添加前缀、后缀。
- 【文字（T）】：用于改变当前尺寸文本，或者给尺寸文本添加前缀、后缀。
- 【角度（A）】：用于改变尺寸文本的角度。

经典实例

标注如图 8-2-7 所示的图形。

【光盘：源文件\第 08 章\实例 5.dwg】

【实例分析】

利用【半径标注】来标注图形。

【实例效果】

实例效果如图 8-2-7 所示。

图 8-2-7　半径标注

【实例绘制】

| 命令: _dimradius | \\执行半径标注命令 |

选择圆弧或圆: 　　　　　　　　　　　\\选择圆

标注文字 = 18.18

指定尺寸线位置或 [多行文字(M)/文字(T)/角度(A)]: \\指定尺寸位置

8.2.3　创建直径标注

【直径标注】命令 DIMDIAMETER 用于标注圆或圆弧的直径尺寸。启动【直径标注】的方法有如下 3 种：

- 菜单：【标注】|【直径】
- 二维绘图面板：
- 命令行：DIMDIAMETER（DIMDIA）

经典实例

标注如图 8-2-8 所示的图形。

【光盘：源文件\第 08 章\实例 6.dwg】

【实例分析】

利用【直径标注】命令来标注图形。

【实例效果】

实例效果如图 8-2-8 所示。

【实例绘制】

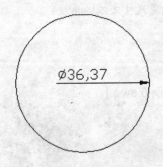

Ø36,37

图 8-2-8　直径标注

命令: _dimdiameter 　　　　　　　　　\\执行直径标注命令

选择圆弧或圆: 　　　　　　　　　　　\\选择圆

标注文字 = 36.37

指定尺寸线位置或 [多行文字(M)/文字(T)/角度(A)]: \\指定位置

8.2.4　角度标注

【角度标注】命令 DIMANGULAR 用于精确测量并标注被测对象之间的夹角。它的标注对象有直线、多段线、圆、圆弧和点。启动【角度标注】的方法有如下 3 种：

● 菜单：【标注】|【角度】

● 二维绘图面板：△

● 命令行：DIMANGULAR

在使用【角度标注】命令的过程中，命令行提示：

命令: _dimangular　　　　　　　　　　\\执行角度标注命令

选择圆弧、圆、直线或 <指定顶点>:　　　\\选择选项

选择第二条直线:

指定标注弧线位置或 [多行文字(M)/文字(T)/角度(A)/象限点(Q)]:\\指定位置

标注文字 = 134

其中，各项的含义如下：

（1）选择圆弧、圆、直线或<指定顶点>：选择要标注的圆弧、圆或直线对象。在选择的对象是直线时，将继续提示如下。

（2）选择第二条直线：选择另一直线对象。

（3）指定标注弧线位置或［多行文字（M）/文字（T）/角度（A）]：把标注的角度数值放在适当的位置。其中该命令提示中各项的含义和其他标注的选项含义一样。

（4）标注文字=134：系统看上去提示标注的角度数值。

经典实例

标注如图 8-2-9 所示的图形。

【光盘：源文件\第 08 章\实例 7.dwg】

【实例分析】

利用【角度标注】命令来标注图形。

【实例效果】

实例效果如图 8-2-9 所示。

【实例绘制】

命令: _dimangular　　　　　　　　　　\\执行角度标注命令

选择圆弧、圆、直线或 <指定顶点>:　　　\\选择一条直线

选择第二条直线:　　　　　　　　　　　\\选择另一直线

指定标注弧线位置或 [多行文字(M)/文字(T)/角度(A)/象限点(Q)]:　\\指定位置

标注文字 = 85

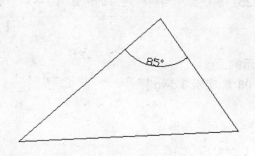

图 8-2-9　角度标注

8.2.5　绘制圆心标记

【圆心标记】命令用于给一些圆或圆弧标记其圆心点
的位置。启动【圆心标记】命令的方法有如下 3 种：

- 菜单：【标注】|【圆心标记】
- 二维绘图面板：⊙
- 命令行：DIMCEnter

执行【圆心标注】命令 DIMCEnter 后，命令行上将提
示："选择圆弧或圆："，提示用户选择圆或圆弧图形对象。

绘制圆、圆弧的圆心标记或中心线，效果如图 8-2-10
所示。

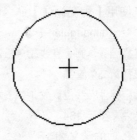

图 8-2-10　绘制圆心标记

8.2.6　坐标标注

【坐标标注】命令 DIMORDINATE 用于自动测量和标注一些特殊点的坐标。由于这种
特征点与基准点的精确偏移量，从而避免了误差的增大。启动【坐标标注】的方法有如下
3 种：

- 菜单：【标注】|【坐标】
- 二维绘图面板：
- 命令行：DIMORDINATE（DIMORD）

在使用【坐标标注】命令 DIMORDINATE（DIMORD）过程中，命令行提示各项的含义
如下：

（1）指定点坐标：选择标注点的位置。

（2）指定引线端点或［X 基准（X）/Y 基准（Y）/多行文字（M）/文字（T）/角度（A）]：
把标注坐标点的数值放在适当的位置。其中该命令提示中各项的含义如下：

- 【X 基准（X）】：测量 X 坐标并确定引线和标注文字的方向。
- 【Y 基准（Y）】：测量 Y 坐标并确定引线和标注文字的方向。
- 【多行文字（M）】：显示多行文字编辑器，可用它来编辑标注文字。
- 【文字（T）】：在命令行自定义标注文字。
- 【角度（A）】：修改标注文字的角度。

（3）标注文字=45.25：系统提示当前标注点的坐标值。

经典实例

标注如图 8-2-11 所示的图形。

【光盘：源文件\第 08 章\实例 8.dwg】

【实例分析】

利用【坐标标注】命令来标注图形。

【实例效果】

实例效果如图 8-2-11 所示。

【实例绘制】

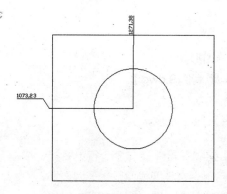

图 8-2-11　坐标标注

命令: _dimordinate　　　　　　　　　　　\\执行坐标标注命令

指定点坐标:　　　　　　　　　　　　　　\\单击圆心

指定引线端点或 [X 基准(X)/Y 基准(Y)/多行文字(M)/文字(T)/角度(A)]: \\指定引线端点

标注文字 = 1073.23

命令:　　　　　　　　　　　　　　　　　\\回车完成坐标标注命令

DIMORDINATE　　　　　　　　　　　　\\回车执行坐标标注命令

指定点坐标:　　　　　　　　　　　　　　\\单击圆心

创建了无关联的标注。

指定引线端点或 [X 基准(X)/Y 基准(Y)/多行文字(M)/文字(T)/角度(A)]:

标注文字 = 1271.38　　　　　　　　　　\\指定引线端点

8.2.7　快速标注

【快速标注】命令 QDIM 可以采用基线、连续尺寸标注方式，对所选几何体进行一次性标注。启动该命令的方法有如下 3 种：

● 下拉菜单：【标注】|【快速标注】

● 标注工具栏：▨

● 命令行：QDIM

启动 QDIM 命令过程中，选择标注对象后系统提示"指定尺寸线位置或［连续（C）/并列（S）/基线（B）/坐标（O）/半径（R）/直径（D）/基准点（P）/编辑（E）/设置（T）]<连续>："。其各选项含义如下：

（1）【连续（C）】：以连续标注方式标注尺寸。

（2）【并列（S）】：以并列标注方式标注尺寸。

（3）【基线（B）】：以基线标注方式标注尺寸。

（4）【坐标（O）】：以一基点为准，标注其他端点相对于基点的相对坐标。

（5）【半径（R）】：标注圆或圆弧半径。

（6）【直径（D）】：标注圆或圆弧直径。

（7）【基准点（P）】：以"基线"或"坐标"方式标注时指定基点。

（8）【编辑（E）】：尺寸标注的编辑命令。用于增加或减少尺寸标注中尺寸界线的端点数目。

（9）【设置（T）】：指定关联标注的优先级别。

经典实例

标注如图 8-2-12 所示的图形。

【光盘：源文件\第 08 章\实例 9.dwg】

【实例分析】

利用【快速标注】命令来标注图形。

【实例效果】

实例效果如图 8-2-12 所示。

【实例绘制】

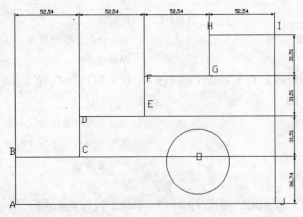

图 8-2-12　快速标注

命令: _qdim　　　　　　　　　　　　　　　　\\执行快速标注命令

关联标注优先级 = 端点

选择要标注的几何图形: 找到 1 个　　　　　　　\\选择 BC

选择要标注的几何图形: 找到 1 个, 总计 2 个　　\\选择 DE

选择要标注的几何图形: 找到 1 个, 总计 3 个　　\\选择 FG

选择要标注的几何图形: 找到 1 个, 总计 4 个　　\\选择 HI

选择要标注的几何图形:　　　　　　　　　　　　\\回车完成对象选择

指定尺寸线位置或 [连续(C)/并列(S)/基线(B)/坐标(O)/半径(R)/直径(D)/基准点(P)/编辑(E)/设置(T)] <

连续>:　　　　　　　　　　　　　　　　　　　　\\指定标注位置

命令: _qdim　　　　　　　　　　　　　　　　\\执行快速标注命令

关联标注优先级 = 端点

选择要标注的几何图形: 找到 1 个　　　　　　　\\选择 AB

选择要标注的几何图形: 找到 1 个, 总计 2 个　　\\选择 CD

选择要标注的几何图形: 找到 1 个, 总计 3 个　　\\选择 EF

选择要标注的几何图形: 找到 1 个, 总计 4 个　　\\选择 GH

选择要标注的几何图形:　　　　　　　　　　　　\\回车完成对象选择

指定尺寸线位置或 [连续(C)/并列(S)/基线(B)/坐标(O)/半径(R)/直径(D)/基准点(P)/编辑(E)/设置(T)] <

连续>:　　　　　　　　　　　　　　　　　　　　\\指定标注位置

8.2.8 公差标注

在 AutoCAD 中，形位公差信息是通过特性控制框来显示的，如图形的形状、轮廓、方向、位置和跳动的偏差等。公差符号的含义如图 8-2-13 所示。

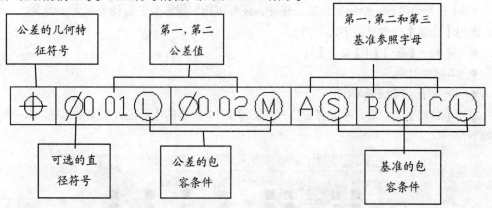

图 8-2-13 公差符号

公差的符号及含义如表 8-2-1 所示。

表 8-2-1 公差的符号及含义

符号	含义	符号	含义
⊕	定位	⌒	平面轮廓
◎	同心轴	⌒	直线轮廓
≕	对称	↗	圆跳动
∥	平行	↗↗	全跳动
⊥	垂直	⌀	直径
∠	角度	Ⓜ	最大包容条件（MMC）
⌀	柱面度	Ⓟ	最小包容条件（LMC）
▱	平坦度	Ⓢ	不考虑特征尺寸（RFS）
○	圆或圆面	Ⓛ	投影公差
—	直线度		

在形位公差中，特征控制框至少包含几何特征符号和公差值两部分。各部分的含义如下：

（1）几何特征符号：用于表明位置、同心度或共轴性、对称性、平行性、垂直性、角度、圆柱度、平直度、圆度、直线度、面剖、环形偏心度及总体偏心等。

（2）直径：用于指定一个图形的公差带，并放于公差值前。

（3）公差值：用于指定特征的整体公差的数值。

（4）包容条件：用于表示大小可变的几何特征，有 M、L、S 和空白 4 个选择。其中 M 表示最大包容条件，几何特征包含规定极限尺寸内的最大容量，在 M 中，孔应具有最小直径，而轴应具有最大直径；L 表示最小包容条件，几何特征包含规定极限尺寸内的最小包容量，在 L 中，孔应具有最大直径，而轴应具有最小直径；S 表示不考虑特征尺寸，这时几何特征可以是规定极

新手学 AutoCAD 2008 室内与建筑实例完美手册

限尺寸内的任意大小。

（5）基准：特征控制框中的公差最多可跟随3个可选的基准参照字母及其修饰符号，基准是用来测量和验证标注在理论上精确的点、轴或平面。通常，两个或3个相互垂直的平面效果最佳，它们共同称为"基准参照边框"。

（6）投影公差带：除指定位置公差外，还可以指定投影公差以使公差更加明确。

调用【公差】命令有以下三种方法：

- 菜单：【标注】|【公差】
- 二维绘图面板：
- 命令行：TOLERANCE

启动【公差】命令后，系统将会打开如图8-2-14所示的【形位公差】对话框。其中各项含义如下：

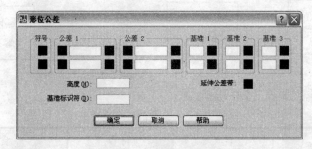

图8-2-14　【形位公差】对话框

- 【符号】：单击该区域内的按钮■，可以打开【符号】对话框，在该对话框中可以为第一个或第二个公差选择几何特征符号，效果如图8-2-15所示。
- 【公差1】和【公差2】区域：单击该区域中前列的■方框，将插入一个直径符号，在中间的文本框中可以输入公差值；单击该区域中后列的■方框，可以打开【附加符号】对话框，为公差选择附加符号，效果如图8-2-16所示。

图8-2-15　【符号】对话框

图8-2-16　【附加符号】对话框

- 【基准1】、【基准2】和【基准3】：用于设置公差基准和相应的包容条件。
- 【高度】：用于设置【延伸公差带】的值。【延伸公差带】控制固定垂直部分延伸区的高度变化，并以位置公差控制公差精度。
- 【延伸公差带】：单击该选项的按钮■，可以在【延伸公差带】值的后面插入延伸公差带符号。
- 【基准标识符】：用于创建由参照字母组成的基准标识符号。

使用【标注公差】命令标注如图8-2-17所示的公差符号。其具体操作步骤如下：

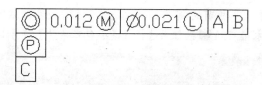

图 8-2-17　公差符号

01　调用【标注公差】命令，系统将打开【形位公差】对话框，效果如图 8-2-18 所示。

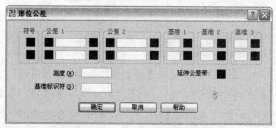

图 8-2-18　【形位公差】对话框

02　在【符号】区域内单击按钮■，打开【特征符号】对话框，效果如图 8-2-19 所示。在该对话框中选择【对称】符号，【形位公差】对话框效果如图 8-2-20 所示。

03　在【公差 1】区域输入公差值 "0.01"，如图 8-2-21 所示。

图 8-2-19　【特征符号】对话框

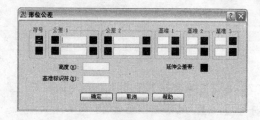

图 8-2-20　【形位公差】对话框

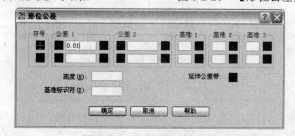

图 8-2-21　【公差 1】区域

04　在【公差 1】区域后面单击■按钮，打开【附加符号】对话框，效果如图 8-2-22 所示。在该对话框中选择【最大包容条件】符号Ⓜ，【形位公差】对话框效果如图 8-2-23 所示。

图 8-2-22　【附加符号】对话框

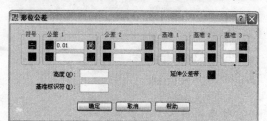

图 8-2-23　【形位公差】对话框

新手学 AutoCAD 2008 室内与建筑实例完美手册

05 单击【公差 2】文本框前的 ■ 按钮，出现一个直径符号，然后在【公差 2】文本框内输入公差值 "0.02"，在文本框后的 ■ 按钮内选择【最小包容条件】符号 ⒧，效果如图 8-2-24 所示。

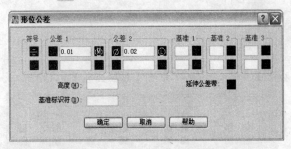

图 8-2-24 选择【最小包容条件】符号 ⒧

06 在【基准 1】区域的文本框内输入字母 "X" 作为【基准 1】符号，在【基准 2】区域的文本框内输入字母 "Y" 作为【基准 2】符号，效果如图 8-2-25 所示。

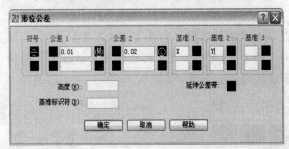

图 8-2-25 输入基准符号

07 在【基准标识符】文本框内输入字母 Z，在【延伸公差带】后的 ■ 按钮内单击一下，打开符号【Ⓟ】，效果如图 8-2-26 所示。

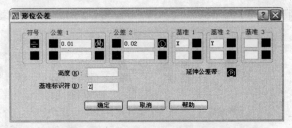

图 8-2-26 【基准标识符】文本框

08 单击 确定 按钮完成公差标注的设置，回到绘图区内，选择一点作为插入点即可。

8.2.9 弧长标注

打开【圆弧标注】方式有以下 3 种方式：

● 菜单：【标注】|【弧长】
● 二维绘图面板： ⌒
● 命令行：dimarc

经典实例

标注如图 8-2-27 所示的图形。

【光盘：源文件\第08章\实例10.dwg】

【实例分析】

利用【弧长标注】命令来标注图形。

【实例效果】

实例效果如图 8-2-27 所示。

【实例绘制】

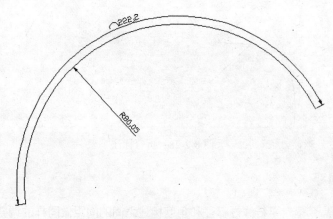

图 8-2-27　弧长标注

命令: _dimarc　　　　　　　\\执行弧长标注命令

选择弧线段或多段线弧线段:　\\选择圆弧

指定弧长标注位置或 [多行文字(M)/文字(T)/角度(A)/部分(P)/引线(L)]:\\指定标注位置

标注文字 = 222.2

8.2.10　折弯标注

打开【折弯标注】有以下 3 种方式:

- 菜单:【标注】|【折弯】
- 二维绘图面板: 🗲
- 命令行: dimjogged

经典实例

标注如图 8-2-28 所示的图形。

【光盘：源文件\第08章\实例11.dwg】

【实例分析】

利用【折弯标注】命令来标注图形。

【实例效果】

实例效果如图 8-2-28 所示。

【实例绘制】

命令: _dimjogged　　　　\\执行折弯标注命令

选择圆弧或圆:　　　　　\\选择圆弧

指定图示中心位置:　　　\\指定中心位置

标注文字 = 80.05

指定尺寸线位置或 [多行文字(M)/文字(T)/角度(A)]: \\指定尺寸线位置

指定折弯位置: \\指定折弯点

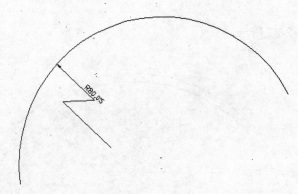

图 8-2-28 折弯标注

8.2.11 标注间距

【标注间距】命令是对平行线性标注和角度标注之间的间距做同样的调整。打开【标注间距】的方式有以下 3 种:

● 菜单: 【标注】|【标注间距】

● 二维绘图面板:

● 命令行: DIMSPACE

打开【标注间距】命令后,系统将会提示:

命令: _DIMSPACE \\执行标注间距命令

选择基准标注: \\选择基准标注

选择要产生间距的标注:找到 1 个 \\选择要产生的间距

选择要产生间距的标注: \\回车完成对象选择

输入值或 [自动(A)] <自动>: 0.6 \\输入值或者选择

其中,各项含义如下:

● 选择基准标注: 选择平行线性标注或角度标注。

● 选择要产生间距的标注: 选择平行线性标注或角度标注以从基准标注均匀隔开,并按【Enter】键。

● 输入值: 指定从基准标注均匀隔开选定标注的间距值。例如,如果输入值 0.5000,则所有选定标注将以 0.5000 的距离隔开。可以使用间距值 0(零)将对齐选定的线性标注和角度标注的末端对齐。

● 自动: 基于在选定基准标注的标注样式中指定的文字高度自动计算间距。所得的间距值是标注文字高度的两倍。

经典实例

标注如图 8-2-29 所示的图形。

【光盘: 源文件\第08 章\实例 12.dwg】

【实例分析】

利用【标注间距】命令来标注图形。

【实例效果】

实例效果如图 8-2-30 所示。

【实例绘制】

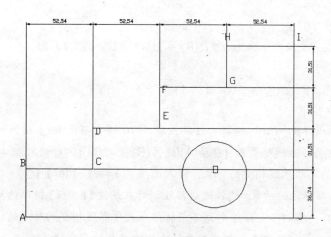

图 8-2-29 标注间距前

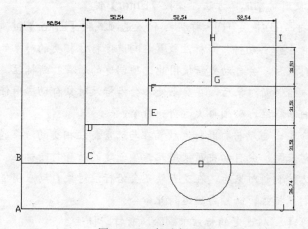

图 8-2-30 标注间距后

命令: _DIMSPACE	\\执行标注间距命令
选择基准标注:	\\选择 BC 标注
选择要产生间距的标注:找到 1 个	\\选择 DE
选择要产生间距的标注:找到 1 个，总计 2 个	\\选择 FG
选择要产生间距的标注:找到 1 个，总计 3 个	\\选择 HI
选择要产生间距的标注:	\\回车完成对象选择
输入值或 [自动(A)] <自动>: A	\\输入选项回车完成标注间距命令

8.2.12 打断标注

启动【打断标注】命令的方式有如下三种:

新手学 AutoCAD 2008 室内与建筑实例完美手册

● 菜单:【标注】|【打断标注】

● 二维绘图面板:

● 命令行:DIMBREAK

打开【打断标注】命令后,系统将会提示如下:

命令:_DIMBREAK   \\执行打断标注命令

选择标注或 [多个(M)]:   \\选择标注

选择要打断标注的对象或 [自动(A)/恢复(R)/手动(M)] <自动>:\\选择对象

选择标注: \\回车完成对象选择

输入选项 [打断(B)/恢复(R)] <打断>: B   \\输入选项

其中,各项的含义如下:

● 选择标注或 [多个(M)]:选择标注,或输入 m 并按【Enter】键。

● 选择要打断标注的对象或 [自动(A)/恢复(R)/手动(M)] <自动>:选择与标注相交或与选定标注的尺寸界线相交的对象,输入选项,或按【Enter】键。

● 选择要打断标注的对象:选择通过标注的对象或按【Enter】键以结束命令。使用【手动】选项,可以将打断标注添加到不与标注或尺寸界线相交的对象的标注中。

● 多个:指定要向其中添加打断或要从中删除打断的多个标注。

● 选择标注:使用对象选择方法,并按【Enter】键

● 输入选项 [打断(B)/恢复(R)] <打断>:输入选项或按【Enter】键。

● 【打断(B)】:自动将打断标注放置在与选定标注相交的对象的所有交点处。修改标注或相交对象时,会自动更新使用此选项创建的所有打断标注。在具有任何打断标注的标注上方绘制新对象后,在交点处不会沿标注对象自动应用任何新的打断标注。要添加新的打断标注,必须再次运行此命令。

● 【自动(A)】:自动将打断标注放置在与选定标注相交的对象的所有交点处。修改标注或相交对象时,会自动更新使用此选项创建的所有打断标注。在具有任何打断标注的标注上方绘制新对象后,在交点处不会沿标注对象自动应用任何新的打断标注。要添加新的打断标注,必须再次运行此命令。

● 【恢复(R)】:从选定的标注中删除所有打断标注。

● 【手动(M)】:手动放置打断标注。为打断位置指定标注或尺寸界线上的两点。如果修改标注或相交对象,则不会更新使用此选项创建的任何打断标注。使用此选项,一次仅可以放置一个手动打断标注。

经典实例

标注如图 8-2-31 所示的图形。

【光盘:源文件\第 08 章\实例 13.dwg】

【实例分析】

利用【打断间距】命令来标注图形。

【实例效果】

实例效果如图 8-2-32 所示。

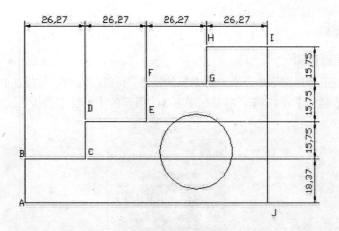

图 8-2-31　打断前

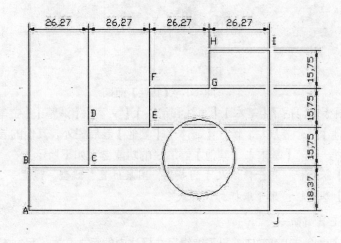

图 8-2-32　打断后

【实例绘制】

命令: _DIMBREAK	\\执行打断标注命令
选择标注或 [多个(M)]: M	\\选择选项 M
选择标注: 找到 1 个	\\选择标注
选择标注: 找到 1 个，总计 2 个	\\选择标注
选择标注: 找到 1 个，总计 3 个	\\选择标注
选择标注: 找到 1 个，总计 4 个	\\选择标注
选择标注:	\\回车完成对象选择
输入选项 [打断(B)/恢复(R)] <打断>: B	\选择选项 B

8.3　编辑修改尺寸标注

AutoCAD 2008 提供了多种方法编辑尺寸标注，下面逐一介绍这些方法。

8.3.1 编辑尺寸

1. 特性管理器编辑

特性管理器用于管理图形中所有图形对象的特性，也就能够对尺寸标注的特性进行编辑。单击标准工具栏中【特性】按钮，打开如图 8-3-1 所示的【特性】面板。

图 8-3-1　【特性】面板

在【特性】面板中包括了【基本】、【直线和箭头】、【文字】、【调整】、【主单位】、【换算单位】、【公差】和【其他】八个卷展栏，除了【基本】、【其他】卷展栏外，其他的卷展栏含义与【修改标注样式】对话框一样；【基本】、【其他】卷展栏的功能含义如下所示：

- 【基本】卷展栏：用于修改尺寸的颜色、图层位置、线型、线宽等。
- 【其他】卷展栏：用于选择标注样式名。

2. 使用标注编辑命令

【编辑标注】命令 DIMEDIT，用于编辑尺寸标注中的尺寸文本、尺寸界线的位置，以及修改尺寸文本的摆放角度。启动编辑标注命令的方法有如下 3 种：

- 菜单：【标注】|【倾斜】
- 二维绘图面板：
- 命令行：DIMEDIT

执行【编辑标注】命令 DIMEDIT 后，系统将提示：

输入标注编辑类型［默认（H）/新建（N）/旋转（R）/倾斜（O）］<默认>：。

其中，各选项含义如下：

（1）【默认（H）】：将尺寸文本移动到默认位置。

（2）【新建（N）】：用多行文本窗口修改尺寸文本的内容。

（3）【旋转（R）】：编辑旋转尺寸文本的角度。

（4）【倾斜（O）】：调整线性尺寸标注中尺寸界线的角度。

经典实例

标注如图 8-3-2 所示的图形。

【光盘：源文件\第08章\实例14.dwg】

【实例分析】

利用【倾斜标注】命令来编辑标注。

【实例效果】

实例效果如图8-3-2所示。

【实例绘制】

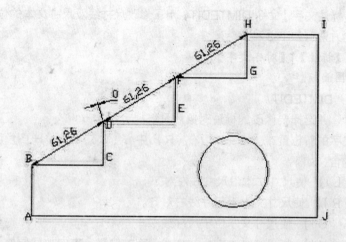

图 8-3-2　标注图形

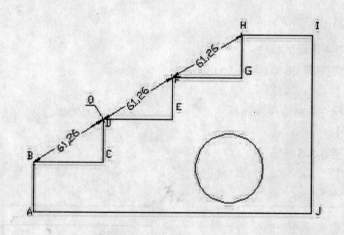

图 8-3-3　编辑标注

命令: DIMEDIT   \\执行编辑尺寸命令

输入标注编辑类型 [默认(H)/新建(N)/旋转(R)/倾斜(O)] <默认>: r   \\选择选项 R

指定标注文字的角度: 45   \\输入角度

选择对象: 找到 1 个   \\选择 BD 标注

选择对象: 找到 1 个, 总计 2 个   \\选择 DF 标注

选择对象: 找到 1 个, 总计 3 个   \\选择 FH 标注

选择对象: \\回车完成编辑尺寸命令

新手学 AutoCAD 2008 室内与建筑实例完美手册

小知识

　　该命令的【倾斜】选项对于更改局部或选定尺寸的形式特别有效，例如在更改尺寸标注格式后，可用该命令输入 0 度，即可用新尺寸标注格式代替原尺寸标注格式。

3. 编辑尺寸标注文字

　　【编辑尺寸标注文字】命令 DIMTEDIT，用于修改尺寸线及尺寸文本的位置。启动编辑尺寸标注文字命令的方法有如下 3 种：

- 菜单：【标注】|【对齐文字】
- 二维绘图面板：
- 命令行：DIMTEDIT

　　启动该命令，并选择要修改的标注对象后系统提示：

　　指定标注文字的新位置或［左（L）/右（R）/中心（C）/默认（H）/角度（A）］：

其中，各选项的含义如下：

　　（1）【左（L）】：使尺寸文本沿尺寸线左对齐。

　　（2）【右（R）】：使尺寸文本沿尺寸线右对齐。

　　（3）【中心（C）】：使尺寸文本位于尺寸线中间。

　　（4）【默认（H）】：将尺寸文本按标注样式确定的位置、方向放回原处。

　　（5）【角度（A）】：设置尺寸文本的旋转角度。

经典实例

　　编辑如图 8-3-4 所示的标注。

　　【光盘：源文件\第 08 章\实例 15.dwg】

　　【实例分析】

　　利用【倾斜标注】命令来编辑标注。

　　【实例效果】

　　实例效果如图 8-3-5 所示。

　　【实例绘制】

图 8-3-4　修改文字后

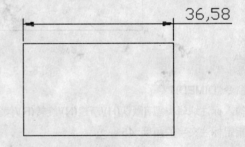

图 8-3-5　修改文字位置前

命令：_dimtedit　　　　　　　　　　　　\\执行编辑尺寸命令

选择标注：　　　　　　　　　　　　　　\\选择标注

指定标注文字的新位置或 [左(L)/右(R)/中心(C)/默认(H)/角度(A)]:\\指定新位置

【编辑尺寸标注文字】命令与【编辑尺寸标注位置】命令的区别是：DIMEDIT 无法对尺寸文本重新定位，用 DIMTEDIT 命令可对尺寸文本重新定位。

8.3.2 替换与更新

【标注更新】命令 DIMSTYLE 主要用于存储、替换和显示当前的标注样式。启动【标注更新】命令的方法有如下 3 种：

● 菜单：【标注】|【更新】
● 二维绘图面板：
● 命令行：DIMSTYLE

执行【标注更新】命令 DIMSTYLE 后，命令行出现提示：

输入标注样式选项 [保存（S）/恢复（R）/状态（ST）/变量（V）/应用（A）/?] <恢复>：
其中，其各选项的含义如下：

（1）【保存（S）】：存储当前的新标注样式。
（2）【恢复（R）】：用新的标注样式替代原有标注样式。
（3）【状态（ST）】：在文本窗口显示当前标注样式的设置数据。
（4）【变量（V）】：选择一个尺寸标注，自动在文本窗口显示有关数据。
（5）【应用（A）】：将所选择的标注样式应用到被选择的标注对象上。

该命令必须在修改当前尺寸标注样式后才起作用。如果修改当前尺寸标注样式后再执行该命令，则图形中已标注尺寸会立即被更新。

本章总结

本章我们学习了如何输入与编辑文字，首先学习了如何创建建筑文字标注样板，接着介绍了如何创建与编辑单行文字和多行文字，同时还介绍了在文字中使用字段，即如何插入与更新字段，最后介绍了如何绘制表格，以及如何使用夹点对表格的快速编辑。本章的内容是建筑标注和注释的基础，方便我们读图等。

有问必答

问：在建筑图形尺寸标注时，要遵循哪些制图规则？

答：在建筑图形尺寸标注时，要遵循以下制图规则：

（1）不管图形实际尺寸是多少，一律以标注的尺寸作为施工依据。
（2）图纸尺寸如没有特殊标注单位，默认单位为毫米；如果采用其他单位，则必须注明相应的计量单位的代号或名称。
（3）图纸中所标注的图形尺寸为最终完成后的尺寸。

新手学 AutoCAD 2008 室内与建筑实例完美手册

（4）尺寸应标注在图形最清晰的地方。

问：在设置【主单位】时，创建的【建筑标注】尺寸样式是最终打印到图纸上的尺寸效果吗？如果不是，那又是什么呢？

答：在设置【主单位】时，创建的【建筑标注】尺寸样式不是最终打印到图纸上的尺寸效果，而是一种适用于建筑标注的通用样式，在具体的绘图过程中各尺寸参数需要乘上出图比例才能获得最终的打印效果。

问：线性标注与对齐标注有什么区别？

答：线性标注是指标注对象在水平方向、垂直方向或指定的方向上的尺寸；对齐标注是指尺寸线始终与标注对象保持平行。若标注对象是圆弧，则尺寸标注的尺寸线与圆弧的两个端点所产生的线段将保持平行。

问：快速标注与标注间距有什么相同点，又有什么不同点？

答：快速标注可以采用基线、连续尺寸标注方式，对所选几何体进行一次性标注；标注间距是对平行线性标注和角度标注之间的间距做同样的调整。

问：什么叫做标注样式替代？它有什么特点？

答：标注样式替代是对当前标注样式中的指定当前标注样式进行的编辑修改，它与在不修改当前标注样式的情况下修改尺寸标注系统变量是等效的。

Study

Chapter

09

建筑三维建模基础

新手学 AutoCAD 2008 室内与建筑实例完美手册

学习导航

　　三维图形具有较强的立体感和真实感，能更清晰地、全面地表达构成空间立体的各组成部分的形状以及相对位置，所以在进行建筑设计时，设计员常常首先是从构思建筑三维立体模型进行设计。在 AutoCAD 2008 中，用户除了可以直接使用系统提供的命令来创建长方体、球体及圆锥体等实体外，还可以通过拉伸和旋转二维对象来创建实体。

本章要点

- ◉ 二维视图
- ◉ 创建表面
- ◉ 创建三维实体
- ◉ 定义建筑三维观察方向

■9.1　三维建模基础■

建筑绘图中，三维模型比二维模型更具有直观、形象、全面的优点，不但能从不同的方向、角度进行观察，而且更容易看到创建的建筑模型是否符合要求。

9.1.1　三维坐标系

熟练运用 AutoCAD，必须掌握 AutoCAD 所使用的坐标系统。AutoCAD 采用三维笛卡儿坐标系统（CCS）来确定点的位置。在进入 AutoCAD 绘图区时，如没有设定绘图界限等，系统将自动进入笛卡儿坐标系的第一象限。以屏幕左下角点为（0，0），即世界坐标系统。任何一个 AutoCAD 实体都是由三维点构成，它们的坐标都以（X，Y，Z）的形式来确定。在屏幕底部状态栏上所显示的三维坐标值，就是笛卡儿坐标系中的数值，它准确地反映了当前十字光标的位置。在绘图和编辑过程中，世界坐标系的坐标原点和方向都不会改变。在默认情况下，X 轴以水平向右为正方向，Y 轴以垂直向上为正方向，Z 轴以垂直屏幕向外为正方向，坐标原点在绘图区左下角，该坐标系如图 9-1-1 所示。

图 9-1-1　二维坐标　　　　　　　　　　图 9-1-2　三维坐标

三维建模时，为了使用户更方便地观察和辅助绘图，AutoCAD 允许用户建立坐标系，即 UCS（用户坐标系），用来修改坐标系的原点和方向。一般用户坐标系统与世界坐标系统相重合，而在进行一些复杂的实体造型时，可根据具体需要，设定自己的 UCS，如图 9-1-2 所示。

启动【UCS】命令有以下三种方法：

● 菜单：【工具】|【新建 UCS】

● 命令行：UCS

● 工具栏：【UCS】|【UCS】（如图 9-1-3 所示）

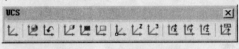

图 9-1-3　【UCS】工具栏

启动该命令后，命令行提示：

命令: ucs　　　　　　　　　　　　　　\\执行 UCS 命令

当前 UCS 名称: *世界*

指定 UCS 的原点或 [面(F)/命名(NA)/对象(OB)/上一个(P)/视图(V)/世界(W)/X/Y/Z/Z 轴(ZA)] <世界>: n\\指定原点或选择选项

指定新 UCS 的原点或 [Z 轴(ZA)/三点(3)/对象(OB)/面(F)/视图(V)/X/Y/Z] <0,0,0>:\\指定新的原点

其中，各项含义如下：

（1）指定 UCS 的原点：使用一点、两点或三点定义一个新的 UCS。如果指定单个点，当前 UCS 的原点将会移动而不会更改 X、Y 和 Z 轴的方向。指定 X 轴上的点或 <接受>：指定第二点或按【Enter】键以将输入限制为单个点。如果指定第二点，UCS 将绕先前指定的原点旋转，以使 UCS 的 X 轴正半轴通过该点。指定 XY 平面上的点或 <接受>：指定第三点或按【Enter】键以将输入限制为两个点。如果指定第三点，UCS 将绕 X 轴旋转，以使 UCS 的 XY 平面的 Y 轴正半轴包含该点。如果输入了一个点的坐标且未指定 Z 坐标值，将使用当前 Z 值。

（2）面：将 UCS 与三维实体的选定面对齐。要选择一个面，请在此面的边界内或面的边上单击，被选中的面将亮显，UCS 的 X 轴将与找到的第一个面上的最近的边对齐。

（3）输入选项[下一个(N)/X 轴反向(X)/Y 轴反向(Y)] <接受>：【下一个（N）】将 UCS 定位于邻接的面或选定边的后向面；【X 轴反向（X）】将 UCS 绕 X 轴旋转 180 度；【Y 轴反向（Y）】将 UCS 绕 Y 轴旋转 180 度；【接受】如果按【Enter】键，则接受该位置；否则将重复出现提示，直到接受位置为止。

新建如图 9-1-4 所示的 UCS 坐标系。具体方法如下：

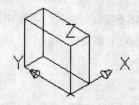

图 9-1-4　新建 UCS 坐标系

当前 UCS 名称：*世界*

指定 UCS 的原点或 [面(F)/命名(NA)/对象(OB)/上一个(P)/视图(V)/世界(W)/X/Y/Z/Z 轴(ZA)] <世界>：\\回车

指定 X 轴上的点或 <接受>：\\回车

9.1.2　笛卡尔坐标系

AutoCAD 默认采用笛卡尔坐标系来确定形体。在进入 AutoCAD 绘图区时，系统自动进入笛卡尔坐标系（世界坐标系 WCS）第一象限，其左下角点为（0，0）。AutoCAD 就是采用这个坐标系统来确定图形的矢量。

9.1.3　柱坐标系

三维柱坐标通过 XY 平面中与 UCS 原点之间的距离、XY 平面中与 X 轴的角度以及 Z 值来描述精确的位置。

柱坐标输入相当于三维空间中的二维极坐标输入。它在垂直于 XY 平面的轴上指定另一个坐标。柱坐标通过定义某点在 XY 平面中距 UCS 原点的距离，在 XY 平面中与 X 轴所成的角度以及 Z 值来定位该点。使用以下语法指定使用绝对柱坐标的点：X<[与 X 轴所成的角度],Z。注意下例假设动态输入处于关闭状态，即，坐标在命令行上输入。如果启用动态输入，可以使用 # 前缀来指定绝对坐标。如图 9-1-5 所示。

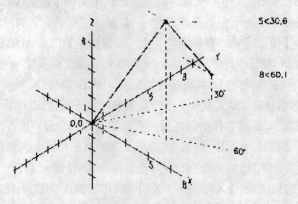

图 9-1-5　柱坐标系

其中的数字含义如下：

坐标 **5<30,6** 表示距当前 UCS 的原点 5 个单位、在 XY 平面中与 X 轴成 30 度角、沿 Z 轴 6 个单位的点。需要基于上一点而不是 UCS 原点来定义点时，可以输入带有 @ 前缀的相对柱坐标值。例如，坐标 **@4<45,5** 表示在 XY 平面中距上一输入点 4 个单位、与 X 轴正向成 45 度角、在 Z 轴正向延伸 5 个单位的点。

9.1.4　球坐标系

三维球坐标通过指定某个位置距当前 UCS 原点的距离、在 XY 平面中与 X 轴所成的角度以及与 XY 平面所成的角度来指定该位置。三维中的球坐标输入与二维中的极坐标输入类似，如图 9-1-6 所示。通过指定某点距当前 UCS 原点的距离、与 X 轴所成的角度（在 XY 平面中）以及与 XY 平面所成的角度来定位点，每个角度前面加了一个左尖括号 (<)，如以下格式所示：

"X<[与 X 轴所成的角度]<[与 XY 平面所成的角度]" 注意下例假设动态输入处于关闭状态，即，坐标在命令行上输入。如果启用动态输入，可以使用 # 前缀来指定绝对坐标。

在图 9-1-6 中，坐标 **8<60<30** 表示在 XY 平面中距当前 UCS 的原点 8 个单位、在 XY 平面中与 X 轴成 60 度角以及在 Z 轴正向上与 XY 平面成 30 度角的点。坐标 **5<45<15** 表示距原点 5 个单位、在 XY 平面中与 X 轴成 45 度角、在 Z 轴正向上与 XY 平面成 15 度角的点。需要基于上一点来定义点时，可以输入前面带有@符号的相对球坐标值。

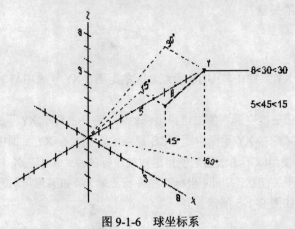

图 9-1-6　球坐标系

第 9 章　建筑三维建模基础

9.2　创建三维表面

三维曲面作为一种创建形式，在建筑绘图中得到了广泛的应用。CAD 的三维曲面造型命令方式为 3D，只要在命令行上输入 "3D" 后，按下回车键，即可出现三维曲面名称的选项，也就可以继续往下操作了。

9.2.1　绘制长方体表面

【长方体表面】命令用于创建三维长方体表面的多边形的网格。启动【长方体表面】命令的方法：命令行：AI_BOX，或在 "3D" 下面选择 B。

在命令行中输入 "3D" 后，系统将会提示如下：

输入选项

[长方体表面(B)/圆锥面(C)/下半球面(DI)/上半球面(DO)/网格(M)/棱锥面(P)/球面(S)/圆环面(T)/楔体表面(W)]:　　　　　　　　　　　　　\\输入选项

再输入 B，则启动【长方体表面】命令。命令行将会提示：

指定角点给长方体：　　　　　　\\指定绘图区任意一点

指定长度给长方体：　　　　　　\\指定长度

指定长方体表面的宽度或 [立方体(C)]:\\指定宽度

指定高度给长方体：　　　　　　\\指定高度

指定长方体表面绕 Z 轴旋转的角度或 [参照(R)]:\\回车

其中，命令行上提示的各个选项含义如下：

（1）指定角点给长方体：在绘图区内确定一点作为长方体表面的角点。

（2）指定长度给长方体：确定长方体曲面的长度值。

（3）指定长方体表面的宽度或【立方体（C）】：指定长方体的边长距离或输入 c。其中选项的含义如下：

- 【宽度】：指定长方体表面的宽度。相对于长方体表面的角点输入一个距离或指定一个点。
- 【立方体（C）】：绘制正方体。

（4）指定高度给长方体：指定长方体的高度距离。

（5）指定长方体表面绕 Z 轴旋转的角度或 [参照（R）]: 指定角度或输入 r。其各选项的含义如下：

- 【旋转角度】：绕长方体表面的第一个指定角点旋转长方体表面。如果输入 0，那么长方体表面保持与当前 X 和 Y 轴正交。
- 【参照（R）】：将长方体表面与图形中的其他对象对齐，或按指定的角度旋转。旋转的基点是长方体表面的第一个角点。

经典实例

绘制如图 9-2-1 所示的图形。

【光盘：源文件\第 09 章\实例 1.dwg】

新手学 AutoCAD 2008 室内与建筑实例完美手册

【实例分析】

利用 3D 命令中的 B 选项来绘制。

【实例效果】

实例效果如图 9-2-1 所示。

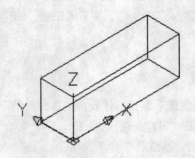

图 9-2-1 长方体表面

【实例绘制】

命令: 3d \\执行三维球坐标命令

输入选项

[长方体表面(B)/圆锥面(C)/下半球面(DI)/上半球面(DO)/网格(M)/棱锥面(P)/球面(S)/圆环面(T)/楔体表面(W)]: b \\选择选项 B

指定角点给长方体: \\指定原点

指定长度给长方体: 200 \\输入长度

指定长方体表面的宽度或 [立方体(C)]: 60\\输入宽度

指定高度给长方体: 70 \\输入高度

指定长方体表面绕 Z 轴旋转的角度或 [参照(R)]: \\回车完成坐标系设置

9.2.2 绘制圆锥面

【圆锥面】命令是用于创建圆锥表面的多边形的网格，启动【长方体表面】命令的方法：菜单命令行：AI_CONE, 或在 "3D" 下选择 C。

在命令行中输入 "3D" 后，系统将会提示如下：

输入选项

输入选项

[长方体表面(B)/圆锥面(C)/下半球面(DI)/上半球面(DO)/网格(M)/棱锥面(P)/球面(S)/圆环面(T)/楔体表面(W)]: \\选择选项

在输入选项 C，则启动【圆锥面表面】命令。命令行将会提示：

指定圆锥面底面的中心点: \\指定底面中心点

指定圆锥面底面的半径或 [直径(D)]: \\指定底面半径

指定圆锥面顶面的半径或 [直径(D)] <0>: \\指定顶面半径

指定圆锥面的高度: \\指定高度

输入圆锥面曲面的线段数目 <16>: 20 \\输入线段数

其中，各项的含义如下：

（1）指定圆锥面底面的中心点：确定圆锥底面的中心点位置。

（2）指定圆锥面底面的半径或［直径（D）］：确定圆锥底面圆半径值。

（3）指定圆锥面顶面的半径或［直径（D）］<0>：确定圆锥上底面的圆形半径值，CAD 系统默认的上底面圆半径值为 0。

（4）指定圆锥面的高度：确定圆锥的高度值。

（5）输入圆锥面曲面的线段数目<16>：确定圆锥的曲面线段数，CAD 系统默认的线段数是 16。

经典实例

绘制如图 9-2-2 所示的图形。

【光盘：源文件\第 09 章\实例 2.dwg】

【实例分析】

利用 3D 命令中的 C 选项来绘制。

【实例效果】

实例效果如图 9-2-2 所示。

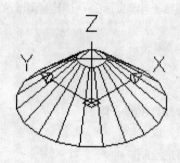

图 9-2-2　圆锥曲面

【实例绘制】

命令: 3d	\\执行三维球坐标系命令

输入选项

[长方体表面(B)/圆锥面(C)/下半球面(DI)/上半球面(DO)/网格(M)/棱锥面(P)/球面(S)/圆环面(T)/楔体表面(W)]: c　　　　　　　　　　　　　　　\\选择选项 C

指定圆锥面底面的中心点：　　　　　　　　\\指定原点

指定圆锥面底面的半径或［直径(D)]: 100　　\\输入底面半径 100

指定圆锥面顶面的半径或［直径(D)] <0>: 20　\\输入顶面半径 20

指定圆锥面的高度: 70　　　　　　　　　　\\输入高度 70

输入圆锥面曲面的线段数目 <16>: 20　　　　\\输入线段数

9.2.3　绘制下半球面

【下半球面】命令是用于创建下半球体的多边形的网格。启动【下半球面】命令的方式有：

新手学 AutoCAD 2008 室内与建筑实例完美手册

命令行：AI_DISH，或在"3D"下面选择 DI。

在命令行中输入"3D"后，系统将会提示如下：

输入选项

输入选项

[长方体表面(B)/圆锥面(C)/下半球面(DI)/上半球面(DO)/网格(M)/棱锥面(P)/球面(S)/圆环面(T)/楔体表面(W)]: \\输入选项

再输入 DI，则启动【下半球面】命令。命令行将会提示：

指定中心点给下半球面：　　　　　　　　　　\\指定任意一点

指定下半球面的半径或 [直径(D)]:　　　　　　\\指定下半球面半径

输入曲面的经线数目给下半球面 <16>: 20　　\\输入曲面的经线数

输入曲面的纬线数目给下半球面 <8>: 10　　　\\输入线段数

其中，各项含义如下：

（1）指定中心点给下半球面：确定上半球面的中心点位置。

（2）指定下半球面的半径或 [直径（D）]：确定半球面的半径值。

（3）输入曲面的经线数目给上半球面<16>：确定半球面的曲面经线数。CAD 系统默认的经线数是 16。

（4）输入曲面的纬线数目给上半球面<8>：确定半球面的曲面的纬线数。CAD 系统默认的纬线数是 8。

经典实例

标注如图 9-2-3 所示的图形。

【光盘：源文件\第 09 章\实例 3.dwg】

【实例分析】

利用 3D 命令中的 DI 选项来绘制。

【实例效果】

实例效果如图 9-2-3 所示。

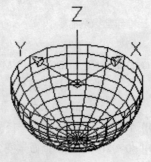

图 9-2-3　下半球面

【实例绘制】

命令: 3d　　　　　　　　　　　　　\\执行三维球坐标系命令

输入选项

[长方体表面(B)/圆锥面(C)/下半球面(DI)/上半球面(DO)/网格(M)/棱锥面(P)/球面(S)/圆环面(T)/楔体表

面(W)]: di　　　　　　　　　　　　　　　\\输入选项 DI

指定中心点给下半球面：　　　　　　　　　\\指定原点

指定下半球面的半径或 [直径(D)]: 80　　　\\输入半径

输入曲面的经线数目给下半球面 <16>: 20　　\\输入经线数

输入曲面的纬线数目给下半球面 <8>: 10　　 \\输入纬线数并回车

9.2.4　绘制上半球面

【上半球面】命令是用于创建上半球体的多边形的网格。启动【上半球面】命令的方式有：
命令行：AI_DOME，或在 "3D" 下选择 DO。

在命令行中输入 "3D" 后，系统将会提示如下：

输入选项

输入选项

[长方体表面(B)/圆锥面(C)/下半球面(DI)/上半球面(DO)/网格(M)/棱锥面(P)/球面(S)/圆环面(T)/楔体表面(W)]: \\输入选项

再输入 DI，则启动【上半球面】命令。命令行将会提示：

指定中心点给上半球面：　　　　　　　　　\\指定任意一点

指定上半球面的半径或 [直径(D)]:　　　　　\\输入半径

输入曲面的经线数目给上半球面 <16>: 20　　\\输入经线数

输入曲面的纬线数目给上半球面 <8>: 10　　 \\输入纬线数

其中，各项含义如下：

（1）指定中心点给上半球面：确定上半球面的中心点位置。

（2）指定上半球面的半径或 [直径（D）]：确定半球面的半径值。

（3）输入曲面的经线数目给上半球面<16>：确定半球面的曲面经线数。CAD 系统默认的经线数是 16。

（4）输入曲面的纬线数目给上半球面<8>：确定半球面的曲面的纬线数。CAD 系统默认的纬线数是 8。

经典实例

绘制如图 9-2-4 所示的图形。

【光盘：源文件\第 09 章\实例 4.dwg】

图 9-2-4　上半球面

新手学 AutoCAD 2008 室内与建筑实例完美手册

【实例分析】

利用 3D 命令中的 DO 选项来绘制。

【实例效果】

实例效果如图 9-2-4 所示。

【实例绘制】

命令: 3d   \\执行三维球坐标系命令

输入选项

[长方体表面(B)/圆锥面(C)/下半球面(DI)/上半球面(DO)/网格(M)/棱锥面(P)/球面(S)/圆环面(T)/楔体表

面(W)]: do   \\选择选项 DO

指定中心点给上半球面: \\指定原点

指定上半球面的半径或 [直径(D)]: 80   \\输入半径

输入曲面的经线数目给下半球面 <16>: 20 \\输入经线数

输入曲面的纬线数目给下半球面 <8>: 10   \\输入纬线数

9.2.5 绘制网格

常见的网格有四种，下面我们将逐一介绍这四种网格的绘制。

1. 二维填充

打开【二维填充】命令的方式有：【绘图(D)】||【 建模(M) 】||【 网格(M) 】||【 二维填充(2)】。

打开后系统将会提示如下：

命令: _solid 指定第一点: \\输入命令并指定第一点

指定第二点: \\前两点定义多边形的一条边。

指定第三点: \\指点第三点

指定第四点或 <退出>: //在"指定第四点"提示下按【Enter】键将提示创建一个填充三角形。指定点

(5) 可以创建一个四边形区域。

后两点构成下一填充区域的第一条边。将重复提示输入第三点和第四点。连续指定第三和第

四点将在单个实体对象中创建更多相连的三角形和四边形。按【Enter】键结束 SOLID 命令。

小知识

  仅当 FILLMODE 系统变量设置为开并且查看方向与二维实体正交时才填充二

维实体。当 FILLMODE 的值为 1 时是开，为 0 时是关。

经典实例

绘制如图 9-2-5 所示的图形。

【光盘：源文件\第 09 章\实例 5.dwg 】

【实例分析】

利用【二维填充】命令来绘制。

【实例效果】

实例效果如图 9-2-5 所示。

【实例绘制】

图 9-2-5　二维填充

命令: _solid 指定第一点:　\\执行二维填充命令并指定第一点

指定第二点:　　　　　　　\\指定第二点

指定第三点:　　　　　　　\\指定第三点

指定第四点或 <退出>:\\指定第四点

指定第三点　　　　　　　\\回车完成设置

2. 三维面

打开【三维面】命令的方式有:【绘图(D)】|【 建模(M) 】|【 网格(M) 】|【 三维面】。

打开三维面后系统会提示:

命令: _3dface 指定第一点或 [不可见(I)]: \\输入命令并指定第一点

指定第二点或 [不可见(I)]:　　　　　　　\\指定第二点

指定第三点或 [不可见(I)] <退出>:　　　　\\指定第三点

指定第四点或 [不可见(I)] <创建三侧面>: \\指定第四点

指定第三点或 [不可见(I)] <退出>:　　　　\\回车

其中，各项的含义如下:

第一点: 定义三维面的起点。在输入第一点后，可按顺时针或逆时针顺序输入其余的点，以创建普通三维面。如果将所有的四个顶点定位在同一平面上，那么将创建一个类似于面域对象的平面。当着色或渲染对象时，该平面将被填充。

不可见: 控制三维面各边的可见性，以便建立有孔对象的正确模型。在边的第一点之前输入 i 或 invisible，可以使该边不可见。不可见属性必须在使用任何对象捕捉模式、XYZ 过滤器或输入边的坐标之前定义。可以创建所有边都不可见的三维面。这样的面是虚幻面，它不显示在线框图中，但在线框图形中会遮挡形体。三维面确实显示在着色的渲染中。

经典实例

绘制如图 9-2-6 所示的图形。

【光盘: 源文件\第 09 章\实例 6.dwg 】

【实例分析】

利用【三维面】命令来绘制。

【实例效果】

实例效果如图 9-2-6 所示。

【实例绘制】

命令: _3dface 指定第一点或 [不可见(I)]:\\执行三维面命令并指定第一点

指定第二点或 [不可见(I)]:　　　　　　　\\指定下一点

新手学 AutoCAD 2008 室内与建筑实例完美手册

指定第三点或 [不可见(I)] <退出>:　　　　　\\指定下一点
指定第四点或 [不可见(I)] <创建三侧面>: \\指定下一点
指定第三点或 [不可见(I)] <退出>:　　　　　\\指定下一点
指定第四点或 [不可见(I)] <创建三侧面>: \\指定下一点
指定第三点或 [不可见(I)] <退出>:　　　　　\\指定下一点
指定第四点或 [不可见(I)] <创建三侧面>: \\指定下一点
指定第三点或 [不可见(I)] <退出>:　　　　　\\回车完成设置

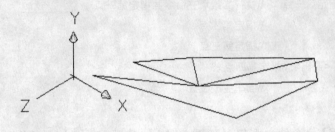

图 9-2-6　三维面

3. 边

打开【边】命令的方式有：【绘图(D)】|【 建模(M) 】|【 网格(M)】|【边】或命令行：edge。
控制选中边的可见性，指定要切换可见性的三维面的边或 [显示(D)]:
按【Enter】键之前将重复提示。

经典实例

绘制如图 9-2-7 所示的图形。
【光盘：源文件\第 09 章\实例 7.dwg】
【实例分析】
利用【边】命令对如图 9-2-8 所示的图形进行处理。
【实例效果】
实例效果如图 9-2-7 所示。

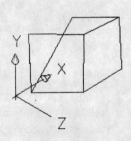

图 9-2-7　实例效果

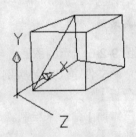

图 9-2-8　处理前效果

【实例绘制】
命令: _edge　　　　　　　　　　　　　　　　\\执行边命令
指定要切换可见性的三维表面的边或 [显示(D)]: \\指定一条边

指定要切换可见性的三维表面的边或 [显示(D)]: \\指定一条边

指定要切换可见性的三维表面的边或 [显示(D)]: \\指定一条边

指定要切换可见性的三维表面的边或 [显示(D)]: \\指定一条边

指定要切换可见性的三维表面的边或 [显示(D)]: \\指定一条边

指定要切换可见性的三维表面的边或 [显示(D)]: \\回车退出边命令

4. 三维网格

【三维网格】命令用于创建自由格式的多边形网格。

打开【三维网格】命令的方式有:【绘图(D)】|【 建模(M) 】|【 网格(M) 】|【三维网格】或命令行: 3dmesh。3dmesh 主要是为程序员而设计的。其他用户应使用 3D 命令。

打开该命令后系统将会提示:

命令: _3dmesh   \\输入命令

输入 M 方向上的网格数量: 10 \\输入网格数量

输入 N 方向上的网格数量: 10 \\输入网格数量

多边形网格由矩阵定义,其大小由 M 和 N 的尺寸值决定。M 乘以 N 等于必须指定的顶点数。指定顶点 (0, 0) 的位置: 输入二维或三维坐标。网格中每个顶点的位置由 M 和 N(即顶点的行下标和列下标)定义。定义顶点首先从顶点 (0,0) 开始。在指定行 M+1 上的顶点之前,必须先提供行 M 上的每个顶点的坐标位置。顶点之间可以是任意距离。网格的 M 和 N 方向由其顶点位置决定。3DMESH 多边形网格在 M 方向和 N 方向上始终处于打开状态。可以使用 PEDIT 闭合网格。

经典实例

绘制如图 9-2-9 所示的图形。

【光盘: 源文件\第 09 章\实例 8.dwg】

【实例分析】

利用【三维网格】命令来绘制。

【实例效果】

实例效果如图 9-2-9 所示。

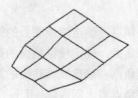

图 9-2-9　三维网格

【实例绘制】

命令: _3dmesh   \\执行三维网格命令

输入 M 方向上的网格数量: 4   \\输入数量

输入 N 方向上的网格数量: 4   \\输入数量

指定顶点 (0, 0) 的位置: \\指定任意一点

指定顶点 (0, 1) 的位置: \\指定下一点

新手学 AutoCAD 2008 室内与建筑实例完美手册

指定顶点 (0, 2) 的位置：   \\指定下一点
指定顶点 (0, 3) 的位置：   \\指定下一点
指定顶点 (1, 0) 的位置：   \\指定下一点
指定顶点 (1, 1) 的位置：   \\指定下一点
指定顶点 (1, 2) 的位置：   \\指定下一点
指定顶点 (1, 3) 的位置：   \\指定下一点
指定顶点 (2, 0) 的位置：   \\指定下一点
指定顶点 (2, 1) 的位置：   \\指定下一点
指定顶点 (2, 2) 的位置：   \\指定下一点
指定顶点 (2, 3) 的位置：   \\指定下一点
指定顶点 (3, 0) 的位置：   \\指定下一点
指定顶点 (3, 1) 的位置：   \\指定下一点
指定顶点 (3, 2) 的位置：   \\指定下一点
指定顶点 (3, 3) 的位置：   \\指定下一点并回车完成三维网格创建

9.2.6 绘制棱锥面

创建一个棱锥面或四面体表面，启动【棱锥面】命令的方式是在命令行输入：AI_PYRAMID，输入后系统将会提示：

输入选项

[长方体表面(B)/圆锥面(C)/下半球面(DI)/上半球面(DO)/网格(M)/棱锥面(P)/球面(S)/圆环面(T)/楔体表面(W)]:\\选择选项

再输入 P 就会打开【棱锥面】命令，系统将会提示：

指定棱锥面底面的第一角点：   \\指定棱锥面底面第一角点
指定棱锥面底面的第二角点：   \\指定棱锥面底面第二角点
指定棱锥面底面的第三角点：   \\指定棱锥面底面第三角点
指定棱锥面底面的第四角点或 [四面体(T)]:   \\指定棱锥面底面第四角点
指定棱锥面的顶点或 [棱(R)/顶面(T)]:   \\指定顶点

其中，各项的含义如下：

（1）指定棱锥面底面的第一角点：确定棱锥底面的第一点位置。

（2）指定棱锥面底面的第二角点：确定棱锥底面的第二点位置。

（3）指定棱锥面底面的第三角点：确定棱锥底面的第三点位置。

（4）指定棱锥面底面的第四角点或 [四面体（T）]：确定棱锥底面的第四点位置。

（5）指定棱锥面的顶点或 [棱（R）/顶面（T）]：确定棱锥的顶点位置或高度。

● 【顶点】：将棱锥面的顶面定义为点。

● 【棱（R）】：将棱锥面的顶面定义为棱。

● 【顶面（T）】：将棱锥的顶面定义为多边形。

经典实例

绘制如图 9-2-10 所示的图形。

【光盘：源文件\第 09 章\实例 9.dwg】

【实例分析】

利用【棱锥面】命令来绘制。

【实例效果】

实例效果如图 9-2-10 所示。

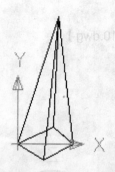

图 9-2-10　棱锥面

【实例绘制】

命令: 3d   \\执行棱锥面命令

输入选项

[长方体表面(B)/圆锥面(C)/下半球面(DI)/上半球面(DO)/网格(M)/棱锥面(P)/球面(S)/圆环面(T)/楔体表面(W)]: p   \\选择选项 P

指定棱锥面底面的第一角点: \\指定棱锥面底面第一角点

指定棱锥面底面的第二角点: \\指定棱锥面底面第二角点

指定棱锥面底面的第三角点: \\指定棱锥面底面第三角点

指定棱锥面底面的第四角点或 [四面体(T)]:   \\指定棱锥面底面第四角点

指定棱锥面的顶点或 [棱(R)/顶面(T)]:   \\指定顶点并回车完成操作

9.2.7　绘制球面

创建球状多边形网格，其打开的方式如下：命令行：AI_SPHERE，或者在 "3D" 下选择 "S"。

在命令行中输入 "3D" 后，系统将会提示：

输入选项

[长方体表面(B)/圆锥面(C)/下半球面(DI)/上半球面(DO)/网格(M)/棱锥面(P)/球面(S)/圆环面(T)/楔体表面(W)]:   \\输入选项

再输入 S，则启动【下半球面】命令。命令行将会提示：

指定中心点给球面: \\指定中心点

指定球面的半径或 [直径(D)]:   \\指定半径

输入曲面的经线数目给球面 <16>: 20   \\输入经线数

输入曲面的纬线数目给球面 <16>: 20   \\输入纬线数

其中，各项的含义如下：

（1）指定中心点给球面：确定球面的球心位置。

（2）指定球面的半径或［直径（D）］：确定球面的半径值。或输入球面的直径命令 D。

（3）输入曲面的经线数目给球面<16>：确定球曲面的经线数。CAD 系统默认经线数为 16。

（4）输入曲面的纬线数目给球面<16>：确定球曲面的纬线数。CAD 系统默认纬线数为 16。

经典实例

绘制如图 9-2-11 所示的图形。

【光盘：源文件\第 09 章\实例 10.dwg】

【实例分析】

利用球面命令来绘制。

【实例效果】

实例效果如图 9-2-11 所示。

图 9-2-11　球面

【实例绘制】

命令：3D   \\执行球面命令

输入选项

[长方体表面(B)/圆锥面(C)/下半球面(DI)/上半球面(DO)/网格(M)/棱锥面(P)/球面(S)/圆环面(T)/楔体表面(W)]: S   \\选择选项 S

指定中心点给球面：   \\指定原点

指定球面的半径或 [直径(D)]:100   \\100

输入曲面的经线数目给球面 <16>: 20   \\输入曲面的经线数

输入曲面的纬线数目给球面 <16>: 20   \\输入曲面的纬线数

9.2.8　绘制圆环面

其打开的方式如下：在命令行输入：**AI_TORUS**，或者在 "3D" 下选择 "T"。

在命令行中输入 "3D" 后，系统将会提示：

输入选项

[长方体表面(B)/圆锥面(C)/下半球面(DI)/上半球面(DO)/网格(M)/棱锥面(P)/球面(S)/圆环面(T)/楔体表面(W)]:   \\选择选项 T

再输入 T，则启动【下半球面】命令。命令行将会提示：

指定圆环面的中心点：   \\指定中心点

指定圆环面的半径或 [直径(D)]:   \\输入圆环半径

指定圆管的半径或 [直径(D)]:　　　　\\输入圆管半径

圆管的直径不能超过圆环面的半径。

指定圆环面的半径或 [直径(D)]: 10　　\\输入圆环面的半径

指定圆管的半径或 [直径(D)]: 5　　　\\输入圆管半径

输入环绕圆管圆周的线段数目 <16>: 20 　\\输入线段数

输入环绕圆环面圆周的线段数目 <16>: 20\\输入线段数

其中，各项含义如下：

（1）指定圆环面的中心点：确定圆环面的中心点位置。

（2）指定圆环面的半径或 [直径（D）]：确定圆环面的半径值。

（3）指定圆管的半径或 [直径（D）]：确定圆环管的半径值。

（4）输入环绕圆管圆周的线段数目<16>：确定圆管圆周的线段数目。CAD 系统默认线段数目是 16。

（5）输入环绕圆环面圆周的线段数目<16>：确定圆环圆周的线段数目。CAD 系统默认线段数目是 16。

经典实例

绘制如图 9-2-12 所示的图形。

【光盘：源文件\第 09 章\实例 11.dwg】

【实例分析】

利用圆环面命令来绘制。

【实例效果】

实例效果如图 9-2-12 所示。

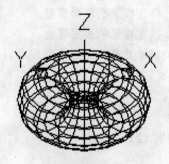

图 9-2-12　圆环面

【实例绘制】

命令: 3d　　　　　　　　　　　\\执行三维命令

输入选项

[长方体表面(B)/圆锥面(C)/下半球面(DI)/上半球面(DO)/网格(M)/棱锥面(P)/球面(S)/圆环面(T)/楔体表面(W)]: t　　　　　　　　\\选择选项 T

指定圆环面的中心点:　　　　　\\指定中心点

指定圆环面的半径或 [直径(D)]:　\\输入圆环半径

指定圆管的半径或 [直径(D)]:　　\\输入圆管半径

圆管的直径不能超过圆环面的半径。

指定圆环面的半径或 [直径(D)]: 10	\\输入圆环面的半径
指定圆管的半径或 [直径(D)]: 5	\\输入圆管半径
输入环绕圆管圆周的线段数目 <16>: 20	\\输入线段数
输入环绕圆环面圆周的线段数目 <16>: 20	\\输入线段数

9.2.9 绘制楔体表面

【楔形表面】命令用于创建三维楔体表面的多边形的网格。其打开的方式如下：命令行：AI_WEDGE，或者在"3D"下选择"W"。

在命令行中输入"3D"后，系统将会提示：

输入选项

[长方体表面(B)/圆锥面(C)/下半球面(DI)/上半球面(DO)/网格(M)/棱锥面(P)/球面(S)/圆环面(T)/楔体表面(W)]: w

再输入 W，则启动【楔体表面】命令。命令行将会提示：

指定角点给楔体表面：	\\指定表面
指定长度给楔体表面：	\\指定长度
指定楔体表面的宽度：	\\输入宽度
指定高度给楔体表面：	\\输入高度
指定楔体表面绕 Z 轴旋转的角度: 0	\\指定旋转角度

其中，各项含义如下：

（1）指定角点给楔体表面：确定楔形的角点位置。

（2）指定长度给楔体表面：确定楔形的表面长度。

（3）指定楔体表面的宽度：确定楔形的表面宽度。

（4）指定高度给楔体表面：确定楔形的表面高度。

（5）指定楔体表面绕 Z 轴旋转的角度：确定楔形表面与 X 轴的夹角。

经典实例

绘制如图 9-2-13 所示的图形。

【光盘：源文件\第 09 章\实例 12.dwg】

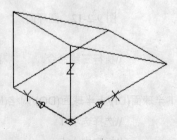

图 9-2-13　楔体

【实例分析】

利用【楔体】命令来绘制。

【实例效果】

实例效果如图 9-2-13 所示。

【实例绘制】

命令：3d　　　　　　　　　　　　　\\执行三维命令

输入选项

[长方体表面(B)/圆锥面(C)/下半球面(DI)/上半球面(DO)/网格(M)/棱锥面(P)/球面(S)/圆环面(T)/楔体表

面(W)]：w　　　　　　　　　　　\\选择选项 W

　　指定角点给楔体表面：　　　　　\\指定表面

　　指定长度给楔体表面：150　　　\\指定长度

　　指定楔体表面的宽度：90　　　　\\输入宽度

　　指定高度给楔体表面：100　　　\\输入高度

　　指定楔体表面绕 Z 轴旋转的角度：0\\指定旋转角度

9.3　绘制旋转曲面

通过将路径曲线或轮廓绕指定的轴旋转创建一个近似于旋转曲面的多边形网格。调用【旋转曲面】命令有以下的方法：

● 命令行：REVSURF

● 菜单：【绘图】|【建模】|【旋转】

启动【旋转曲面】命令 REVSURF 后，命令行上提示中各个选项含义如下：

（1）当前线框密度：SURFTAB1=6　SURFTAB2=6 系统提示当前旋转体的线框密度。

（2）选择要旋转的对象：选择需要旋转的密度对象。该对象必须是一个整体，而不是一个组合体。

（3）选择定义旋转轴的对象：选择旋转轴对象或路径。

（4）指定起点角度<0>：确定旋转的起点角度。

（5）指定包含角（+=逆时针，-=顺时针）<360>：确定旋转所包含的角度值。

经典实例

绘制如图 9-3-1 所示的图形。

【光盘：源文件\第 09 章\实例 13.dwg】

【实例分析】

利用【旋转】命令对如图 9-3-2 所示图形的进行旋转处理。

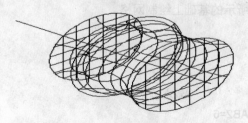

图 9-3-1　旋转后

图 9-3-2　旋转前

【实例效果】

实例效果如图 9-3-1 所示。

【实例绘制】

命令: _revolve   \\执行旋转命令

当前线框密度: ISOLINES=4

选择要旋转的对象: 找到 1 个   \\选择对象

选择要旋转的对象: 找到 1 个，总计 2 个   \\选择对象

选择要旋转的对象: \\回车完成对象选择

指定轴起点或根据以下选项之一定义轴 [对象(O)/X/Y/Z] <对象>: o\\选择选项 O

选择对象: \\选择对象

指定旋转角度或 [起点角度(ST)] <360>:   \\回车完成旋转命令

■9.4 绘制边界网格 ■

创建一个多边网格，此多边网格近似于一个由四条临近边定义的孔斯曲面片网格。孔斯曲面片网格是一个在思辨临界之间插入的双三次曲面。调用【边界网格】的方式是：命令行：EDGESURF 或【绘图】|【建模】|【网格】|【边界网格】

启动【边界网格】命令 EDGESURF 后，命令行上提示中各个选项含义如下：

（1）选择用作曲面边界的对象 1：选择曲面边界线。

（2）选择用作曲面边界的对象 2：选择曲面边界线。

（3）选择用作曲面边界的对象 3：选择曲面边界线。

（4）选择用作曲面边界的对象 4：选择曲面边界线。

所选择的图形邻接边对象可以是直线、圆弧、样条曲线或开放的二维或三维多段线。这些边必须是相交、闭合的空间图形。

绘制如图 9-4-1 所示的图形。

【光盘：源文件\第 09 章\实例 14.dwg】

【实例分析】

利用【边界网格】命令在如图 9-4-2 所示的基础上绘制网格。

【实例效果】

实例效果如图 9-4-1 所示。

【实例绘制】

命令: EDGESURF   \\输入命令

当前线框密度: SURFTAB1=6   SURFTAB2=6

选择用作曲面边界的对象 1:   \\选择边 1

选择用作曲面边界的对象 2:   \\选择边 2

选择用作曲面边界的对象 3:   \\选择边 3

选择用作曲面边界的对象 4:   \\选择边 4 并回车

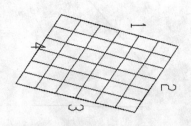

图 9-4-1   实例效果

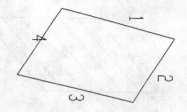

图 9-4-2   边界曲面

9.5 绘制平移网格

【平移网格】命令 TABSURF 是构造一个多边形网格，此网格表示一个由轮廓曲线和方向矢量定义的基本平移网格。启动【平移网格】命令的方法有如下 2 种：

● 菜单：【绘图】|【建模】|【网格】|【平移网格】

● 命令行：TABSURF

启动【平移网格】命令后，系统将会提示：

命令：tabsurf

当前线框密度：SURFTAB1=6

选择用作轮廓线曲成的对象：

选择用作方向矢量的对象：

该命令行上提示中各个选项含义如下：

（1）选择用作轮廓曲线的对象：选择需要平移的图形对象。它可以是直线、圆弧、圆、椭圆、二维或三维多段线。

（2）选择用作方向矢量的对象：选择直线或开放的多段线。

经典实例

绘制如图 9-5-2 所示的图形。

【光盘：源文件\第 09 章\实例 15.dwg】

【实例分析】

利用【平移曲线】命令在如图 9-5-2 所示的基础上绘制图形。

【实例效果】

实例效果如图 9-5-2 所示。

【实例绘制】

命令：   \\执行平移曲面命令

TABSURF

当前线框密度：SURFTAB1=6

新手学 AutoCAD 2008 室内与建筑实例完美手册

选择用作轮廓曲线的对象:　　　　\\选择水平线

选择用作方向矢量的对象:　　　　\\选择斜线

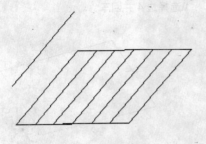

图 9-5-1　实例效果

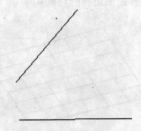

图 9-5-2　平移曲面

9.6　绘制直纹曲面

【直纹曲面】命令 RULESURF 在两条曲线之间构造一个表示直纹曲面的多边形网格。启动【直纹曲面】命令的方法有如下 2 种:

● 菜单:【绘图】|【建模】|【网格】|【直纹网格】
● 命令行:RULESURF

启动【直纹曲面】命令后,系统将会提示:

命令: _rulesurf

当前线框密度: SURFTAB1=6

选择第一条定义曲线:

选择第二条定义曲线:

其中,各项含义如下:

(1)选择第一条定义曲线:选择用于确定曲面的边线。

(2)选择第二条定义曲线:选择用于确定曲面的另一边线。

经典实例

绘制如图 9-6-2 所示的图形。

【光盘】:源文件\第 09 章\实例 16.dwg】

【实例分析】

利用【多边网格】命令来绘制。

【实例效果】

实例效果如图 9-6-2 所示。

【实例绘制】

命令: _rulesurf　　　　　　　　　　\\执行直纹曲面命令

当前线框密度: SURFTAB1=6

选择第一条定义曲线:　　　　　　　　\\单击一条线

选择第二条定义曲线:　　　　　　　　\\单击另一条线

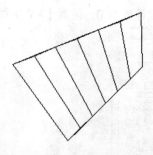

图 9-6-1　实例效果

图 9-6-2　直纹曲面

■ 9.7　设置视点 ■

利用 AutoCAD 2008 的三维建模功能，用户可以很方便地创建出各种基本的建筑曲面和实体，但是实体和模型创建出来以后，如何确定它的正确性呢？在进行建筑二维绘图时，只有一个方向就是 x 平面，比较容易观察，而三维对象则要从不同的观察方向才能确定其正确性，这时就要用到三维视图。

9.7.1　VPOINT 视点

启动视点命令 VPOINT 后，命令行将提示："指定视点与 [旋转（R ）] <显示坐标球和三轴架>:"。其中各选项的含义如下：

- 视点：在绘图区内确定一点作为视点方向。
- 旋转（R ）：以指定的角度进行旋转视点方向。
- 显示坐标球和三轴架：根据显示出的坐标球和三轴架确定视点，如图 9-7-1 所示。

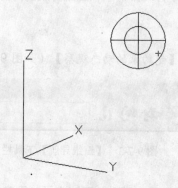

图 9-7-1　显示的坐标球和三轴架

9.7.2　设置视点

视点设置是在【视点预置】对话框（如图 9-7-2 所示）里设置的，【设点预置】对话框的打开有两种方式：

- 命令行：DDVPOINT
- 【视图】|【三维视图】|【视点预置】

新手学 AutoCAD 2008 室内与建筑实例完美手册

在【视点预置】对话框里设置【X 轴】文本框角度设置为 0、设置【XY 平面】文本框角度设置为 90，如图 9-7-2 所示。设置完成后，单击 确定 按钮，

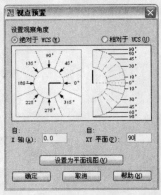

图 9-7-2 【视点预置】对话框

在【视点预置】对话框中，其中各项的含义如下：

（1）【绝对于 WCS】单选项：相对于 WCS 设置查看方向。

（2）【相对于 UCS】单选项：相对于当前 UCS 设置查看方向。

（3）【自】选项：指定查看角度。

（4）【X 轴】文本框：指定与 X 轴的角度。

（5）【XY 平面】文本框：指定与 XY 平面的角度。

（6） 设置为平面视图(V) 按钮：用于设置对应的平面视图，单击该按钮后，将视点设置成初始值情况。

9.7.3 三维导航

要想全面地观察模型，离不开三维导航，三维导航的打开方式有以下几种：

● 工具栏：三维导航

● 命令：3DORBIT

● 面板：【三维导航】|【受约束的动态观察】（如图 9-7-3 所示）

图 9-7-3 【三维导航】工具栏

其中，各项的含义如下：

（1）三维平移：沿拖动的方向移动。可以水平、垂直或对角拖动视图。3DPAN 将光标更改为手形光标。可以查看整个图形，也可以在输入 3DPAN 之前选择对象。

（2）三维缩放：滚动鼠标滚轮来进行缩放。把如图 9-7-4 所示的图形缩放成如图 9-7-5 所示的图形。在平行视图中，3DZOOM 将显示以下提示：按 Esc 键或 Enter 键退出，或者单击鼠标右键显示快捷菜单。在透视视图中进行缩放来模拟将相机靠近对象或远离对象。对象看上去更加靠近或远离相机，但相机的位置不变。输入选项 [全部(A)/范围(E)/窗口(W)/上一个(P)] <实时>：

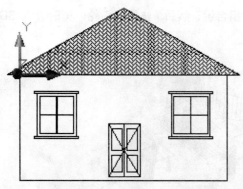

图 9-7-4　实例效果　　　　　　　　　　　图 9-7-5　缩小后

- 【全部】缩放以显示整个图形。
- 【范围】缩放以显示图形范围，并尽最大可能显示所有对象。
- 【窗口】缩放以显示由矩形窗口的两个点指定的区域。
- 【上一个】缩放以显示上一个视图。
- 【实时】使用定点设备，进行交互式缩放。

（3）受约束的动态观察：按 Shift 键并单击鼠标滚轮可临时进入【三维动态观察】模式。在其弹出菜单中包括受约束的动态观测、连续动态观测、自由动态观测三种，如图 9-7-6 所示。

受约束的动态观测：也可以按如下的方式打开：启动任意三维导航命令，在绘图区域中单击鼠标右键，然后依次单击【其他导航模式】→【受约束的动态观察】。

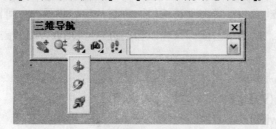

图 9-7-6　【受约束动态观测】弹出菜单

（4）连续动态观察：可以连续地从各个角度进行观测图形。其打开的方式有以下五种：

- 工具栏：三维导航
- 菜单：【视图(V)】|【动态观察(B)】|【连续动态观察(O)】
- 快捷菜单：启动任意三维导航命令，在绘图区域中单击鼠标右键，然后依次单击【其他导航模式】→【连续动态观察】。
- 命令条目：3DCORBIT
- 面板：【三维导航】面板，【受约束的动态观察】面板

启动命令之前，可以查看整个图形，或者选择一个或多个对象。在绘图区域中单击并沿任意方向拖动定点设备，来使对象沿正在拖动的方向开始移动。释放定点设备上的按钮，对象在指定的方向上继续进行它们的轨迹运动。为光标移动设置的速度决定了对象的旋转速度。

可通过再次单击并拖动来改变连续动态观察的方向。在绘图区域中单击鼠标右键并从快捷菜单中选择选项，也可以修改连续动态观察的显示。例如，可以选择【形象化辅助工具】→【栅格】来向视图中添加栅格，而不退出【连续动态观察】。

新手学 AutoCAD 2008 室内与建筑实例完美手册

（5）自由动态观察：按住【Shift+Ctrl】组合键，然后单击鼠标滚轮以暂时进入 3DFORBIT 模式，如图 9-7-7 所示。

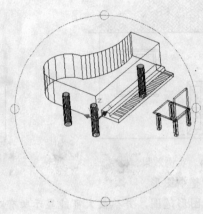

图 9-7-7　自由动态观察

- 工具栏：三维导航
- 菜单：【视图(V)】|【动态观察(B)】|【自由动态观察(F)】
- 快捷菜单：启动任意三维导航命令，在绘图区域中单击鼠标右键，然后依次单击【其他导航模式】→【自由动态观察】。
- 命令条目：3DFORBIT
- 面板：【三维导航】面板，【受约束的动态观察】面板

（6）回旋：在拖动方向上模拟平移相机。查看的目标将更改。可以沿 XY 平面或 Z 轴回旋视图。按住【Ctrl】键，然后单击鼠标滚轮以暂时进入 3DSWIVEL 模式。其打开的方式有以下几种：

- 工具栏：三维导航
- 菜单：【视图(V)】|【相机(C)】|【回旋(S)】
- 命令行：3dswivel
- 快捷菜单：启动任意三维导航命令，在绘图区域中单击鼠标右键，然后依次单击【其他导航模式】→【回旋】。
- 面板：【三维导航】面板，【回旋】弹出

（7）调整视距：启用交互式三维视图并使对象看起来更近或更远。3DDISTANCE 将光标更改为具有上箭头和下箭头的直线。单击并向屏幕顶部垂直拖动光标使相机靠近对象，从而使对象显示得更大。单击并向屏幕底部垂直拖动光标使相机远离对象，从而使对象显示得更小。

其打开方式有以下几种：

- 工具栏：三维导航
- 菜单：【视图(V)】|【相机(C)】|【调整视距(A)】
- 快捷菜单：启动任意三维导航命令，在绘图区域中单击鼠标右键，然后依次单击【其他导航模式】【调整视距】。
- 命令：3ddistance

（8）漫游：交互式更改三维图形的视图，使用户就像在模型中漫游一样。漫游的打开方式有以下几种：

● 工具栏：三维导航 ![icon]

● 菜单：【视图】|【漫游和飞行】

● 快捷菜单：启动任意三维导航命令，在绘图区域中单击鼠标右键，然后依次单击【其他导航模式】→【漫游】。

● 命令条目：3dwalk

● 面板：【三维导航】面板，【漫游】弹出

3DWALK 在当前视口中激活漫游模式。在键盘上，使用4个箭头键或 W（前）、A（左）、S（后）和 D（右）键和鼠标来确定漫游的方向。要指定视图的方向，请沿要进行观察的方向拖动鼠标。当当前不是在透明的视图下，系统将会提示弹出如图 9-7-8 所示的对话框。单击【确定】按钮后，系统将会弹出如图 9-7-9 所示的【漫游和飞行导航映射】对话框。

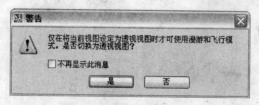

图 9-7-8　警告

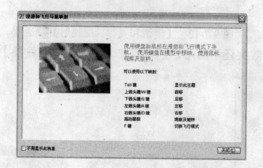

图 9-7-9　【漫游和飞行导航映射】对话框

在透视视图的窗口下，打开漫游，则会显示如图 9-7-10 所示的定位器。漫游下的图形效果如图 9-7-11 所示。

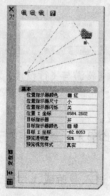

图 9-7-10　定位器

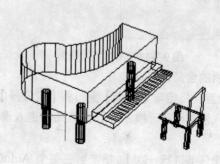

图 9-7-11　漫游下的图形

（9）飞行：交互式更改三维图形的视图，使用户就像在模型中飞行一样，飞行的打开方式有以下几种：

新手学 AutoCAD 2008 室内与建筑实例完美手册

- 工具栏：三维导航
- 菜单：【视图】|【漫游和飞行】|【飞行】
- 快捷菜单:启动任意三维导航命令，在绘图区域中单击鼠标右键，然后依次单击【其他导航模式】→【飞行】。
- 命令条目：3dfly
- 面板：【三维导航】面板

3DFLY 在当前视口中激活飞行模式。可以离开 XY 平面，就像在模型中飞越或环绕模型飞行一样。在键盘上，使用 4 个箭头键或 W（前）、A（左）、S（后）、D（右）键和鼠标来确定飞行的方向，如图 9-7-12 所示。默认情况下，【定位器】窗口将打开并以俯视图形式显示用户在图形中的位置，如图 9-7-13 所示。

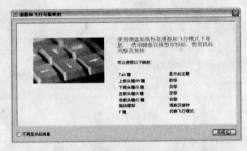

图 9-7-12 【漫游和飞行导航映射】对话框

如果对目前的飞行效果还不满意，则可以在【漫游与飞行设置】对话框中进行设置，如图 9-7-14 所示。

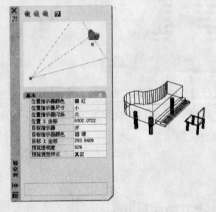

图 9-7-13 飞行下的图形

图 9-7-14 【漫游与飞行设置】对话框

其中，各项的含义如下：

1）设置：指定与【指令】窗口和【定位器】窗口相关的设置。

【进入漫游和飞行模式时】：指定每次进入漫游或飞行模式时均显示【漫游和飞行导航映射】对话框。

【每个任务进行一次】：指定当在每个 AutoCAD 任务中首次进入漫游或飞行模式时，显示【漫游和飞行导航映射】对话框。

【从不】：指定从不显示【漫游和飞行导航映射】对话框。

【显示定位器窗口】：指定进入漫游模式时是否打开定位器窗口。

2）当前图形设置：指定与当前图形有关的漫游和飞行模式设置。

【漫游/飞行步长】：按图形单位指定每步的大小。

【每秒步数】：指定每秒发生的步数。

■9.8 相 机■

通过在模型空间中放置相机和根据需要调整相机设置来定义三维视图。可以在图形中打开或关闭相机并使用夹点来编辑相机的位置、目标或焦距。可以通过位置 XYZ 坐标、目标 XYZ 坐标和视野/焦距（用于确定倍率或缩放比例）定义相机。还可以定义剪裁平面，以建立关联视图的前后边界。

相机的打开方式有以下几种：

● 工具栏：视图📷

● 命令条目：camera

打开相机后命令行将会提示：

命令：_camera   \\输入命令

当前相机设置：高度=0 镜头长度=50 毫米

指定相机位置：   \\定义相机位置

指定目标位置：   \\定义目标

输入选项 [?/名称(N)/位置(LO)/高度(H)/目标(T)/镜头(LE)/剪裁(C)/视图(V)/退出(X)] <退出>: H

           \\选择选项

指定相机高度 <0>: 10   \\定义高度

其中，各项含义如下：

【?—列出相机】：显示当前已定义相机的列表。输入要列出的相机名称 <*>: 输入名称列表或按【Enter】键列出所有相机。

【名称】：给相机命名。输入新相机的名称 <Camera1>:

【位置】：指定相机的位置。指定相机位置 <当前>:

【高度】：更改相机高度。指定相机高度 <当前>:

【目标】：指定相机的目标。指定相机目标 <当前>:

【镜头】：更改相机的焦距。指定焦距 (以毫米为单位) <当前>:

【剪裁】：定义前后剪裁平面并设置它们的值。是否启用前向剪裁平面？[是(Y)/否(N)] <否>: 指定"是"启用前向剪裁。指定从目标平面的前向剪裁平面偏移 <当前>: 输入距离。是否启用后向剪裁平面？ [是(Y)/否(N)] <否>: 指定"是"启用后向剪裁。指定从目标平面的后向剪裁平面偏移 <当前>: 输入距离

【视图】：设置当前视图以匹配相机设置。是否切换到相机视图？[是(Y)/否(N)] <否>:

【退出】：取消该命令。

创建一个如图 9-8-1 所示的相机。

单击【特性】按钮，如图 9-8-2 所示，可以修改相机焦距、更改其前向和后向剪裁平面、命名相机以及打开或关闭图形中所有相机的显示。

新手学 AutoCAD 2008 室内与建筑实例完美手册

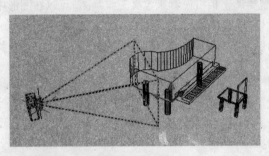

图 9-8-1　相机

图 9-8-2　【特性】对话框

　　当打开相机时会弹出一个如图 **9-8-3** 所示的【相机预览】对话框，当编辑相机时该对话框会显示相机的视图。可以在其视图样式里选择视图效果，如图 **9-8-4** 所示。

图 9-8-3　【相机预览】对话框

图 9-8-4　【视图样式】对话框

　　可以通过多种方式更改相机设置：

　　（1）单击并拖动夹点以调整焦距或视野的大小，或对其重新定位。如图 **9-8-5** 所示。

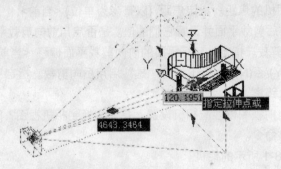

图 9-8-5　用夹点更改相机设置

　　（2）在【相机特性】选项板中修改相机特性，如图 **9-8-6** 所示。

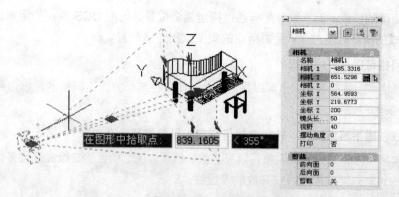

图 9-8-6　用【相机特性】修改相机特性

当我们编辑图形时，有时是不希望相机的暂时显示，为此我们可以控制相机的显示与否，以方便我们的制图。在【视图】|【显示】|【相机】里可以控制相机的显示。在【工具】|【选项】|【草图】里可以控制相机的轮廓的设置。这在第2章中已经介绍过，就不必再赘述。

可以通过将相机及其目标链接到点或路径来控制相机运动，从而控制动画，在【视图】|【运动路径动画】里可以设置，如图 9-8-7 所示。要使用运动路径创建动画，可以将相机及其目标链接到某个点或某条路径。如果要相机保持原样，请将其链接到某个点；如果要相机沿路径运动，请将其链接到某条路径。

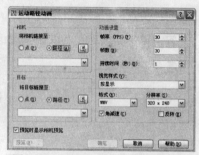

图 9-8-7　【运动路径动画】对话框

如果要目标保持原样，请将其链接到某个点；如果要目标移动，请将其链接到某条路径。无法将相机和目标链接到一个点。如果要使动画视图与相机路径一致，请使用同一路径。在【运动路径动画】对话框中，将目标路径设置为【无】可以实现该目的。这是默认设置。

> 小知识
>
> 要将相机或目标链接到某条路径，必须在创建运动路径动画之前创建路径对象。路径可以是直线、圆弧、椭圆弧、圆、多段线、三维多段线或样条曲线。

本章总结

本章我们介绍了三维建模基础，包括各种坐标的建立，创建常见的三维表面的方法，以及对曲面的编辑，还介绍了视点的设置，最后介绍了相机的创建以及其使用的方法。

有问必答

问：柱坐标与球坐标有什么区别？

答：三维柱坐标通过 XY 平面中与 UCS 原点之间的距离、XY 平面中与 X 轴的角度以及 Z

值来描述精确的位置，而三维球坐标通过指定某个位置距当前 UCS 原点的距离、在 XY 平面中与 X 轴所成的角度以及与 XY 平面所成的角度来指定该位置。

问：网格可以是开放的吗？

答：网格可以是开放的，也可以是闭合的，如果在某个方向上网格的起始边和终止边没有接触，则网格是开放的。

问：在创建平移曲面时，轮廓曲线与方向矢量各能取什么对象？

答：选择用作轮廓曲线的对象可以是直线、圆弧、圆、椭圆、二维或三维多段线。选择用作方向矢量的对象只能选择直线或开放的多段线。

问：自由动态观察命令处于活动状态时，可以编辑对象吗？处于三维动态观察模式时，可以通过什么方式来暂时进入三维自由动态观察模式。

答：自由动态观察命令处于活动状态时，无法编辑对象。处于三维动态观察模式中时，可以通过按住【Shift】键来暂时进入三维自由动态观察模式。

问：夹点能怎样编辑相机？

答：单击并拖动夹点以调整焦距或视野的大小，或对相机重新定位。

Study

Chapter 10

编辑建筑三维实体

学习导航

在二维绘图中，AutoCAD 2008 提供了复制、偏移、圆角和打断等诸多的编辑方式，在三维建模中，AutoCAD 也提供了圆角、倒角、切割等创造来编辑和修改建筑模型的外观，此外还可以编辑实体模型的面和边，将实体的面或边作为体、面域、直线、圆弧等样条曲线对象来改变颜色或进行复制等。一般我们将复杂的建筑模型看成简单建筑模型的多重组合。

本章要点

- 编辑三维实体的面
- 编辑三维实体
- 布尔运算

10.1 编辑三维实体

实体对象表示整修对象的体积。在各类三维建模中，实体的信息最完整，歧义最少，复杂实体形比线框和网格更容易构造和编辑。接下来将主要介绍三维实体功能命令的运用操作。

10.1.1 绘制长方体

长方体 BOX 命令用于创建三维长方或立方实体。启动长方体命令的方法有如下 3 种：

● 菜单：【绘图】|【建模】|【长方体】
● "三维建模"面板：
● 命令行：BOX

启动长方体命令后，系统将会提示：

命令: _box	\\执行长方体命令
指定第一个角点或 [中心(C)]:	\\指定第一点
指定其他角点或 [立方体(C)/长度(L)]:	\\指定其他的角点
指定高度或 [两点(2P)]:	\\指定高度

其中，各项的含义如下：

（1）立方体（C）：用该项创建立方体。

（2）长度（L）：用该项创建长方体，创建时先输入长方体底面 X 方向的长度，然后继续输入长方体 Y 方向的宽度，最后输入正方体的高度值。

经典实例

绘制如图 10-1-1 所示的长方体。

【光盘：源文件\第 10 章\实例 1.dwg】

【实例分析】

本例是绘制一个长方体，使用长方体 BOX 命令。

【实例效果】

实例效果如图 10-1-1 所示。

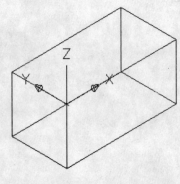

图 10-1-1　长方体

【实例绘制】

命令: _box	\\执行长方体命令
指定第一个角点或 [中心(C)]:	\\在绘图区任意指定一点
指定其他角点或 [立方体(C)/长度(L)]: l	\\输入 l
指定长度: 100	\\输入长方体的长度 100
指定宽度: 50	\\输入长方体的宽度 50
指定高度或 [两点(2P)] <2362.8965>: 50	\\输入长方体的高度 50

10.1.2　绘制楔体

楔体 WEDGE 命令用于绘制实心楔形体，常用来绘制垫块、装饰品等。启动楔体命令的方法有如下 3 种：

● 下拉菜单：【绘图】|【实体楔体】
● "三维建模"面板：
● 命令行：WEDGE（WE）

启动楔体命令后系统将会提示：

命令: _wedge	\\执行楔体命令
指定第一个角点或 [中心(C)]:	\\指定第一角点
指定其他角点或 [立方体(C)/长度(L)]:	\\选择角点或 l 或 c
指定高度或 [两点(2P)] <-50.0000>:	\\输入高度

其中，各项的含义如下：

（1）指定楔体的第一个角点：输入底面第一角点坐标。

（2）中心点（CE）：输入楔形体底面中心坐标。按下回车键后，命令行继续提示"指定角点或 [立方体（C）/长度（L）]"。各项含义如下：

● 指定角点：直接输入底面四边形对角线顶点的坐标，从而确定底面四边形的形状。
● 立方体（C）：选择该项可以绘制正楔形实体。
● 长度（L）：选择该项，则需要输入楔形体底面四边形 X 方向的长度。

经典实例

绘制如图 10-1-2 所示的图形。

【光盘：源文件\第 10 章\实例 2.dwg】

【实例分析】

本实例绘制的是一个楔体，使用楔体 WEDGE 命令。

【实例效果】

实例效果如图 10-1-2 所示。

【实例绘制】

命令: _wedge	\\启动楔体命令
指定第一个角点或 [中心(C)]:	\\指定绘图区任意一点
指定其他角点或 [立方体(C)/长度(L)]: 100	\\输入底面的长度
指定高度或 [两点(2P)] <60.3312>: 60	\\输入楔体的高度

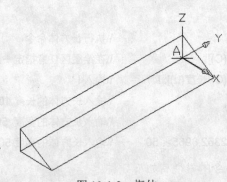

图 10-1-2　楔体

10.1.3　绘制球体

球体 SPHERE 命令用于绘制实心球体。用户可以用此命令绘制球形门把手、球形建筑主体、轴承的钢珠等。启动球体命令的方法有如下 3 种：

● 菜单：【绘图】|【实体】|【球体】
● "三维建模"面板：
● 命令行：SPHERE

启动该命令后，命令行的提示如下：

命令: _sphere   \\执行球体命令

指定中心点或 [三点(3P)/两点(2P)/相切、相切、半径(T)]:　　　　　　　　\\选择方式

指定半径或 [直径(D)]:　　　　　　　　　　　　　　　　　　　　\\输入半径或直径

其中，各项含义如下：

（1）指定球体球心<0,0,0>：确定球体的球心位置坐标。

（2）指定球体半径或［直径（D）］：确定球体的半径值。

经典实例

绘制如图 10-1-3 所示的图形。

【光盘：源文件\第 10 章\实例 3.dwg】

【实例分析】

本实例绘制的是一个球体，使用球体 SPHERE 命令用于绘制实心球体。

【实例效果】

实例效果如图 10-1-3 所示。

图 10-1-3　球体

【实例绘制】

命令: _sphere　　　　　　　　　　　　　　　　　　　\\启动球体命令

指定中心点或 [三点(3P)/两点(2P)/相切、相切、半径(T)]:　　\\指定绘图区上任意一点

指定半径或 [直径(D)] <76.0274>: 50　　　　　　　　\\指定球体半径

10.1.4　绘制圆柱体

圆柱体 CYLINDER 命令用于绘制实心圆柱体。用户可以用此命令创建房屋的基柱、旗杆等柱状物体。启动圆柱体命令的方法有如下 3 种：

- 菜单：【绘图】|【实体】|【圆柱体】
- "三维建模"面板：▢
- 命令行：CYLINDER

启动圆柱体命令后，命令行上的提示含义如下：

（1）当前线框密度 ISOLINES=4：系统提示当前系统的圆柱体线框密度。

（2）指定圆柱体底面的中心点或 [椭圆（E）] <0,0,0>：确定圆柱体底面的圆心位置。若输入椭圆选项命令 E 时，命令行上提示如下：

- 指定圆柱体底面椭圆的轴端点或 [中心点（C）]：确定椭圆的轴端点。
- 指定圆柱体底面椭圆的第二个轴端点：确定椭圆轴的另一端点。
- 指定圆柱体底面的另一个轴的长度：确定椭圆的另一条轴的长度。
- 指定圆柱体高度或 [另一个圆心（C）]：确定椭圆的高度值。

（3）指定圆柱体底面的半径或 [直径（D）]：确定圆柱体底面半径值。

（4）指定圆柱体高度或 [另一个圆心（C）]：确定圆柱体高度值。

经典实例

绘制如图 10-1-4 所示的图形。

【光盘：源文件\第 10 章\实例 4.dwg 】

【实例分析】

本实例绘制的是一个球体，使用圆柱体 CYLINDER 命令用于绘制实心圆柱体。

【实例效果】

实例效果如图 10-1-4 所示。

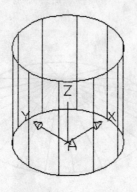

图 10-1-4　圆柱体

新手学 AutoCAD 2008 室内与建筑实例完美手册

【实例绘制】

命令: _cylinder   \\启动圆柱体命令
指定底面的中心点或 [三点(3P)/两点(2P)/相切、相切、半径(T)/椭圆(E)]:\\指定绘图区上任意一点
指定底面半径或 [直径(D)] <50.0000>: 100   \\输入底面半径
指定高度或 [两点(2P)/轴端点(A)] <-60.0000>: 200   \\输入圆柱体的高度

10.1.5　绘制圆锥体

圆锥体 CONE 命令用于绘制实心圆锥形体，用户可以用此命令绘制圆锥形屋顶、锥形零件、装饰品等。启动圆锥体命令的方法有如下 3 种：

● 菜单：【绘图】|【实体】|【圆锥体】
● "三维建模"面板：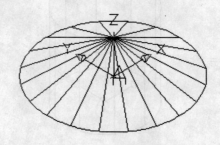
● 命令行：CONE

启动该命令后，命令行上的提示如下：

命令: _cone   \\执行圆锥体命令
指定底面的中心点或 [三点(3P)/两点(2P)/相切、相切、半径(T)/椭圆(E)]:\\指定绘图区上的任意一点
指定底面半径或 [直径(D)] <100.0000>:   \\输入底面半径 100
指定高度或 [两点(2P)/轴端点(A)/顶面半径(T)] <-200.0000>:   \\输入圆锥体的高度

其中，各项含义如下：

（1）当前线框密度：ISOLINES=4 系统提示当前线框密度值。

（2）指定圆锥体底面的中心点或［椭圆（E）］<0,0,0>：确定圆锥体的底面中心点的位置。若用户输入椭圆选项命令 E，其操作与上面圆柱的命令操作相似。

（3）指定圆锥体底面的半径或［直径（D）］：确定圆锥体和底面圆的半径值。

（4）指定圆锥体高度或［顶点（A）］：确定圆锥体的高度值。

经典实例

绘制如图 10-1-5 所示的图形。

【光盘：源文件\第 10 章\实例 5.dwg】

【实例分析】

本实例绘制的是一个圆锥体，圆锥体 CONE 命令用于绘制实心圆锥形体。

【实例效果】

实例效果如图 10-1-5 所示。

图 10-1-5　圆锥体

【实例绘制】

命令: _cone   \\执行圆锥体命令

指定底面的中心点或 [三点(3P)/两点(2P)/相切、相切、半径(T)/椭圆(E)]:\\指定绘图区上任意一点

指定底面半径或 [直径(D)] <142.9076>: 100   \\输入底面半径 100

指定高度或 [两点(2P)/轴端点(A)/顶面半径(T)] <271.9359>: 50   \\输入圆锥体高度

10.1.6　绘制圆环体

圆环体 TORUS 命令用于绘制实心圆环体，用户可以用该命令绘制铁环、手镯、环形装饰品等实体。启动圆环体命令的方法有如下 3 种：

- 菜单：【绘图】|【实体】|【圆环体】
- "三维建模"面板：
- 命令行：TORUS（TOR）

启动该命令后，命令行的提示如下：

命令: _torus   \\执行圆环体命令

指定中心点或 [三点(3P)/两点(2P)/相切、相切、半径(T)]:\\选择绘图方式

指定半径或 [直径(D)] <100.0000>:   \\输入圆环体的尺寸

指定圆管半径或 [两点(2P)/直径(D)]:   \\输入圆管的半径

其中，各项含义如下：

（1）当前线框密度：ISOLINES=4：CAD 系统自动提示当前线框密度值。

（2）指定圆环体中心<0,0,0>：确定圆环体的中心位置。

（3）指定圆环体半径或 [直径（D）]：确定圆环体的半径大小值。

（4）指定圆管半径或 [直径（D）]：确定圆环体的圆环管半径值。

> **注意**
>
> 输入圆环体的半径一定要大于圆管的半径。

经典实例

绘制如图 10-1-6 所示的图形。

【光盘：源文件\第 10 章\实例 6.dwg】

【实例分析】

本实例绘制的是一个圆环体，圆环体 TORUS 命令用于绘制实心圆环体。

【实例效果】

实例效果如图 10-1-6 所示。

【实例绘制】

命令: _torus   \\执行圆环体命令

指定中心点或 [三点(3P)/两点(2P)/相切、相切、半径(T)]:   \\指定绘图区上任意一点

指定半径或 [直径(D)] <50.7206>: 100   \\ 输入圆环体的半径

指定圆管半径或 [两点(2P)/直径(D)] <34.7027>: 50   \\输入圆管的半径

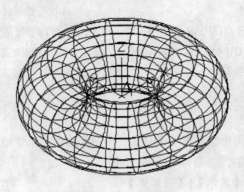

图 10-1-6   圆环体

10.2   布尔运算

三维实体的编辑中，除了阵列、镜像等以外，还可以使用布尔运算来进行组合建模。布尔运算主要包括并集、差集和交集 3 种逻辑运算方式。

10.2.1   并集运算

并集运算是指多个实体组合成的一个实体，所构成的组合实体包括所有选定的实体所封闭的空间。使用 UNION 命令，可以合并两个或多个实体，构成一个对象。

调用并集命令的方式有以下三种：

● 菜单：【修改】|【实体编辑】|【并集】
● "三维建模"面板： ⬤
● 命令行：UNION（UNI）

启动并集运算命令后，命令行将出现"选择对象:"的提示，要求用户选择需要并集运算的实体对象。

经典实例

绘制如图 10-2-1 所示的图形。
【光盘：源文件\第 10 章\实例 7.dwg 】
【实例分析】
本实例绘制的是将如图 10-2-2 所示的两个实体并集后所形成的图形，使用并集 UNION 命令用于绘制这样的图形。
【实例效果】
实例效果如图 10-2-1 所示。
【实例绘制】
命令：_union   \\执行并集命令
选择对象: 找到 1 个   \\ 选择长方体

选择对象: 找到 1 个, 总计 2 个　　　　\\选择圆柱体

选择对象:　　　　　　　　　　　　　　\\按【Enter】键

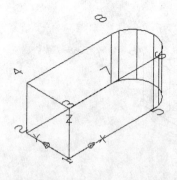

图 10-2-1　并集效果

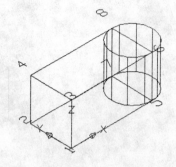

图 10-2-2　并集前

10.2.2　差集运算

差集运算命令 SUBTRACT 可以从三维实体或面域中减去一个或多个实体或面域, 从而得到一个新的实体或面域。在建筑制图中常用差集运算 SUBTRACT 命令在实体或面域上进行钻孔、开槽等处理。启动差集运算命令的方法有如下 3 种:

● 菜单:【修改】|【实体编辑】|【差集】

● "三维建模"面板: ◎◎

● 命令行: SUBTRACT (SU)

启动并集运算命令后, 命令行上的提示:

命令: _subtract 选择要从中减去的实体或面域...　　\\执行差集命令

选择对象: 找到 1 个　　　　　　　　　　　　　　\\选择一个实体

选择对象:　　　　　　　　　　　　　　　　　　\\回车完成对象选择

选择要减去的实体或面域 ..　　　　　　　　　　\\提示

选择对象: 找到 1 个　　　　　　　　　　　　　　\\选择要减去的对象

选择对象:　　　　　　　　　　　　　　　　　　\\回车

其中, 各项的含义如下:

（1）选择要从中减去的实体或面域…: 在系统提示下选择从中减去的实体对象。

（2）选择对象: 选择实体对象。

（3）选择要减去的实体或面域…: 在系统提示下选择需要减去的实体对象。

（4）选择对象: 选择实体对象。

经典实例

绘制如图 10-2-3 所示的图形。

【光盘: 源文件\第 10 章\实例 8.dwg 】

【实例分析】

本实例绘制的是将两个实体差集后所形成的图形, 使用差集 SUBTRACT 命令用于绘制这样的图形。

新手学 AutoCAD 2008 室内与建筑实例完美手册

【实例效果】

实例效果如图 **10-2-3** 所示。

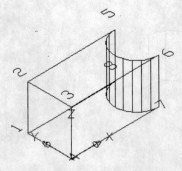

图 10-2-3 差集运算

【实例绘制】

命令: _subtract 选择要从中减去的实体或面域... \\执行差集命令

选择对象: 找到 1 个 \\选择长方体

选择对象: \\回车完成对象选择

选择要减去的实体或面域 .. \\提示

选择对象: 找到 1 个 \\选择圆柱体

选择对象: \\按【Enter】键

10.2.3 交集运算

交集运算命令 INTERSECT 可确定多个面域或实体之间的公共部分，计算并生成相交部分形体，而每个面域或实体的非公共部分将被删除。启动交集运算命令的方法有如下 **3** 种：

● 菜单：【修改】|【实体编辑】|【交集】

● "三维建模"面板：⚭

● 命令行：INTERSECT（IN）

启动交集运算命令后，其命令行上的提示与并集运算的提示一样。

经典实例

绘制如图 **10-2-4** 所示的图形。

【光盘：源文件\第 10 章\实例 9.dwg】

【实例分析】

本实例绘制的是将如图 **10-2-5** 所示的两个实体交集后所形成的图形，使用交集运算命令 INTERSECT 用于绘制这样的图形。

【实例效果】

实例效果如图 **10-2-4** 所示。

【实例绘制】

命令: _intersect \\执行交集命令

选择对象: 找到 1 个 \\选择长方体

选择对象: 找到 1 个，总计 2 个 \\选择圆柱体

选择对象：　　　　　　　　　　\\ 按【Enter】键

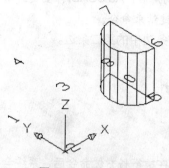

图 10-2-4　交集效果

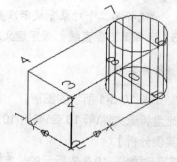

图 10-2-5　交集前

10.3　编辑三维实体

在编辑三维建筑实体时，为选定的建筑实体相邻面加倒角和圆角、抛圆等比较基本的功能，下面就分别介绍一下这些功能的使用方法。

10.3.1　修倒角

使用 CHAMFER 命令可以为选定的三维建筑实体的相邻面加倒角，从而在两相邻的面间生成一个平坦的过渡面。调用的方式有以下 3 种方式：

● 菜单：【修改】|【倒角】
● 二维绘图面板： ▱
● 命令行：CHAMFER

启动该命令后，系统将会提示：

命令：_chamfer　　　　　　　　　　　　　\\执行倒角命令

（"修剪"模式）当前倒角距离 1 = 0.0000，距离 2 = 0.0000

选择第一条直线或 [放弃(U)/多段线(P)/距离(D)/角度(A)/修剪(T)/方式(E)/多个(M)]\\选择第一条直线

基面选择...

选择第二条直线　　　　　　　　　　　\\选择第二条直线

其中，各项的含义如下：

（1）（"修剪"模式）当前倒角距离 1=0.0000，距离 2=0.0000：系统提示当前倒角的参数。

（2）选择第一条直线或 [放弃(U)/多段线(P)/距离(D)/角度(A)/修剪(T)/方式(E)/多个(M)]：选择需要倒角的直线对象。其中各个选项含义如下：

● 选择第一条直线：指定定义二维倒角所需的两条边中的第一条边或要倒角的三维实体的边。
● 放弃：恢复在命令中执行的上一个操作。
● 多段线（P）：对整个二维多段线倒角。
● 距离（D）：设置倒角至选定边端点的距离。
● 角度（A）：用第一条线的倒角距离和第二条线的角度设置倒角距离。
● 修剪（T）：控制 AutoCAD 是否将选定边修剪到倒角线端点。

新手学 AutoCAD 2008 室内与建筑实例完美手册

● 方式（M）：控制 AutoCAD 使用两个距离还是一个距离一个角度来创建倒角。

● 多个（U）：给多个对象集加倒角。使用该方式倒角后，AutoCAD 将重复显示主提示和
"选择第二个对象"提示，直到用户按下回车键结束命令。

（3）选择第二条直线：指定定义二维倒角所需的两条边中的第二条边。

经典实例

绘制如图 10-3-1 所示的图形。

【光盘：源文件\第 10 章\实例 10.dwg 】

【实例分析】

本实例对如图 10-3-2 所示的长方体进行倒角处理。在执行长方体命令后，系统会有一个专门的倒角命令绘制选项，选择对应选项即可进行倒角长方体绘制。

【实例效果】

实例效果如图 10-3-1 所示。

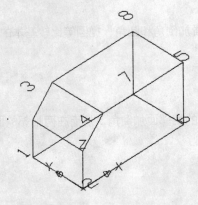

图 10-3-1 倒角前

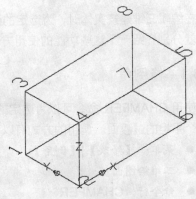

图 10-3-2 倒角后

【实例绘制】

命令: _chamfer

（"修剪"模式）当前倒角距离 1 = 20.0000，距离 2 = 20.0000

选择第一条直线或 [放弃(U)/多段线(P)/距离(D)/角度(A)/修剪(T)/方式(E)/多个(M)]: d \\选择长方体的一个边

指定第一个倒角距离 <20.0000>: \\输入第一个倒角距离

指定第二个倒角距离 <20.0000>:\\输入第二个倒角距离

选择第一条直线或 [放弃(U)/多段线(P)/距离(D)/角度(A)/修剪(T)/方式(E)/多个(M)]:\\选择长方体的一个面，如图 10-3-3 所示。

基面选择...

输入曲面选择选项 [下一个(N)/当前(OK)] <当前(OK)>: n \\选择选项 N

输入曲面选择选项 [下一个(N)/当前(OK)] <当前(OK)>: OK \\自动指定相邻的面，如图 10-3-4 所示。

指定基面的倒角距离 <20.0000>:   \\指定倒角的距离

指定其他曲面的倒角距离 <20.0000>:   \\指定其他的倒角距离

选择边或 [环(L)]: 选择边或 [环(L)]: \\如图 10-3-5 所示。   \\选择边，如图 10-3-5 所示

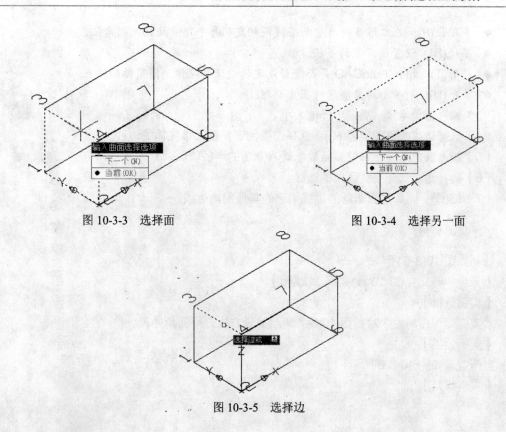

图 10-3-3 选择面　　　　　　　　　　　　图 10-3-4 选择另一面

图 10-3-5 选择边

新手学 AutoCAD 2008 室内与建筑实例完美手册

10.3.2 修圆角

可以对实体的棱边修圆角，从而在两个相邻面间生成一个圆滑过渡的曲面。调用圆角的方式有以下三种：

- 菜单：【修改】|【倒圆角】
- 二维绘图面板：
- 命令行：FILLET

启动该倒圆角命令后，命令行上提示如下：

命令：_fillet	\\执行圆角命令
当前设置：模式 = 修剪，半径 = 0.0000	\\系统提示
选择第一个对象或 [放弃(U)/多段线(P)/半径(R)/修剪(T)/多个(M)]:	\\选择绘图方式
输入圆角半径: 10	\\输入圆半径
选择边或 [链(C)/半径(R)]:	\\选择边

其中，各项的含义如下：

（1）当前设置：模式=修剪，半径=0.0000：系统提示当前模式。

（2）选择第一个对象或 [放弃(U)/多段线(P)/半径(R)/修剪(T)/多个(M)]：选择倒圆角的对象。

命令行中各个选项含义如下：

- 选择第一个对象：选择第一个对象，它是用来定义二维圆角的两个对象之一，或是要加的倒圆角的三维实体边。
- 放弃：恢复在命令中执行的上一个操作。

● 多段线(P)：在二维多段线中两条线段相交的每个顶点处插入圆角弧。

● 半径(R)：设置圆角弧的半径。

● 修剪(T)：控制 AutoCAD 是否修剪选定的边使其延伸到圆角弧的端点。

● 多个(U)：对多个对象集进行圆角处理。

（3）输入圆角半径：确定半径值大小。

（4）选择边或[链(C)/半径(R)]：选择需要倒圆角的三维实体的边线。

（5）输入圆角半径：系统重新要求输入圆角的半径值。

（6）选择边：选择要倒圆角的边线。

（7）链(C)：选择与倒圆角的边线相连的其他倒角边线。

经典实例

绘制如图 10-3-6 所示的图形。

【光盘：源文件\第 10 章\实例 11.dwg】

【实例分析】

本实例运用圆角命令对如图 10-3-7 所示的长方体进行圆角处理。

【实例效果】

实例效果如图 10-3-6 所示。

【实例绘制】

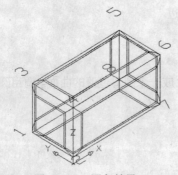

图 10-3-6　圆角效果　　　　　　　　　　　图 10-3-7　圆角前

命令: _fillet	\\执行圆角命令
当前设置: 模式 = 修剪，半径 = 0.0000	\\系统提示

选择第一个对象或 [放弃(U)/多段线(P)/半径(R)/修剪(T)/多个(M)]: r　　　\\输入 r 选择半径

指定圆角半径 <0.0000>: 30　　　　　　　　　　　　　　\\输入半径 30

选择第一个对象或 [放弃(U)/多段线(P)/半径(R)/修剪(T)/多个(M)]: m　　　\\输入 m，表示选择多个

选择第一个对象或 [放弃(U)/多段线(P)/半径(R)/修剪(T)/多个(M)]:　　　\\回车

输入圆角半径 <30.0000>:　　　　　　　　　　　　　\\按【Enter】键

选择边或 [链(C)/半径(R)]:　　　　　　　　　　　　\\选择一条边

选择边或 [链(C)/半径(R)]:　　　　　　　　　　　　\\选择相邻的一条边

选择边或 [链(C)/半径(R)]:　　　　　　　　　　　　\\选择一条边

选择边或 [链(C)/半径(R)]:　　　　　　　　　　　　\\选择相邻的一条边

第 10 章　编辑建筑三维实体

选择边或 [链(C)/半径(R)]:	\\选择一条边
选择边或 [链(C)/半径(R)]:	\\选择相邻的一条边
选择边或 [链(C)/半径(R)]:	\\选择一条边
选择边或 [链(C)/半径(R)]:	\\选择相邻的一条边
选择边或 [链(C)/半径(R)]:	\\选择一条边
选择边或 [链(C)/半径(R)]:	\\选择相邻的一条边
选择边或 [链(C)/半径(R)]:	\\选择一条边
选择边或 [链(C)/半径(R)]:	\\选择相邻的一 条边
选择边或 [链(C)/半径(R)]:	\\按【Enter】键

已选定 12 个边用于圆角。

选择第一个对象或 [放弃(U)/多段线(P)/半径(R)/修剪(T)/多个(M)]:　\\按回车键

10.3.3　实体分解

使用分解实体命令 EXPLODE，可以把实体（分解前如图 10-3-8 所示）分解成面，如对一个长方体执行分解命令，该长方体将被分解成六个表面。这六个表面的相对位置并不改变，从表面上看似长方体，但当使用点选择方式选择它时，可以发现只能选择一个表面，而不是一个实体，如图 10-3-9 所示。

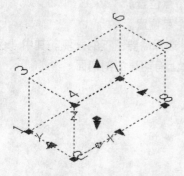

图 10-3-8　分解前

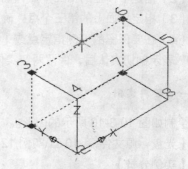

图 10-3-9　分解后

10.3.4　剖切实体

剖切 SLICE 命令是用于某一个平面将一个三维实体对象剖切成多个三维实体图形。启动剖切命令的方法有如下 3 种：

● 菜单：【绘图】|【实体】|【剖切】

● 二维绘图面板：

● 命令行：SLICE

启动剖切命令后，命令行上的提示如下：

命令: SLICE	\\执行剖切命令
选择要剖切的对象: 找到 1 个	\\选择要剖切的对象
选择要剖切的对象:	\\回车

指定切面的起点或 [平面对象(O)/曲面(S)/Z 轴(Z)/视图(V)/XY(XY)/YZ(YZ)/ZX(ZX)/三点(3)] <三点>:

新手学 AutoCAD 2008 室内与建筑实例完美手册

　　　　　　　　　　　　　　　　　　　　　　　　　　　\\选择选项

　　指定平面上的第二个点:　　　　　　　　　　　　　　\\指定平面上第二点

　　在所需的侧面上指定点或 [保留两个侧面(B)] <保留两个侧面>:　　\\指定点

其中，各项的含义如下:

　　（1）选择对象:选择需要剖切的实体对象后，按下鼠标右键，命令行上将提示:"指定切面上的第一个点，依照［对象（O）/Z轴（Z）/视图（V）/XY平面（XY）/YZ平面（YZ）/ZX平面（ZX）/三点（3）] <三点>:"。其中各项含义如下:

- 对象（O）:将剪切面与圆、椭圆、圆弧、椭圆弧、二维样条曲线或二维多段线对齐。
- Z轴（Z）:通过平面上指定一点和在平面的Z轴上指定另一点来确定剪切平面。
- 视图（V）:将剪切平面与当前视口的视图平面对齐。指定一点可确定剪切平面的位置。
- XY平面（XY）:将剪切平面与当前用户坐标系（UCS）的XY平面对齐。指定一点可确定剪切平面的位置。
- YZ平面（YZ）:将剪切平面与当前UCS的YZ平面对齐。指定一点可确定剪切平面的位置。
- ZX平面（ZX）:将剪切平面与当前UCS的ZX平面对齐。指定一点可确定剪切平面的位置。
- 三点（3）:用三点确定剪切平面。

　　（2）指定平面上的第二个点:确定剖切面的第二个点位置。

　　（3）指定平面上的第三个点:确定剖切面的第三个点位置。

　　（4）在要保留的一侧指定点或［保留两侧（B）]:选择需要留下的一侧。其中"保留两侧（B）"表示剖切实体后，保留两侧实体对象，不过实体上有明显的剖切面。

经典实例

绘制如图 10-3-10 所示的图形。

【光盘:源文件\第10章\实例12.dwg】

【实例分析】

本实例是运用剖切命令对如图 10-3-11 所示的长方体进行剖切处理。

【实例效果】

实例效果如图 10-3-10 所示。

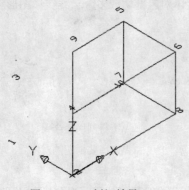

图 10-3-10　剖切效果

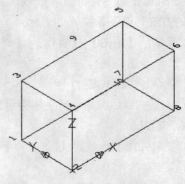

图 10-3-11　剖切前

【实例绘制】

命令: SLICE　　　　　　　　　　　　　　　　　　　\\执行剖切命令

选择要剖切的对象: 找到 1 个　　　　　　　　　　　\\选择长方体

选择要剖切的对象:　　　　　　　　　　　　　　　　\\按【Enter】键

指定切面的起点或 [平面对象(O)/曲面(S)/Z 轴(Z)/视图(V)/XY(XY)/YZ(YZ)/ZX(ZX)/三点(3)] <三点>:

　　　　　　　　　　　　　　　　　　　　　　　　\\指定任意一点

指定平面上的第二个点:　　　　　　　　　　　　　　\\指定第二点

在所需的侧面上指定点或 [保留两个侧面(B)] <保留两个侧面>:\\回车

10.3.5　创建截面

AutoCAD 在当前图层上创建面域并将它们插入到相交截面的位置。选择多个实体将为每个实体创建独立的面域。启动该截面命令的方法有如下 3 种:

- 菜单:【绘图】|【实体】|【截面】
- 二维绘图面板: 🔶
- 命令行: SECTION

启动截面命令后, 其操作方法与剖切实体的方法完全相同, 只是生成截面的操作对原来的实体没有任何影响而已。

经典实例

绘制如图 10-3-13 所示的图形。

【光盘: 源文件\第 10 章\实例 13.dwg】

【实例分析】

本实例是运用切割命令对如图 10-3-13 所示的长方体进行切割处理。

【实例效果】

实例效果如图 10-3-13 所示。

【实例绘制】

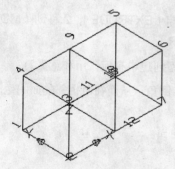

图 10-3-12　切割效果　　　　　　　　　　　　　　　　图 10-3-13　切割前

命令: SECTION　　　　　　　　　　　　　　　　　　\\启动截面

选择对象: 找到 1 个　　　　　　　　　　　　　　　\\选择立方体

选择对象:　　　　　　　　　　　　　　　　　　　　\\按回车键

指定截面上的第一个点, 依照 [对象(O)/Z 轴(Z)/视图(V)/XY(XY)/YZ(YZ)/ZX(ZX)/三点(3)] <三点>:

新手学 AutoCAD 2008 室内与建筑实例完美手册

指定平面上的第二个点: \\指定第一个点

         \\指定第二个点

指定平面上的第三个点: \\按【Enter】键

○ 本章总结

  本章我们主要介绍了三维实体的绘制与编辑,以及三维简单的标注等,在实体的绘制中我们主要介绍了常用的长方体、楔体、球体、圆柱体以及圆锥体等,同时还介绍了布尔运算、三维倒角、圆角、实体的分解、剖切创建等,这些三维的基本知识将为我们后面复杂的建筑三维图的绘制建立良好的基础。

○ 有问必答

  问:简述几个控制实体模型显示特征的系统变量的名称和用法。

  答: 1．ISOLINES:其是用来控制显示线框弯曲部分的段数,其默认值是"4",即仅使用最少的几根曲线来初略地显示曲面实体的轮廓,但是这样有利于快速显示。该系统变量只会对线框的显示起作用,而对消隐等操作没有影响。

  2．FACETRES:其是用来控制渲染、着色或消隐操作时曲面实体的显示平滑度,该变量的值从"0.01"到"10.0"。

  问:布尔运算有哪些类型?各有什么特点?

  答: 布尔运算有三种:

  1．并集运算:其特点是操作可以将两个或两个以上的源对象合并成一个新的组合对象;

  2．差集运算:其特点是从一个对象开始,从中减去与第二个对象共有的部分;

  3．交集运算:其特点是将两个或两个以上的源对象的共有部分形成一个新的组合对象的过程。

  问:如何对三维实体的面进行编辑?有哪些选项?

  答: 对三维的面进行编辑有以下一些选项:1.拉伸(EXTRUDE),2.移动(MOVE),3.旋转(ROTATE),4.偏移(OFFSTE),5.变尖(TAPER)。

  问:对三维实体对象倒角圆角操作在建筑三维模型创建中有何作用和意义?

  答: 1．倒角:为选定的三维建筑实体的相邻面加倒角,从而在两相邻的面间生成一个平坦的过渡面;

  2．圆角:在两个相邻面间生成一个圆滑过渡的曲面。

  问:切割与剖切有什么相同与不同点?

  答: 切割与剖切的操作步骤都是一样的。所得的效果也是一样,但不同的是剖切操作是把实体根据剖面分成两部分,而切割是根据剖面位置与实体接触的地方生成一个交面。该交面是独立的,与源实体没有关联。

Study

Chapter

11

使用辅助工具及工具选项板

学习导航

在绘图过程中，往往需要测量绘制建筑图形的长度、面积，有时还需要进行内部几何运算等,这时就可以利用 AutoCAD 提供的查询和新增的快速计算器功能对图形的状态、建立和修改时间等进行查询和运算，设计中心和工具选项板也是 AutoCAD 为用户提供的简便易行的效率工具，熟练运用它们，可以极大地提高绘图的效率。

本章要点

◉ 查询建筑图形对象属性

◉ 快速计算器

◉ 设计中心

◉ 创建建筑工具选项板

▪11.1　查询建筑图形属性▪

查询命令提供在绘图或编辑过程中需要获得相关图形信息的功能，其中包括了解对象的数据信息，计算某表达的值，计算距离、面积、质量特性和编辑时间等，如图 11-1-1 所示。

11.1.1　查询距离

距离命令 DIST 是用来测量两点间的长度值与角度值。
启动查询长度命令方法有如下 3 种：

- 菜单：【工具】|【查询】|【距离】
- 二维绘图面板：
- 命令行：DIST

图 11-1-1　查询菜单

启动该命令后，命令行上的提示如下：

（1）指定第一点：确定查询长度的第一点。

（2）指定第二点：确定查询长度的第二点。

完成长度点的确定后，系统将打开【AutoCAD 文本窗口】（如果不显示再按【F2】键），显示所选择的确定点的长度信息，如图 11-1-2 所示。

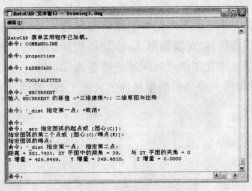

图 11-1-2　AutoCAD 文本窗口

11.1.2　查询面积及周长

查询面积和周长 AREA 命令是用来测量图形对象的面积和周长值。启动查询面积和周长命令有如下 3 种方法：

- 菜单：【工具】|【查询】|【区域】
- 二维绘图面板：
- 命令行：AREA

启动该命令后，命令行上的提示如下：

（1）"指定第一个角点或[对象(O)/加(A)/减(S)]"各选项的含义如下：

- 对象（O）：用于选择圆、椭圆、样条曲线、多段线、多边形、面域和实体等。

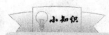

一些开放性的图形若首尾相连能成为封闭图形，一样可以选择。

- 加（A）：打开【加】模式后，继续定义新区域时应保持总面积平衡。【加】选项计算各个定义区域和对象的面积、周长，也计算所有定义区域和对象的总面积。
- 减（S）：总面积中减去指定面积。

（2）指定下一个角点或按下【Enter】键全选：指定测量面积的下一个角点，直到把面积范围的角点都选择完成，按下回车键结束命令。

完成操作后，系统自动列出所选区域的面积与周长，如图 11-1-3 所示。

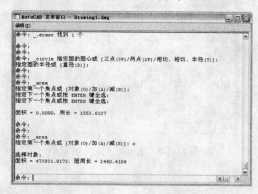

图 11-1-3　AutoCAD 文本窗口

11.1.3　查询面域/质量特性

使用 MASSPROP 命令查询三维实体或面域的质量特性。调用质量特性的命令有以下三种：

- 菜单：【工具】|【查询】|【面域/质量特性】
- 二维绘图面板：
- 命令行：MASSPROP

启动该命令后系统将会提示如下："选择对象:"，用户选择对象后，随即显示选择对象（实体或面域）的质量特性，包括面积、周长、质量、惯性矩、惯性积和旋转半径等信息，并询问是否将分析结果写入文件，如图 11-1-4 所示。

图 11-1-4　AutoCAD 文本窗口

11.1.4　列表显示

列表显示 LIST 命令是用来查询 AutoCAD 图形对象的信息。如图形各个点的坐标值、长度、面积、周长、所在图层等。启动查询长度命令有如下 3 种方法：

● 菜单：【工具】|【查询】|【列表显示】

● 查询工具栏：

● 命令行：LIST

启动该命令后，命令行上将提示："选择对象："，用户在选择完对象后，系统将打开如图 **11-1-5** 所示的 AutoCAD 文本窗口，显示所有选择的对象的所有信息。

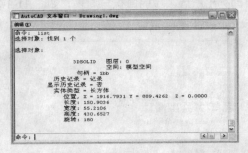

图 11-1-5　AutoCAD 文本窗口

11.1.5　点坐标

点坐标命令可以单独列出点的 x、y 和 z 坐标值并将指定点的坐标存储为最后一点。调用查询点命令有以下三种方式：

● 菜单：【工具】|【查询】|【点坐标】

● 查询工具栏：

● 命令行：ID

启动该命令后，将会显示此位置的 UCS 坐标，如图 **11-1-6** 所示。

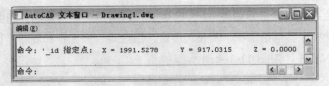

图 11-1-6　AutoCAD 文本窗口

可以通过在要求输入点的提示中输入@来应用最后一点，如果在三维空间中捕捉对象，则 z 坐标值与此对象选定特征的值相同。

11.1.6　查询时间

时间命令将显示图形的日期和时间统计信息、图形的编辑时间、最后一次修改时间等信息。

第二章　使用辅助工具及工具选项板

启动时间命令有如下两种方法：

- 菜单：【工具】|【查询】|【时间】
- 命令行：TIME

执行该命令后，系统将打开 AutoCAD 文本窗口，如图 **11-1-7** 所示，在窗口中显示当前时间、图形编辑次数、创建时间、上次更新时间、累计编辑时间、经过计时器时间和下次自动保存时间等信息。

图 11-1-7　AutoCAD 文本窗口

在命令行中将出现如下提示："输入选项［显示（D）/开（ON）/关（OFF）/重置（R）]:"。其中，各选项含义如下：

- 显示（D）：显示时间信息。
- 开（ON）：打开计时器。
- 关（OFF）：关闭计时器。
- 重置（R）：将计时器重置为零。

11.1.7　查询状态

状态是指关于绘图环境和系统状态等信息。包括图形显示范围、绘图功能、参数设置和磁盘空间利用等情况。

启用状态命令的方式有以下两种：

- 菜单：【工具】|【查询】|【状态】
- 命令行：STATUS

执行该命令后，将打开 AutoCAD 文本窗口，显示图形的统计信息、模式和范围，如图 **11-1-8** 所示。

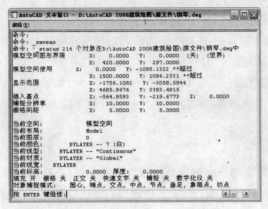

图 11-1-8　AutoCAD 文本窗口

11.1.8 设置变量

变量在 AutoCAD 中扮演着十分重要的角色，变量值的不同直接影响着系统的运行方式和结果。

调用设置系统变量命令的方式有以下两种：

● 菜单：【工具】|【查询】|【设置变量】

● 命令行：SETVAR

启动该命令后，命令行上的提示如下：

（1）输入变量名或 [?]：输入变量名即可查询该变量的设定值。若输入问号 ?，则会出现 "输入要列出的变量<*>" 的提示。

（2）输入要列出的变量<*>：输入要列出的变量。

直接按下回车键后，将分页列表显示所有变量及其他设定值，如图 **11-1-9** 所示。

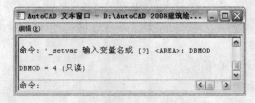

图 11-1-9　AutoCAD 文本窗口

11.1.9 定距等分

定距等分是可以定距等分或定等分直线、圆弧、样条曲线、圆、椭圆和多段线。使用两种方法，可以通过插入点或块指示间距。

通过指定点，可以使用 "节点" 对象捕捉将测量或等分对象上的其他对象定距对齐。通过指定块，可以建立精确的几何结构或插入自定义标记。块可以在每个插入点处旋转。启动定距等分命令有如下两种方法：

● 菜单：【绘图】|【点】|【定距等分】

● 命令行：MEASURE

启动该命令后，命令行上的提示如下：

（1）选择要定距等分的对象：选择要定距等分的对象。

（2）指定线段长度或 [块（B）]：沿选定对象按指定间隔放置点对象，从最靠近用于选择对象的点的端点处开始放置。

（3）是否对齐块和对象？ [是（Y）/否（N）]<Y>：如果输入 y，块将围绕它的插入点旋转，这样它的水平线就会与测量的对象对齐并相切；如果输入 n，块将始终以零度旋转角插入。

11.1.10 定数等分

定数等分是通过沿对象的长度或周长放置点对象或块；在选定对象上标记相等长度的指定数目。定数等分的对象包括圆弧、圆、椭圆、椭圆弧、多段线和样条曲线。启动定数分点命令的方式有以下两种：

● 菜单：执【绘图】|【点】|【定数等分】
● 命令行：DIVIDE

启动该命令后，命令行上提示如下：

（1）选择要定数等分的对象：选择要定数等分的对象。

（2）输入线段数目或［块（B）］：指定等分的数目或以块作为符号来定数等分对象，在等分点上将插入块。

（3）是否对齐块和对象？［是（Y）/否（N）］<Y>：确定是否将块和对象对齐，如果对齐，则将块沿选择的对象对齐，必要时会放置块；如果不对齐，则直接在定数等分点上复制块。

11.2　辅助功能

为了方便设计和绘图，AutoCAD 提供了一些其他的辅助功能，如计算器、重命名、修复图形数据、核查，以及清理图形中不需要的图层、文字样式和线型等工具（或应用程序）。

11.2.1　重命名

图形中的很多对象可以重新命名，如尺寸标注样式、文字样式、线型、UCS 或视口等。启动该命令的方法有如下两种方法：

● 菜单：执【格式】|【重命名】
● 命令行：RENAME

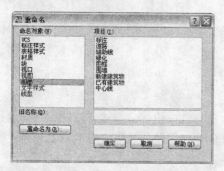
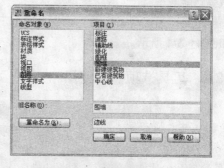

图 11-2-1　【重命名】对话框图　　　　　图 11-2-2　【重命名】对话框

执行该命令后将打开如图 **11-2-1** 所示的对话框。在该对话框的【命名对象】显示框中列出了当前图形的所有对象，如标注样式、表格样式、视图、图层等。在【命名对象】显示框下任选择一个对象，则在右边的【项目】显示框中显示该对象的所有项目，如图 **11-2-2** 所示。选择【图层】对象，则显示【道路】、【围墙】、【绿化】等项目。在【项目】显示框中选择需要重命名项目，如图 **11-2-2** 所示，选择【围墙】项目，则在【项目】下的【旧名称】文本框中显示该名称。在【重命名】文本框中输入新的名称，然后单击 重命名为(R): 按钮完成名称重命名。把所有需要重命名的项目都命名后，然后单击 确定 按钮即可完成重命名操作。

11.2.2　清理图形中不需要对象

使用清理命令删除图形中未使用的命名项目。启动该命令的方法有如下两种：

新手学 AutoCAD 2008 室内与建筑实例完美手册

● 下拉菜单：【文件】|【绘图实用程序】|【清理】
● 命令行：PURGE

启动该命令后，系统将打开效果如图 11-2-3 所示的对话框。对话框中各选项的含义如下：

（1）【查看能清理的项目】单选项：切换树状图以显示当前图形中可以清理的命名对象的概要。

（2）【查看不能清理的项目】单选项：列出当前图形中未使用的、可被清理的命名对象。可以通过单击加号或双击对象类型列出任意对象类型的项目。通过选择要清理的项目来清理项目。

（3）【确认要清理的每个项目】复选框：清理项目时显示【确认清理】对话框。

（4）【清理嵌套项目】复选框：从图形中删除所有未使用的命名对象，即使这些对象包含在其他未使用的命名对象中或被这些对象所参照。显示【确认清理】对话框，可以取消或确认要清理的项目。

图 12-2-3　【清理】对话框

■11.3　工具选项板窗口 ■

【工具选项板】具有很强大的功能，比如通过样例创建工具、创建命令工具以及组织工具选项板等功能。

用户可以通过单击标准工具栏上的【工具选项板】按钮，打开【工具选项板】面板，效果如图 11-3-1 所示。

11.3.1　工具选项板的使用

在工具选项板的标题栏下方有一个工具选项板的特性按钮，单击该按钮或在标题栏上按下鼠标右键，则会弹出一个关于对工具选项板操作的快捷菜单，效果如图 11-3-2 所示。

图 11-3-1　【工具选项板】面板

图 11-3-2　快捷菜单

在该快捷菜单中我们可以根据需要选择适当的内容，方便我们的绘图，下面我们将会介绍该工具选项板的一些操作。

1．移动与缩放

【工具选项板】面板的大小或位置并不是固定的，用户对其进行缩放与移动。把鼠标放在【工具选项板】面板深色边框，按住鼠标左键拖动鼠标，即可移动【工具选项板】面板到绘图区内任意位置。

将鼠标靠近【工具选项板】面板上下边缘，出现双向伸缩箭头，按住鼠标左键拖动即可缩放【工具选项板】面板。

2．自动隐藏

在【工具选项板】面板右下面有一个【自动隐藏】按钮|◄►，单击该按钮就可自动隐藏【工具选项板】面板，再次单击，则打开【工具选项板】面板。

3．透明度控制

在【工具选项板】面板的【自动隐藏】按钮|◄►下面的特性按钮|亖，单击该按钮将打开快捷菜单，选择透明命令，打开【透明】对话框，如图 11-3-3 所示。通过调节滑块，可以调节【工具选项板】面板的透明度。

图 11-3-3

4．视图控制

在【工具选项板】面板的空白处单击鼠标右键，打开快捷菜单，如图 11-3-4 所示。选择【视图选项】命令，打开【视图选项】对话框，如图 11-3-5 所示。选择有关选项，拖动滑块可以调节视图中图标或文字的大小。

图 11-3-4　快捷菜单

图 11-3-5　【视图选项】对话框

11.3.2　创建新的工具选项板

不同的用户对不同的图都有不同的需要，用户可以根据自己的需要建立新的工具选项板，其打开的方式有以下两种：

● 命令行：CUSTOMIZE

● 【工具】|【自定义】|【工具选项板】

其具体的操作步骤如下：

01　按以上的操作步骤打开【自定义】对话框，如图 11-3-6 所示。

02　在【选项板】中空白处单击鼠标右键将会弹出快捷菜单，如图 11-3-7 所示。

新手学 AutoCAD 2008 室内与建筑实例完美手册

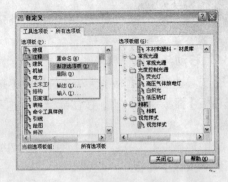

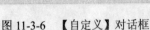

　　图 11-3-6　【自定义】对话框　　　　　　图 11-3-7　选择【新建 选项板】选项

　　03　在快捷菜单中选择【新建选项板】，系统将会建立一个新的选项板，此时可以对其命名，同时在面板上可以看到增加了一个空白的选项卡，如图 11-3-8 所示。

图 11-3-8　新建选项板

　　04　建立的工具选项板是空白的，没有任何图形元素。这时，需要向新建立的工具选项板添加所需要的内容，如图块、命令按钮等。可以将经常使用的一些工具任意拖曳到新建的选项板中，效果如图 11-3-9 所示。

图 11-3-9　添加工具

　　05　确定添加完成后，单击【自定义】对话框中的 关闭(C) 按钮，完成操作。

11.4　AutoCAD 2008 设计中心

除了可以使用查询命令来方便绘图外，还可以通过设计中心调用图形中的块、图层定义、尺寸样式和文字样式、外部参照、布局以及用户自定义等内容，主要的功能有以下几点：

- 浏览用户计算机、网络驱动器和 Web 站点上的图形内容。
- 创建指向常用图形、文件夹和 Internet 网址的快捷方式。
- 更新块定义，向图形中添加内容。
- 在新窗口中打开图形文件，将图形、块和填充拖动到工具选项板上以便于访问。

11.4.1　设计中心简介

AutoCAD 设计中心窗口与 Windows 的资源管理器非常相似。可以利用 AutoCAD 设计中心方便地管理 AutoCAD 相关资源。

打开设计中心的方式有以下四种：

- 命令：ADCEnter(ADC)
- 菜单：【工具】|【设计中心】
- 二维绘图面板：⊞
- 快捷菜单：【Ctrl+2】

打开设计中心后，系统将会打开如图 11-4-1 所示的图形。使用该面板可以在个人与个人之间、团体与团体之间、个人与团体之间进行共享设计资源。

图 11-4-1　【设计中心】面板

下面将分别介绍其中的各项含义：

（1）内容区域（设计中心）：显示树状图中当前选定"容器"的内容。容器是包含设计中心可以访问的信息的网络、计算机、磁盘、文件夹、文件或网址 (URL)。根据树状图中选定的容器，内容区域的典型显示如下：

- 含有图形或其他文件的文件夹
- 图形
- 图形中包含的命名对象（命名对象包括块、外部参照、布局、图层、标注样式和文字样式）
- 图像或图标表示块或填充图案

● 基于 Web 的内容
● 由第三方开发的自定义内容

在内容区域中，通过拖动、双击或单击鼠标右键并选择【插入为块】、【附着为外部参照】或【复制】，可以在图形中插入块、填充图案或附着外部参照。可以通过拖动或单击鼠标右键向图形中添加其他内容（例如图层、标注样式和布局）。可以从设计中心将块和填充图案拖动到工具选项板中。

> **小知识**
>
> 通过在树状图或内容区域中单击鼠标右键，可以访问快捷菜单上的相关内容区域或树状图选项。

● 加载 : 显示【加载】对话框（标准文件选择对话框），如图 11-4-2 所示。使用【加载】浏览本地和网络驱动器或 Web 上的文件，然后选择内容加载到内容区域。
● 上一页 : 返回到历史记录列表中最近一次的位置。
● 下一页 : 返回到历史记录列表中下一次的位置。
● 上一级 : 显示当前容器的上一级容器的内容。
● 停止 : 【联机设计中心】选项卡，停止当前传输。
● 刷新 : 【联机设计中心】选项卡，重载当前页。

图 11-4-2　【加载】对话框

● 搜索 : 显示【搜索】对话框，从中可以指定搜索条件以便在图形中查找图形、块和非图形对象，搜索也显示保存在桌面上的自定义内容。
● 收藏夹 : 在内容区域中显示【收藏夹】文件夹的内容。【收藏夹】文件夹包含经常访问项目的快捷方式。要在【收藏夹】中添加项目，可以在内容区域或树状图中的项目上单击右键，然后单击【添加到收藏夹】。要删除【收藏夹】中的项目，可以使用快捷菜单中的【组织收藏夹】选项，然后使用快捷菜单中的【刷新】选项。

> **小知识**
>
> 将 DesignCenter 文件夹自动添加到收藏夹中。此文件夹包含具有可以插入在图形中的特定组织块的图形。

- 主页 ：将设计中心返回到主页文件夹。安装时，默认文件夹被设置
  为 ...\Sample\DesignCenter。可以使用树状图中的快捷菜单更改主页文件夹。
- 树状图切换：显示和隐藏树状视图。如果绘图区域需要更多的空间，请隐藏树状图。
  树状图隐藏后，可以使用内容区域浏览容器并加载内容。在树状图中使用【历史记录】
  列表时，【树状图切换】按钮不可用。
- 预览：显示和隐藏内容区域窗格中选定项目的预览。如果选定项目没有保存的预览图
  像，【预览】区域将为空。
- 说明：显示和隐藏内容区域窗格中选定项目的文字说明。如果同时显示预览图像，文
  字说明将位于预览图像下面。如果选定项目没有保存的说明，【说明】区域将为空。
- 视图：为加载到内容区域中的内容提供不同的显示格式。可以从【视图】列表中选择
  一种视图，如图 11-4-3 所示。或者重复单击【视图】按钮在各种显示格式之间循环切
  换。默认视图根据内容区域中当前加载的内容类型的不同而有所不同。【大图标】以
  大图标格式显示加载内容的名称。【小图标】以小图标格式显示加载内容的名称。【列
  表图】以列表形式显示加载内容的名称。【详细信息】显示加载内容的详细信息。根
  据内容区域中加载的内容类型，可以将项目按名称、大小、类型或其他特性进行排序。

图 11-4-3　视图列表

- 刷新（只适用于快捷菜单）：刷新内容区域的显示，以反映所做的更改。在内容区域的
  背景中单击鼠标右键，然后单击快捷菜单中的【刷新】。

（2）树状图（设计中心）：显示用户计算机和网络驱动器上的文件与文件夹的层次结构、打
开图形的列表、自定义内容以及上次访问过的位置的历史记录。选择树状图中的项目以便在内容
区域中显示其内容。

> 小知识
>
> sample\designcenter 文件夹中的图形包含可插入在图形中的特定组织块。这些
> 图形称为符号库图形。

使用设计中心顶部的工具栏按钮可以访问树状图选项。

- 【文件夹】　显示计算机或网络驱动器（包括【我的电脑】和【网上邻居】）中文件和
  文件夹的层次结构。可以使用 ADCNAVIGATE 在设计中心树状图中定位到指定的文
  件名、目录位置或网络路径。请参见 ADCNAVIGATE。

新手学 AutoCAD 2008 室内与建筑实例完美手册

- 【打开的图形】 显示当前工作任务中打开的所有图形，包括最小化的图形。
- 【历史记录】 显示最近在设计中心打开的文件的列表。显示历史记录后，在一个文件上单击鼠标右键显示此文件信息或从"历史记录"列表中删除此文件。
- 【联机设计中心】 访问联机设计中心网页。建立网络连接时，【欢迎】页面中将显示两个窗格。左边窗格显示了包含符号库、制造商站点和其他内容库的文件夹。当选定某个符号时，它会显示在右窗格中，并且可以下载到用户的图形中。

11.4.2 使用设计中心插入图块

AutoCAD 设计中心提供了插入图块的两种方法：【默认比例和旋转方式】和【指定坐标、比例和旋转角度方式】。

1. 采用默认比例和旋转方式插入图块

利用此方式插入图块时，对图块进行自动缩放。采用此方法时，AutoCAD 比较图形和插入图块的单位，根据二者之间的比例插入图块。当插入图块时，AutoCAD 根据在【单位】对话框中设置的【插入单位值】对其进行换算。

采用该方法插入图块的步骤如下：

01 从控制板或查找结果列表选择要插入的图块，将其拖动到打开的图形。此时，被选择的对象被插入到当前被打开的图形中，并进行自动缩放。利用当前设计的捕捉方式，可以将对象插入到任何存在的图形中。

02 在要插入对象的地方松开鼠标左键，则被选择的对象就根据当前图形的比例和角度插入到图形中。

在通过 AutoCAD 设计中心采用自动缩放方式将一个图形或图块插入到图形中时，图形或图块中的尺寸数值可能会变得不准确。

2. 根据指定的坐标、比例和旋转角度插入图块

利用【插入】对话框可以设置插入图块的参数，具体操作步骤如下：

01 从控制板或查找结果列表框选择要插入的对象。

02 单击鼠标右键，从快捷菜单中选择【插入为块】命令打开【插入】对话框，如图 11-4-4 所示。

图 11-4-4 【插入】对话框

03 在【插入】对话框输入插入点的坐标值、比例和旋转角度，或者选择【在屏幕上指定】复选框。

04 如果要将图块分解到其构成对象，在【插入】对话框选择【分解】文本框。

05　在【插入】对话框单击按钮，则被选择的对象根据指定的参数插入到图形中。

11.4.3　使用设计中心搜索文件

通过 AutoCAD 2008 设计中心搜索功能，不仅可搜索文件，还可以搜索图形、块和图层定义等，从 AutoCAD 设计中心的工具栏中单击【搜索】按钮 🔍，打开如图 11-4-5 所示的【搜索】对话框。

在该对话框的查找栏中选择要查找的内容类型，该列表中可供选择的类型包括：标注样式、布局、块、填充图案、图层、图形等 11 种类型。如果在查找栏的下拉选单中选择除图形以外的其他类型，则查找对话框只显示一个搜索名称的选项，如图 11-4-6 所示。

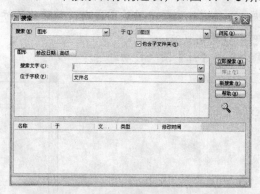

图 11-4-5　【搜索】对话框

图 11-4-6　【搜索】对话框中搜索内容

选定搜索的内容后，在【搜索】文本框输入搜索路径或者单击 浏览(B)... 按钮指定搜索的路径，如果要搜索指定路径的所有层次，则勾选包含子文件夹选项。单击 立即搜索(N) 按钮可开始进行搜索，其结果显示在对话框的下部列表中。如果在完成全部搜索前就已经找到所要的内容，可单击 停止(P) 按钮停止搜索。单击 新搜索(W) 按钮可清除当前的搜索内容，重新进行搜索。在搜索到所需的内容后，选定后通过双击或通过右键菜单选择加载到控制板选项，可以直接将其加载到控制板上。

使用【设计中心】插入图中需要的图块，其具体的操作步骤如下：

01　打开【光盘：源文件/第 11 章/实例 1.dwg 文件】，如图 11-4-7 所示。

02　单击标准工具栏上的【设计中心】按钮 🔳，打开 AutoCAD【设计中心】面板。在面板左边的【文件夹】列表中选择源文件与素材，如图 11-4-8 所示。

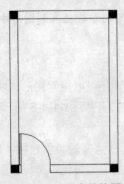

图 11-4-7　厨房结构图

图 11-4-8　【设计中心】面板

03　选择【灶】图块，并将它拖到厨房的绘图区内，并释放鼠标，这时【灶】图块即被插入到厨房图形内，效果如图 11-4-9 所示。

04　使用【移动】命令，将【灶】图块移动到厨房相应的位置，效果如图 11-4-10 所示。

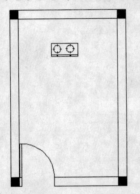

图 11-4-9　插入【灶】图块

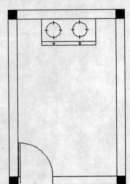

图 11-4-10　移动【灶】

05　使用同样的方法将洗菜盆放到厨房里，如图 11-4-11 所示。

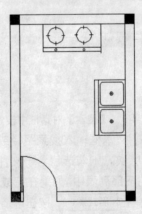

图 11-4-11　插入洗菜盆

小知识

　　在使用【设计中心】时，插入的图块是整体，如果需要分解，则使用【分解】命令将它们分解。同样也可以使用【删除】命令和【修剪】命令等命令对图形进行编辑。

○　本章总结

　　本章我们学习了如何使用辅助工具以及工具选项板，包括查询建筑图形的属性。在查询建筑图形属性中介绍了查询距离、查询面积及周长、列表显示，以及重命名与清理图形中不需要的对象，还介绍了工具选项板窗口和设计中心的使用。

○　有问必答

　　问：哪些对象可以进行查询？

　　答：包括矩形、圆、多边形和面域等指定区域都可以进行查询。

　　问：在查询点坐标时，可以怎样来引用最后一点？

　　答：在查询点坐标时，可以通过在要求输入点的提示中键入@来引用最后一点，如果在三维空间中捕捉对象，则 Z 坐标值与此时对象选定特征的值相同。

　　问：设置变量时，显示或修改系统变量有哪些方式？

　　答：设置变量时，显示或修改系统变量可以通过 SETVAR 命令进行，也可以直接在命令行提示后键入变量名称，在命令的执行过程中输入的参数或在对话框中设定的结果，都将直接修改相应的系统变量。

　　问：用户是否可以直接从其他选项板组中单击拖动选项板进入某一组选项板组？

　　答：用户可以直接从其他选项板组中单击拖动选项板进入某一组选项板组，而且此操作是剪切而不是复制，并且此操作可逆。

　　问：使用【设计中心】插入图块，有哪两种方式？

　　答：使用【设计中心】插入图块，有以下两种方式：采用默认比例和旋转方式插入图块；根据指定的坐标、比例和旋转角度插入图块。

新手学 AutoCAD 2008 室内与建筑实例完美手册

Study

Chapter

12

建筑图案填充与注释

学习导航

在 AutoCAD 中可以使用面域来填充建筑对象，许多绘图应用程序通过一个称为图案填充的过程使用选定的图案或实体颜色来填充区域。图案主要是用来区分工程的部件或用来表现组成对象的材质。

本章要点

⊙ 面域
⊙ 图案填充
⊙ 编辑图案填充
⊙ 无边界图案填充的方法

12.1　面域和图案填充

AutoCAD 通过一个称为图案填充的过程来区分建筑图形中的不同区域，图案主要是用来区分建筑构件或用来表现组成对象的材质，如可以将建筑材质填充给墙体、表面和地板等，如图 12-1-1 所示。

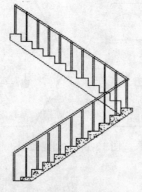

图 12-1-1　填充楼梯

12.1.1　面域

面域是使用形成闭合环的对象创建的二维闭合区域，环可以是直线、多线段、圆等的组合，组成环的对象必须闭合或通过与其他对象共享端点而形成闭合的区域，如图 12-1-2 所示。

如果有两个以上的曲线共用一个端点，得到的面域可能是不确定的，与其他的图形相比，面域可用于以下 3 个方面：

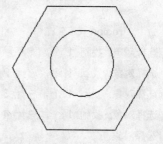

图 12-1-2　面域的形成对象

● 应用填充和着色
● 使用 MASSPROP 分析特性
● 提取设计信息

在 AutoCAD 中，尽管面域与圆、矩形等图形都是封闭的，但它们没有本质的区别，因为圆、矩形等值包含边的信息，没有面的信息，属于线框模型，而面域包含边信息又包含面信息，属于实体模型，闭合多段线、直线和曲线都是有效的选择对象，曲线包括圆弧、圆、椭圆弧和样条曲线。

可以通过多个环或者端点相连形成环的开曲线来创建面域，但是不能通过非闭合对象内部相交构成的闭合区域构成面域，例如，相交的圆或自交的曲线，也可以使用 BOUNDARY 命令来创建面域。

新手学 AutoCAD 2008 室内与建筑实例完美手册

调用【面域】命令有以下 3 种方式：

● 命令：REGION
● 菜单：【绘图】|【面域】
● 二维绘图面板：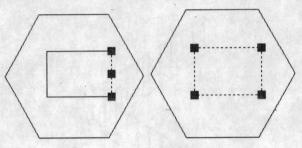

调用该命令后，即可将选择的封闭图形区域转换为面域，如图 12-1-3 所示。具体的操作步骤如下：

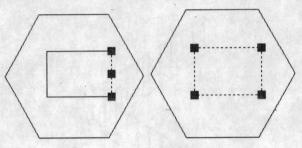

图 12-1-3 创建面域

> 小知识
>
> 在默认的情况下，AutoCAD 进行面域转换时将用面域对象取代原来的对象，并删除圆对象。如果要保留原对象，可将系统变量 DELOBJ 设置为 0，如果原始对象是图案填充对象，那么图案填充的关联性将会丢失，要恢复图案填充关联性，需要重新填充此面域。

命令: _region   \\执行面域命令
选择对象: 找到 1 个   \\选择矩形的第一条边
选择对象: 找到 1 个,总计 2 个   \\选择矩形的第二条边
选择对象: 找到 1 个,总计 3 个   \\选择矩形的第三条边
选择对象: 找到 1 个,总计 4 个   \\选择矩形的第四条边
选择对象: \\回车完成面域创建
已提取 1 个环。
已创建 1 个面域。

此外，通过选择【绘图】|【边界】，在弹出的【边界创建】对话框（如图 12-1-4 所示）中也可以设置生成面域，应首先选择 对象类型(O): 面域 ，然后单击 按钮，并在选定位置单击即可。

图 12-1-4 【边界创建】对话框

12.1.2 创建图案填充

许多绘图应用程序通过一个称为图案填充的过程使用图案填充区域,图案用来区分工程的部件,或用来表现组成对象的材质。可以使用预定义的填充图案、使用当前的线型定义简单的直线图案,或者创建更加复杂的填充图案。启动【图案填充】命令的方法有如下 3 种:

● 菜单:【绘图】|【图案填充】

● 二维绘图面板: 🖾

● 命令行: BHATCH(BH、H、-H)

启动【图案填充】命令后,系统将打开【图案填充和渐变色】对话框,在该对话框中包括【图案填充】和【渐变色】两个选项卡,分别如图 12-1-5 和图 12-1-6 所示。

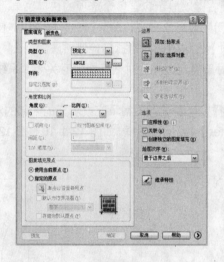

图 12-1-5 【图案填充】选项卡

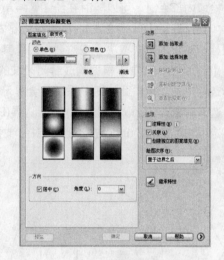

图 12-1-6 【渐变色】对话框

下面将分别介绍其中各项的含义:

1. 边界

【添加:拾取点】根据围绕指定点构成封闭区域的现有对象确定边界。对话框将暂时关闭,系统将会提示拾取一个点。单击此按钮,系统将会提示:

拾取内部点或 [选择对象(S)/删除边界(B)]:单击要进行图案填充或填充的区域,或指定选项,输入 u 或 undo 放弃上一选择,或按【Enter】键返回对话框,如图 12-1-7 ~ 图 12-1-9 所示。

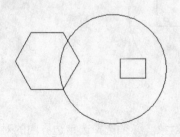

图 12-1-7 填充前

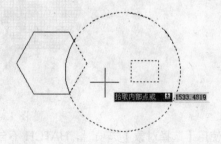

图 12-1-8 选择对象

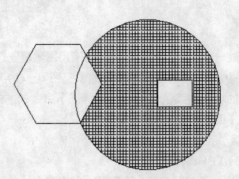

12-1-9　填充后

拾取内部点时，可以随时在绘图区域单击鼠标右键以显示包含多个选项的快捷菜单。

如果打开了【孤岛检测】，最外层边界内的封闭区域对象将被检测为孤岛。HATCH 使用此选项检测对象的方式取决于在对话框的【其他选项】区域中选择的孤岛检测方法。

【添加:选择对象】根据构成封闭区域的选定对象确定边界。对话框将暂时关闭，系统将会提示选择对象。单击此按钮，系统将会提示：

选择对象或 [拾取内部点(K)/删除边界(B)]：选择定义要进行图案填充或填充的区域的对象，指定选项，输入 u 或 undo 放弃上一选择，或按【Enter】键返回对话框，如图 12-1-10～图 12-1-12所示。

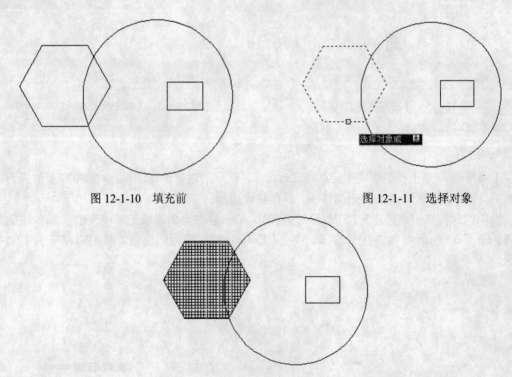

图 12-1-10　填充前　　　　　　　　　　　　图 12-1-11　选择对象

图 12-1-12　填充后

使用【选择对象】选项时，HATCH 不自动检测内部对象。必须选择选定边界内的对象，以按照当前孤岛检测样式填充这些对象。如图 12-1-13～图 12-1-15 所示。

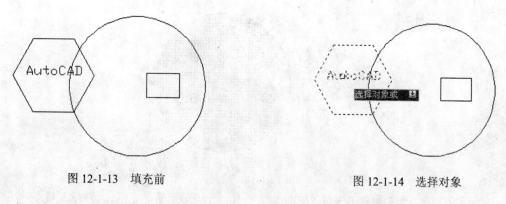

图 12-1-13　填充前　　　　　　　　　　　　　图 12-1-14　选择对象

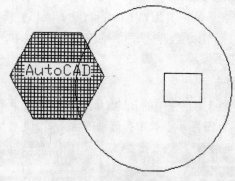

图 12-1-15　填充后

　　每次单击【选择对象】时，HATCH 将清除上一选择集。选择对象时，可以随时在绘图区域单击鼠标右键以显示快捷菜单。可以利用此快捷菜单放弃最后一个或所定对象、更改选择方式、更改孤岛检测样式或预览图案填充或渐变填充。

　　【删除边界】从边界定义中删除以前添加的任何对象。单击【删除边界】时，对话框将暂时关闭并显示命令提示。选择对象或 [添加边界(A)]: 选择要从边界定义中删除的对象，指定选项或按【Enter】键返回对话框。

　　【添加边界】选择图案填充或填充的临时边界对象添加它们。

　　【重新创建边界】围绕选定的图案填充或填充对象创建多段线或面域，并使其与图案填充对象相关联（可选）。单击【重新创建边界】后，对话框会暂时关闭并显示一个命令提示，如图 **12-1-16** ~ 图 **12-1-18** 所示。

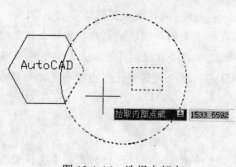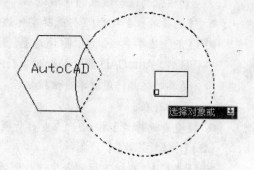

图 12-1-16　选择内部点　　　　　　　　　　　图 12-1-17　选择删除对象

新手学 AutoCAD 2008 室内与建筑实例完美手册

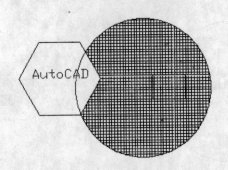

图 12-1-18 填充后

输入边界对象类型 [面域(R)/多段线(P)] <当前>: 输入 r 创建面域或输入 p 创建多段线

是否将图案填充与新边界重新关联? [是(Y)/否(N)] <当前>: 输入 y 或 n

【查看选择集】暂时关闭对话框，并使用当前的图案填充或填充设置显示当前定义的边界。如果未定义边界，则此选项不可用。

2. 【图案填充】选项卡

单击【图案填充和渐变色】对话框中的【图案填充】选项卡，再单击对话框右下角的按钮，将打开隐藏部分，如图 **12-1-19** 所示。其中各选项的含义如下：

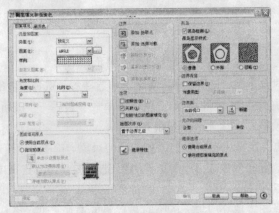

图 12-1-19 打开【图案填充和渐变色】对话框隐藏部分

（1）【边界】区域

● 【拾取一个内部点】按钮：只要在一个封闭区域内部任意拾取一点，AutoCAD 将自动搜索到包含该点的区域边界，并以虚线显示边界。

● 【选择对象】按钮：选择实体边界。单击该按钮可选择组成区域边界的实体。

● 【删除边界】按钮：取消边界。边界即为在一个大的封闭区域内存在的一个独立的小区域。AutoCAD 能自动检测和判断边界，该选项只有在使用【拾取点】按钮来确定边界时才起作用。单击该按钮后，AutoCAD 将对整个大区域进行图案填充，而忽略边界的存在。

● 【查看选择集】按钮：查看所确定的边界。

（2）【类型和图案】区域

● 【类型】：在该下拉列表中选择图案的类型。选择该选项在弹出的列表框中选择需要的类型。

- 【图案】: 选择该下拉列表的选择需要的图案。
- 【样例】: 该显示框显示了当前使用的图案。

（3）【角度和比例】区域

- 【角度】: 在该下拉列表中设置图案填充的角度。
- 【比例】: 在该下拉列表中将设置图案填充的比例。

（4）【继承特性】按钮 ✎: 该按钮允许用户利用已有的区域填充图样来设置新的图样，即新图样继承原图样的特征参数，这对于绘制复杂图形中多个相同类别的图形区域十分有利。

（5）【孤岛】区域: 该区域中包括【普通】、【外部】、【忽略】3 个单选项，其中各项的含义如下:

- 【普通】: 该单选项为普通填充方式。用普通填充方式填充时，从最外层的外边界向内边界填充，第一层填充，第二层不填充，如此交替进行，直到选定边界填充完毕。如图 12-1-20（a）所示图形，如以窗选方式选择所有形体为填充边界，以普通方式填充，结果如图 12-1-20（b）所示。
- 【外部】: 该单选项为最外层填充方式。该方式只填充从最外边界向内第一边界之间的区域。如用最外层填充方式填充如图 12-1-20（a）所示的图形，其结果如图 12-1-20（c）所示。
- 【忽略】: 该单选项为忽略内边界填充方式。该方式忽略最外层边界以内的其他任何边界，以最外层边界向内填充全部图形。以最外层边界向内填充全部图形，该方式填充如图 12-1-20（a）所示的图形，其结果如图 12-1-20（d）所示。

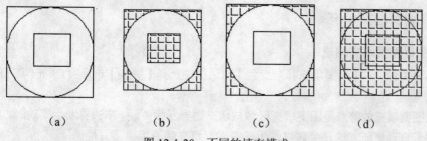

| (a) | (b) | (c) | (d) |

图 12-1-20   不同的填充模式

（6）【边界保留】区域: 在本区域中包括了【多段线】下拉列表、【保留边界】复选框，其中各项的含义如下:

- 【保留边界】: 选择该复选框将保留填充边界。系统缺省设置为不保留填充边界，即系统为图案填充生成的填充边界是临时的，当图案填充完毕后，会自动删除这些边界。如果选择了这一项，则边界被保留。
- 【多段线】: 单击该下拉列表，就可以选择是以多段线还是面域的方式来绘制该边界。【多段线】是以二维多段线的方式来表达；【面域】方式则用来编辑三维图形，面域图形是一个厚度为 0 的面。

（7）【边界集】区域: 该区域将设定边界。此框内的选项用来定义 AutoCAD 分析选择边界的方式。

- 【当前视口】: 该下拉列表将显示当前视点。
- 【新建】按钮 ✎: 单击此按钮，建立新的边界集。此项可以从复杂的图形中分析选择一组边界。

3.【渐变色】选项卡

单击【图案填充和渐变色】对话框中的【渐变色】选项卡，单击选项卡下方的 ⊙ 按钮，将隐藏部分打开，如图 **12-1-21** 所示。其中各项的含义如下：

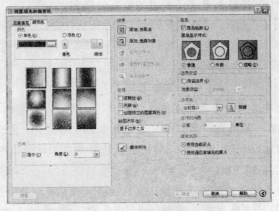

图 12-1-21 【渐变色】选项卡

- 【单色】：选择此单选项，渐变的颜色呈单色显示。
- 【双色】：选择此单选项，渐变的颜色呈双色显示。
- 【居中】：使颜色呈中心渐变，取消【居中】复选框的选择则呈现不对称渐变。
- 【角度】：选择渐变色填充的角度。

12.1.3 编辑图案填充

1. 关联图案填充编辑

在上节中介绍的【图案填充和渐变色】对话框中选择【关联】单选项，则已填充的对象为关联图案填充。

关联图案填充的特点是图案填充区域与填充边界互相关联，当边界发生变动时，填充图形的区域也跟着自动更新，这一关联属性为已有图案填充编辑提供了方便。

用任何一个编辑命令修改填充边界后，如果其填充边界继续保持封闭，则图案填充区域自动更新，并保持关联性；如果边界不再保持封闭，则将丢失其关联性。如果填充图案对象所在的图层被锁定或冻结，则在修改填充边界时，将丢失其关联性。如果用 EXPLODE 命令将一个填充图案分解，则关联性也会丢失。

2. 夹点编辑关联图案填充

关联图案填充和其他实体对象一样，也可以用夹点的方法进行编辑。AutoCAD 将关联图案填充对象作为一个块处理，它的夹点只有一个，位于填充区域的外接矩形的中心点上。如果要对图案填充本身的边界轮廓直接进行夹点编辑，则要使用 DDGRIPS 命令，将在打开的【选项】对话框中单击【选择】选项卡，选择【在块中启用夹点】复选框，然后选择边界进行编辑，如图 **12-1-22** 所示。用夹点方式编辑填充图案时，如果编辑后填充边界仍然保持封闭，那么其关联性继续保持；如果编辑后填充边界不再封闭，那么其关联性丢失，填充区域将不会自动改变。

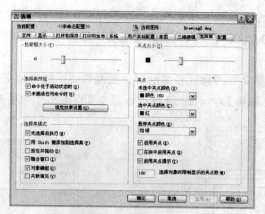

图 12-1-22 【选择】选项卡

3. 图案填充的可见性控制

用 FILL 命令可以控制填充图案的可见性。当 FILL 设为【开】时，填充图案可见；设为【关】时，填充图案则不可见。

更改 FILL 命令设定后，必须用重生命令 REGEN 重新生成才能更新图案填充的可见性。使用系统变量 FILLMODE 也可控制图案填充的可见性，当 FILLMODE＝0 时，FILL 值为"关"；FILLMODE＝1 时，FILL 值为"开"。

当图案填充不可见时，如果对它的填充边界进行编辑，且编辑后填充边界仍然保持封闭，则仍然保持它们的关联性；编辑后如果填充边界不再保持封闭，则不保持关联性。

经典实例

绘制如图 12-1-23 所示的图形。
【光盘：源文件\第 12 章\实例 1.dwg】
【实例分析】
利用图案填充命令来绘制。
【实例效果】
实例效果如图 12-1-23 所示。
【实例绘制】

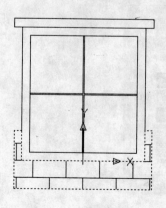

图 12-1-23 图案填充

新手学 AutoCAD 2008 室内与建筑实例完美手册

使用 HATCHEDIT 命令给墙体和窗户修改材质和颜色，具体的操作步骤如下：

01 打开 AutoCAD 2008 中文版，打开【光盘：源文件\第 12 章\实例 1.dwg】图形文件，如图 12-1-24 所示。

02 由图可知，墙体是使用比较密实的砖块垒起来的，这里换空心砖。双击【砖块填充图案】即可打开【图案填充编辑】对话框，在该对话框中可以看出开始填充时的图案类型和比例值，如图 12-1-26 所示。

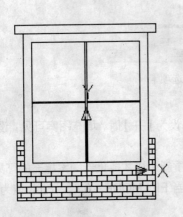

图 12-1-24 编辑图案填充素材文件

图 12-1-25 【图案填充编辑】对话框

注意

【图案填充】编辑对话框和【图案填充和渐变色】对话框相同，可以删除和重建创建图案的边界，并可以将填充图案修改为边界不关联。

03 单击图案右侧的 按钮，在弹出的【填充图案选项板】对话框中将填充图案更改为 AR-B816C，如图 12-1-26 所示。

04 单击【确定】按钮，返回到【图案填充和渐变色】对话框，单击【确定】按钮完成编辑，结果如图 12-1-27 所示。

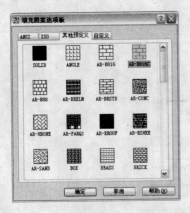

图 12-1-26 【填充图案选项板】对话框

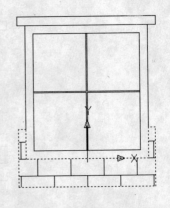

图 12-1-27 修改砖块后的图形

12.2　无边界图案的填充应用技巧

除了要掌握面域的使用范围和基本图案填充的使用方法,用户还应该掌握创建无边界的图案填充。

上面介绍的控制孤岛中的填充,可以创建不显示图案填充边界的图案填充,下面我们将会介绍其他一些无边界的图案填充。

● 使用 BHATCH 创建图案填充,然后删除某些或所有对象边界。

● 使用 BHATCH 创建图案填充,确保边界对象与图案填充不在同一图层上,然后关闭或冻结边界对象所在的图层,这是保持图案填充关联性的唯一方法。

用创建为修剪边界的对象修剪现有的图层填充。修剪图案填充以后,删除这些对象。

在命令行使用-HATCH 命令并通过指定边界点来定义图案填充边界。

经典实例

绘制如图 12-2-1 所示的图形。

【光盘:源文件\第 12 章\实例 2.dwg】

【实例分析】

利用无边界填充命令来绘制。

【实例效果】

实例效果如图 12-2-1 所示。

【实例绘制】

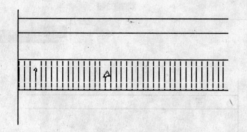

图 12-2-1　无边界图案填充

01　打开【光盘:源文件\第 12 章\实例 2.dwg】图形文件,如图 12-2-2 所示。

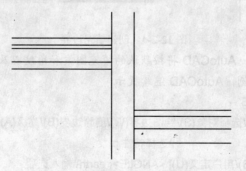

图 12-2-2　创建无边界图案填充源文件

新手学 AutoCAD 2008 室内与建筑实例完美手册

02 输入 -HATCH 命令，使用指定点的方式来创建无边界的图案填充，AutoCAD 提示如下：

命令: -hatch   \\输入命令

当前填充图案: ANGLE

指定内部点或 [特性(P)/选择对象(S)/绘图边界(W)/删除边界(B)/高级(A)/绘图次序(DR)/原点(O)/注释性(AN)]: w   \\输入选项 W

是否保留多段线边界? [是(Y)/否(N)] <N>:\\保留多段线界面

指定起点: \\指定一点

指定下一个点或 [圆弧(A)/长度(L)/放弃(U)]: \\指定下一个点，如图 **12-2-3** 所示

指定下一个点或 [圆弧(A)/闭合(C)/长度(L)/放弃(U)]: \\指定下一个点

指定下一个点或 [圆弧(A)/闭合(C)/长度(L)/放弃(U)]: \\指定下一个点

指定下一个点或 [圆弧(A)/闭合(C)/长度(L)/放弃(U)]: \\回车

指定新边界的起点或 <接受>:\\回车

当前填充图案: ANGLE

指定内部点或 [特性(P)/选择对象(S)/绘图边界(W)/删除边界(B)/高级(A)/绘图次序(DR)/原点(O)/注释性(AN)]: 正在选择所有对象...

正在选择所有可见对象...

正在分析所选数据...

正在分析内部孤岛...   \\如图 **12-2-4** 所示

第 12 章 建筑图案填充与注释

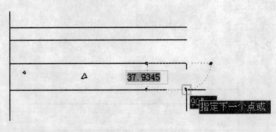

图 12-2-3 指定边界点

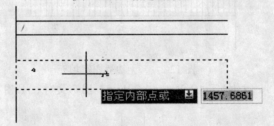

图 12-2-4 创建填充边界

03 指定内部点以后，AutoCAD 将按默认的填充图案和角度以及比例值进行填充，可在这里修改填充图案和填充比例，AutoCAD 继续提示：

当前填充图案: ANGLE

指定内部点或 [特性(P)/选择对象(S)/绘图边界(W)/删除边界(B)/高级(A)/绘图次序(DR)/原点(O)/注释性(AN)]: p   \\选择特性 p

输入图案名或 [?/实体(S)/用户定义(U)] <ANGLE>: earth\\输入选项

指定图案缩放比例 <1.0000>: 10   \\输入放缩比例

指定图案角度 <0>:　　　　　　　　　　　　　　　\\指定角度

小知识

如果用户在"输入图案名或 [?/实体(S)/用户定义(U)] <ANGLE>:"提示下不知道图案名称，可以输入"？"并两次按【Enter】键，系统将在文本窗口显示所有的图案名称以及说明，如图 12-2-5 所示。

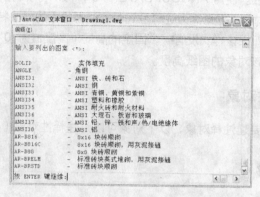

图 12-2-5　图案填充名称及说明

12.3　注　释

AutoCAD 2008 在注释这方面又增添了不少的新功能，使用户能更好地注释对象。

12.3.1　使用注释性样式

通过使用注释性样式，可以使用最少的步骤来对图形进行注释。注释性文字样式、标注样式和多重引线样式均可创建注释性对象。 用于定义这些对象的对话框均包含【注释性】复选框，从中用户可以使这些样式为注释性样式。注释性样式会在对话框和【特性】选项板中它们的名称旁边显示一个专用的 ▲ 图标。

图 12-3-1　选中【注释性】

用户应该指定创建的任何注释性文字样式的【图纸高度】值。【图纸高度】设置指定了图纸空间中文字的高度。

小知识

　　如果已经为标注或多重引线样式指定了【图纸高度】值，则该设置将替代文字样式【图纸高度】设置。

　　如果将样式重定义为注释性或非注释性，则参照这些样式的现有对象将不会自动更新以反映样式或定义的注释性特性。使用 ANNOUPDATE 命令，可以将现有的对象更新为该样式的当前注释性特性。更改现有对象（无论其为注释性还是非注释性）的样式特性时，该对象的注释性特性将与新样式相匹配。如果该样式没有一个固定的高度（高度值为 0），则将根据该对象的当前高度和注释比例来计算该对象的图纸高度。

12.3.2　创建注释性对象

　　要使用注释，首先要建注释对象，以下对象可以为注释性对象（具有注释性特性）：

- 图案填充
- 文字（单行和多行）
- 标注
- 公差
- 引线和多重引线（使用 MLEADER 创建）
- 块
- 属性

1．创建注释性图案填充

（1）创建注释性图案填充的步骤如下：

01　单击【绘图(D)】|【图案填充(H)...】或者在命令提示下，输入 hatch。

02　完成上述操作后，系统弹出【图案填充和渐变色】对话框，在该对话框中，单击【添加：选择对象】对象。

03　然后选择要填充的对象。

04　再在【选项】下，选择【注释性】。

05　单击【确定】按钮即可完成注释性对象的创建。

创建的结果如图 12-3-2 所示。

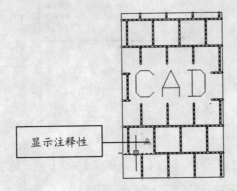

图 12-3-2　注释性图案填充

（2）将现有的图案填充对象更改为注释性对象的步骤：

01 在模型空间中，在命令提示下，输入 cannoscale。

02 为将在其中显示图案填充的视口输入比例设置。

03 在图形中，选择图案填充。

04 在【特性】选项板的【图案】下，单击【注释性】。

05 在下拉列表中选择【是】。

2. 创建注释性文字

创建注释性单行文字的步骤如下：

01 依次单击.【格式】菜单【文字样式】，并在命令提示下，输入 style。

02 在【文字样式】对话框中的【样式】列表中，选择一个注释性文字样式。

03 注意文字样式名旁边的 图标表示该样式注释性。

04 单击【置为当前】以将此样式设置为当前文字样式。

05 单击【关闭】按钮。

06 依次单击【绘图】菜单|【文字】|【单行文字】，并在命令提示下，输入 text。

07 指定第一个字符的插入点。

08 指定文字旋转角度。

09 输入文字。

绘制的结果如图 12-3-3 所示。

图 12-3-3　注释性单行文字

创建注释性多行文字的步骤如下：

01 单击【图(D)】|【文字(X)】|【行文字(M)...】，并在命令提示下，输入 mtext。

02 依次单击【绘图】|【文字】|【多行文字】。

03 指定边框的对角点以定义多行文字对象的宽度，并将显示在位文字编辑器。

04 执行以下操作之一：

● 在【文字格式】工具栏的【文字样式】控件中，单击箭头并从列表中选择一个现有的注释性文字样式。

● 单击工具栏上的【注释性】按钮，可创建注释性多行文字。

05 输入文字。

06 在【文字格式】工具栏上，单击【确定】按钮。

3. 创建注释性标注

创建注释性标注的步骤如下：

依次单击【格式】|【标注样式】，并在命令提示下，输入 dimstyle。

在【标注样式管理器】对话框中的【样式】列表中，选择一个注释性标注样式。标注样式名

旁边的 图标表示该样式注释性，如图 12-3-4 所示。

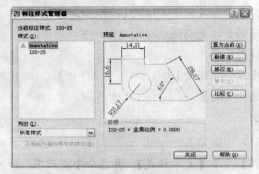

图 12-3-4　【标注样式】管理器

依次单击【置为当前】|【关闭】按钮。单击【标注】菜单，然后选择一种标注类型。 在命令提示下，输入一个标注命令。按【Enter】键选择要标注的对象，或指定第一条或第二条尺寸界线的原点。指定尺寸线的位置。绘制的结果如图 12-3-5 所示。

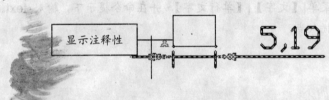

图 12-3-5　注释性标注

4．注释性公差

创建注释性公差的步骤如下：

01　依次单击【标注(N)】|【公差(T)…】，并在命令提示下，输入 tolerance，系统将会弹出【形位公差】对话框，如图 12-3-6 所示。

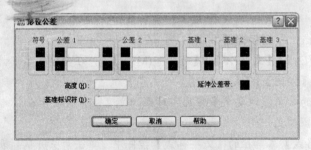

12-3-6　【形位公差】对话框

02　在【形位公差】对话框中，单击【符号】下的第一个矩形，然后选择一个插入符号，如图 12-3-7 所示。

图 12-3-7　选择符号

03 在【公差 1】下，单击第一个黑框，插入直径符号，如图 **12-3-8** 所示。

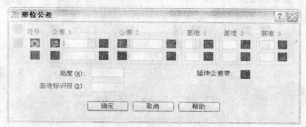

图 12-3-8　插入直径

04 在文字框中，输入第一个公差值，如图 **12-3-9** 所示。

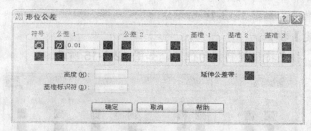

图 12-3-9　输入公差值

05 要添加包容条件（可选），单击第二个黑框，然后单击【附加符号】对话框中的符号进行插入，如图 **12-3-10** 所示。

06 在【形位公差】对话框中，加入第二个公差值（可选并且与加入第一个公差值方式相同），如图 **12-3-11** 所示。

07 在【基准 1】、【基准 2】和【基准 3】下输入基准参考字母，如图 **12-3-12** 所示。

图 12-3-10　选择包容条件

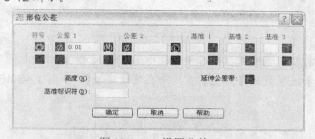

图 12-3-11　设置公差 2

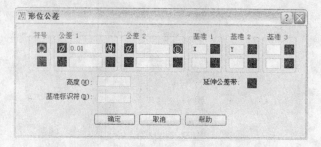

图 12-3-12　设置基准

08 单击黑框，为每个基准参考插入包容条件符号，如图 **12-3-13** 所示。

新手学 AutoCAD 2008 室内与建筑实例完美手册

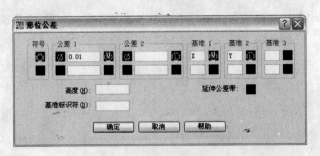

图 12-3-13　插入包容条件

09　在【高度】框中输入高度，单击【投影公差带】方框，插入符号，在【基准标识符】框中，添加一个基准值，如图 **12-3-14** 所示。

10　单击【确定】按钮。

11　在图形中，指定特征控制框的位置，如图 **12-3-15** 所示。

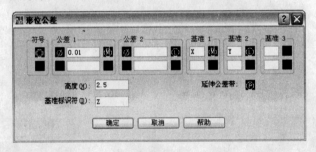

图 12-3-14

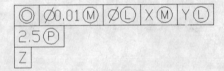

图 12-3-15　形位公差

12　要显示【特性】选项板，并在命令提示下，输入 properties。

13　在【特性】选项板的【其他】下，单击【注释性】，如图 **12-3-16** 所示。

图 12-3-16　【特性】面板

14　在下拉列表中选择【是】或【否】。

5. 引线与多重引线

创建新的注释性多重引线样式的步骤如下：

01 在命令提示下，输入 mleaderstyle，如图 12-3-17 所示。

02 在【多重引线样式管理器】对话框中，单击【新建】按钮。

03 在【创建新多重引线样式】对话框中，输入新样式名称，然后选择【注释性】，单击【继续】按钮，如图 12-3-18 所示。

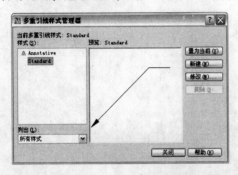

图 12-3-17　【多重引线样式管理器】对话框　　图 12-3-18　【创建新多重引线样式】对话框

04 在【修改多重引线样式】对话框中，选择适当的选项卡并进行相应的更改，以定义该多重引线样式，如图 12-3-19 所示。

图 12-3-19　【修改多重引线样式】对话框

05 单击【确定】按钮。

06 （可选）单击【置为当前】以将此样式设置为多重引线样式。

07 单击【关闭】按钮。

效果如图 12-3-20 所示。

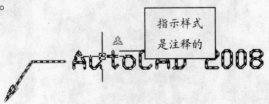

图 12-3-20　注释性多重引线

6. 注释性块的建立

创建注释性块定义的步骤如下：

01 在命令提示下，输入 block。在【块定义】对话框中的【名称】框中输入块名。在【对象】下选择【转换为块】。单击【选择对象】。在【方式】下，选择【注释性】。结果如图 12-3-21 所示。

图 12-3-21 块的设置

02 使用定点设备选择要包含在块定义中的对象。按【Enter】键完成对象选择。在【块定义】对话框中的【基点】下，指定块插入点，单击【确定】按钮。

结果如图 12-3-22 所示。

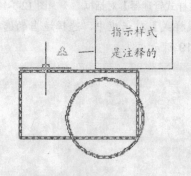

图 12-3-22 注释性块

7. 创建注释性属性

创建注释性属性定义的步骤如下。

01 在命令提示下，输入 attdef。在【属性定义】对话框中，设置【属性模式】、【标记】信息、【插入点】和【文字设置】。在【文字设置】下，选择【注释性】，如图 12-3-23 所示。

图 12-3-23 属性定义

02 单击【确定】按钮，并指定起点，按【Enter】键。

绘制结果如图 **12-3-24** 所示。

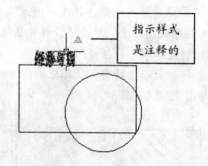

图 12-3-24　注释性属性

12.3.3　缩放注释

缩放注释是对注释的基本操作，下面我们介绍如何对注释进行操作。

（1）使用【模型】选项卡时设置注释比例，其步骤如下：

在图形状态栏或应用程序状态栏的右侧，单击显示的注释比例旁边的箭头。从列表中选择一个比例，如图 **12-3-25** 所示。

（2）布局视口的注释比例，其操作步骤如下：

01　在布局选项卡上，选择视口，如图 **12-3-26** 所示。

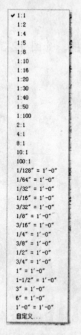

图 12-3-25　注释比例

图 12-3-26　【视口】对话框

02　在图形状态栏或应用程序状态栏的右侧，单击显示的注释比例旁边的箭头。从列表中选择一个比例，如图 **13-3-25** 所示。

（3）设置默认注释比例，其步骤如下：

01　在命令提示下，输入 cannoscale。

新手学 AutoCAD 2008 室内与建筑实例完美手册

02 输入比例名称，并按【Enter】键。

（4）在图形中显示或隐藏注释性对象，其操作步骤如下：

01 在图形中或应用程序状态栏上，单击【注释可见性】按钮。

● 显示 按钮后，将显示所有的注释性对象。

● 显示 按钮后，将仅显示支持当前注释比例的注释性对象。

02 如图 **12-3-27** 与图 **12-3-28** 所示。

图 12-3-27　显示 按钮　　　　　　　　　图 12-3-28　显示 按钮

（5）将当前的注释比例加到注释性对象中

将当前的注释比例加到注释性对象中的操作步骤如下：

01 依次单击【修改】菜单|【注释性对象比例】|【添加当前比例】。或者在命令提示下，输入 objectscale。

02 在图形中，选择一个或多个注释性对象。

03 按【Enter】键后，系统将会弹出【注释对象比例】对话框，如图 **12-3-29** 所示。

图 12-3-29　【注释对象比例】对话框

（6）添加和修改比例图示

将注释比例添加到注释性对象中的步骤如下：

01 依次单击【修改】|【注释性对象比例】|【添加/删除比例】。在命令提示下，输入 objectscale。

02 在绘图区域中，选择一个或多个注释性对象。

03 按【Enter】键。将会显示【注释性对象比例】对话框，如图 **12-3-29** 所示。

04 在【注释性对象比例】对话框中，单击【添加】按钮。

05 在【将比例添加到对象】对话框中，选择要添加到对象的一个或多个比例。（按住 SHIFT

第 12 章　建筑图案填充与注释

键可以选择多个比例。)

　　06　单击【确定】按钮。

　　07　在【注释性对象比例】对话框中，单击【确定】按钮。

本章总结

　　本章我们介绍了如何创建面域、图案填充、对图案的创建和编辑、无边界图案填充的技巧，同时列举了经典实例来演示。我们还介绍了如何使用注释样式来创建各种注释性对象，以及缩放注释。对本章内容的把握是很重要的，希望读者好好地掌握。

有问必答

　　问：面域是有界的，但是是闭合的吗？什么对象可以创建面域？

　　答： 面域是使用形成闭合环的对象创建的二维闭合区域，环可以是直线、多线段、圆等的组合，组成环的对象必须闭合或通过与其他对象共享端点而形成闭合的区域。

　　问：在【图案填充和渐变色】对话框的【类型和图案】的类型列表框中所包含的几种填充方式各是什么意思？

　　答： 在【图案填充和渐变色】对话框的【类型和图案】的类型列表框中所包含的三种填充方式：【预定义】是使用已经定义在 ACAD.PAT 文件中的图案，【用户定义】是使用当前线型定义的图案，【自定义】是指使用定义在其他 PAT 文件中的图案。

　　问：无边界图案填充有哪些方法？

　　答： 无边界填充一般有以下三种方法：（1）控制孤岛中的填充。（2）使用 BHATCH 创建图案填充，然后删除某些或所有对象边界。（3）BHATCH 创建图案填充，确保边界对象与图案填充不在同一图层上，然后关闭或冻结边界对象所在的图层，这是保持图案填充关联性的唯一方法。

　　问：哪些对象可以创建注释性？

　　答： 以下对象可以创建图案填充：图案填充、文字（单行和多行）、标注 、公差、引线和多重引线（使用 MLEADER 创建）、块、属性。

　　问：早期版本中的注释性对象特性与 2008 版本有什么不同？

　　答： 在 AutoCAD 2008 图形中，如果注释性块的图纸方向设置与布局不匹配，并且块包含基于其设置与布局方向不匹配的文字样式的多行属性，则在 AutoCAD 2007 （及早期版本）中打开此图形时，属性将改变位置。

S t u d y

Chapter

13

使用图块与外部参照

学习导航

建筑图形中有大量的门窗构件以及各种符号如标高、索引等内容，而每一个构件的形状又是基本相同的，手工绘图就不得不进行大量的重复工作。对于这类问题，AutoCAD 提供了非常理想的解决方案，即将一些经常重复使用的对象组合在一起，形成一个图块对象，并按指定的名称保存起来，可根据需要随时插入到图形中，而不需要重新绘图，AutoCAD 提供的另一种联系两个或多个图形的特殊方法，即将一个图形通过外部参照功能于另一个图形链接起来，称为"链接"方法。

本章要点

- ◉ 创建和插入图块
- ◉ 动态块
- ◉ 属性定义和编辑
- ◉ 创建外部参照

13.1 使用图块

建筑绘图中，经常用到图块，利用图块功能可以简化绘图过程并系统地组织任务。使用图块有以下 5 个优点：提高绘图速度，建立图块库，便于修改，缩短文件长度，赋予图块属性。

13.1.1 创建图块

将一组单个的图元整合为一个对象，该对象就是图块。在该图形单元中，各实体可以具有各自的图层、线型、颜色等特征。在应用时图块作为一个独立的、完整的对象来操作。用户可以根据需要按一定比例和角度将图块插入到需要的位置。插入的图块只保存图块的特征参数，而不保存图块中每一个实体的特征参数。因此，在绘制相对复杂的图形时，使用图块可以节省磁盘空间。启动【创建图块】命令有以下三种方法：

- 菜单：【绘图】|【块】|【创建】
- 二维绘图面板：
- 命令行：BLOCK（B）

启动该命令以后，系统将会打开如图 13-1-1 所示的对话框，其中各项的含义如下：

图 13-1-1 【块定义】对话框

（1）【名称】下拉列表：在该下拉列表中输入欲定义的图块名称。单击下拉列表框右边的下拉 按钮，系统将弹出下拉列表框，在该列表框中将显示图形中已经定义好的图块名称。

（2）【基点】区域：该区域用于指定图块的插入基点。其中各选项含义如下：

- **【拾取点】按钮**：该按钮用于指定用鼠标在屏幕上拾取点作为图块插入基点。单击 按钮后，【块定义】对话框暂时消失，此时用户可在屏幕上拾取点作为插入的基点，拾取点操作结束后，对话框重新弹出。
- **【X】、【Y】、【Z】文本框**：用于输入坐标以确定图块的插入基点。如果用户没有单击 按钮，则可在其中输入图块插入基点的坐标值来确定基点。若用户采用鼠标单击方式确定基点，则【X】、【Y】、【Z】文本框中将显示该基点的 X、Y、Z 坐标值。

（3）【对象】区域：该区域用于确定组成图块的实体。其中各选项含义如下：

- **【选择对象】按钮**：该按钮用于选取组成块的实体，单击 按钮后对话框暂时消失，等待用户在绘图区用目标选取方式选取欲组成块的实体后，自动回到对话框状态。

● 【保留】单选项：选择该单选项，生成块后，原选取实体仍保留为独立实体。用户选择此方式可以对各实体进行单独编辑、修改。

● 【转换为块】单选项：选择该单选项，生成块后，原选取实体转变成块。

● 【删除】单选项：选择该单选项，生成块后，原选取实体被消除。

（4）【设置】区域：指定块的设置。其中各选项含义如下：

● 【块单位】下拉列表：指定块参照插入单位。

● 【按统一比例缩放】复选框：指定是否阻止块参照不按统一比例缩放。

● 【允许分解】复选框：指定块参照是否可以被分解。

● 【说明】显示框：指定块的文字说明。

（5）超链接(L)... 按钮：用于为图块设置一个超级链接。单击该按钮，系统将打开【插入超级链接】对话框。

> **提示**
>
> 使用创建块 Block 命令，建立的图块是内部图块，只能在当前图形中应用，而不能在其他图形中调用。

经典实例

定义如图 13-1-2 所示图块。

【光盘：源文件\第 13 章\实例 1.dwg】

【实例分析】

本例是运用【图块】命令 BLOCK 将一个图块定义为一个图块。

【实例效果】

实例效果如图 13-1-2 所示。

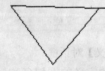

图 13-1-2　定义图块

【实例绘制】

01　启动 BLOCK 命令，系统将会打开如图 13-1-1 所示的对话框，在【名称】下拉列表中输入【标高】。

02　单击【选择对象】按钮 ，在绘图区框选选择对象，如图 13-1-3 所示。

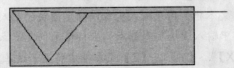

指定对角点：

图 13-1-3　选择对象

03 单击鼠标右键返回【块定义】对话框。

04 单击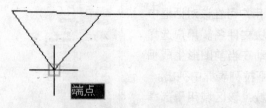按钮，在"餐桌"图形的任意位置单击一点确定块移动时的基点，如图 **13-1-4** 所示。

图 13-1-4 选择基点

05 选取【转换为块】单选项，并在【说明】中输入"标高符号"，如图 **13-1-5** 所示。单击 确定 按钮，完成块定义。

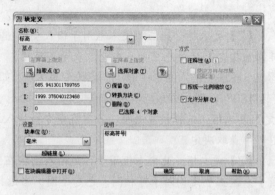

图 13-1-5 在【块定义】对话框中的设置

13.1.2 插入图块

定义块的最终目的是使用图块，也就是插入图块，使绘制图块变得更为便利和快捷。启动【插入图块】命令的方法有如下 3 种：

● 下拉菜单：【插入】|【块】
● 绘图工具栏：
● 命令行：INSERT/DDINSERT

启动【插入图块】命令后，系统将会打开如图 **13-1-6** 所示的对话框，其中各项的含义如下：

图 13-1-6 【插入】对话框

新手学 AutoCAD 2008 室内与建筑实例完美手册

（1）【名称】下拉列表：可输入或在下拉列表框中选择将要插入的块名称。

（2）浏览(B)... 按钮：用于浏览选择文件。

单击该按钮，将打开【选择图形文件】对话框，如图 13-1-7 所示。用户可在该对话框中选择将要插入的外部图块文件名。用户选择插入外部块后，系统自动在当前图形生成相应的同名内部块，并在下拉列表框中列出。

图 13-1-7 【选择图形文件】对话框

（3）【插入点】区域：该区域用于选择图块基点在图形中的插入位置。

● 【在屏幕上指定】复选框：选择该复选框，指定由鼠标在当前图形中拾取插入点。

● 【X】、【Y】、【Z】文本框：此三项文本框用于输入坐标值确定在图形中的插入点。当选中【在屏幕上指定】后，此三项呈灰色，表示不可用。

（4）【缩放比例】区域：图块在插入图形中时可任意改变其大小。如果将比例因子设为负值，则图块插入后沿基点旋转 180°，然后缩放与其绝对值相同的比例。

● 【在屏幕上指定】复选框：选择该复选框，指定在命令行输入 X、Y、Z 轴比例因子，或由鼠标在图形中点取决定。

● 【X】、【Y】、【Z】文本框：此文本框用于预先输入图块在 X 轴、Y 轴、Z 轴方向上缩放的比例因子。这三个比例因子可相同，也可不同。当选择【在屏幕上指定】复选框后，此三项不可用。

● 【统一比例】复选框：该复选框用于统一三个轴方向上的缩放比例。当选择该复选框后，Y、Z 文本框呈灰色，在 X 输入框中输入比例因子后，Y、Z 输入框中显示相同的值。

（5）【旋转】区域：图块在插入图形中时可任意改变其角度，用【旋转】区域确定图块的旋转角度。

● 【在屏幕上指定】复选框：选中该复选框，表示在命令行输入旋转角度或在图形上用鼠标点选决定。

● 【角度】文本框：用于预先输入旋转角度值，缺省值为 0。

（6）【分解】复选框：该复选框确定是否将图块在插入时分解成原有组成实体，而不再作为一个整体。

（7）【块单位】区域：显示有关块单位的信息。

● 【单位】下拉列表：指定插入块的系统变量值。

● 【比例】文本框：显示单位比例因子，该比例因子是根据块的系统变量值和图形单位计算的。

经典实例

插入如图 13-1-8 所示的图块。

【光盘：源文件\第 13 章\实例 2.dwg】

【实例分析】

本例是运用【插入图块】命令将一个已经定义好的图块插入到需要的位置上去。

【实例效果】

实例效果如图 13-1-8 所示。

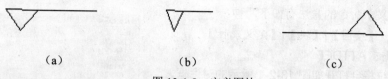

（a）　　　　　　　　　　（b）　　　　　　　　　　（c）

图 13-1-8　定义图块

【实例绘制】

01　启动【插入图块】命令，在【名称】下拉列表中输入要插入的图块"标高"。

> 也可单击右侧的三角形按钮，从列表中选择当前图形中已有的图块名称，还可单击 [浏览(B)...] 按钮，在打开的【选择图形文件】对话框中选择需要的外部图块。

02　在【插入点】区域中若取消勾选【在屏幕上指定】复选框，则可在【X】、【Y】、【Z】文本框中分别设置 X、Y、Z 指定的插入点。默认情况下，【在屏幕上指定】复选框为选中状态。

03　在【缩放比例】区域中设置图块的缩放比例。在【X】文本输入框中输入"0.5"，此时"标高"图块缩小一倍，若选中【统一比例】复选框，将锁定图块在 X、Y、Z 方向以相同比例插入。

> 使用创建块命令 BLOCK 和写块命令 WBLOCK 建立的图块，确定的插入点即为块插入的基点，插入图块时将以该基点来改变图块的比例和旋转角度，如果插入文件未指定基点，将以原点（0，0，0）为缺省的插入基点。

04　在【旋转】区域中输入"180"。

05　选中【分解】复选框，可在插入图块时自动分解图块，使其成为独立的实体，反之插入后的图块将是一个整体。

06　参数设置完成后，单击 [确定] 按钮完成操作。

13.2　属性操作

　　属性与图块是从属关系，它是特定的而且可包括在图块定义中的文字对象，并且在定义一个图块时，属性必须预先定义而后再被选定。可创建几个不同的属性，在定义之后将它们加入到一个图块中。

新手学 AutoCAD 2008 室内与建筑实例完美手册

13.2.1 创建属性定义

图块属性是描述属性特征的属性定义。特征包括标记（标识属性的名称）、插入块时显示的提示、值的信息、文字格式、位置和任何可选模式。使用 ATTDEF 命令可以定义图块的属性，启动【属性定义】命令的方法有如下两种：

● 菜单：【绘图】|【块】|【定义属性】
● 命令行：ATTDEF

打开后系统将会打开如图 **13-2-1** 所示的对话框，其中各项的含义如下：

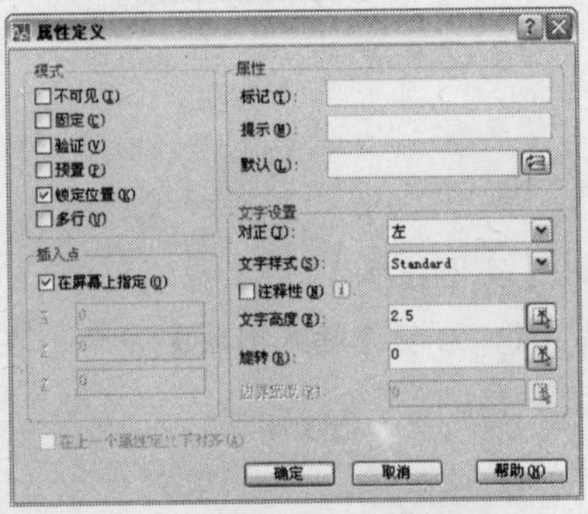

（1）【模式】区域：在该区域可以设置图块属性的几种属性值。各个属性含义如下：

● 【不可见】复选框：该复选框用于控制图块属性在插入块时，图形的可见性。

图 13-2-1　【属性定义】对话框

● 【固定】复选框：该复选框用于设置是否为图块属性指定一个在块插入时的固定值。即块的属性将会是一个固定不变的值。
● 【验证】复选框：该复选框用于设置是否在块插入图块时校检图块属性的正确性。
● 【预置】复选框：该复选框用于设置是否在插入包容预置属性的块时把属性指定为它的缺省值。

（2）【属性】区域：设置属性数据。最多可以选择 256 个字符，如果属性提示或默认值中需要以空格开始，必须在字符串前面加一个反斜杠（\）。

● 【标记】文本框：标识图形中每次出现的属性。使用任何字符组合（空格除外）输入属性标记，小写字母会自动转换为大写字母。
● 【提示】文本框：指定在插入包含该属性定义的块时显示的提示。如果不输入提示，属性标记将用作提示。
● 值：指定默认属性值。

（3）【插入点】区域：指定属性位置。输入坐标值或者选择【在屏幕上指定】，并使用定点设备根据与属性关联的对象指定属性的位置。

● 【在屏幕上指定】复选框：关闭对话框后将屏幕上显示起点的提示。
● 【X】、【Y】、【Z】文本框：指定属性插入点的 X、Y、Z 坐标。

（4）【文字选项】区域：设置属性文字的对正、样式、高度和旋转。

● 【对正】下拉列表：指定属性文字的对正。
● 【文字样式】下拉列表：指定属性文字的预定义样式，显示当前加载的文字样式。
● 【高度】文本框：指定属性文字的高度。
● 【旋转】文本框：指定属性文字的旋转角度。

（5）【锁定块中的位置】复选框：锁定块参照中属性的位置。

在动态块中，由于属性的位置包括在动作的选择集中，因此必须将其锁定。

在定义或重定义图块时，需要将属性附着到图块上。当 AutoCAD 提示选择要包含有图块定义的对象时，应将需要的属性包含到选择集中。

经典实例

绘制如图 13-2-2 所示的图块。

【光盘：源文件\第 13 章\实例 3.dwg】

【实例分析】

本例是运用创建属性定义命令，为标高符号附着一个属性定义。

【实例效果】

实例效果如图 13-2-2 所示。

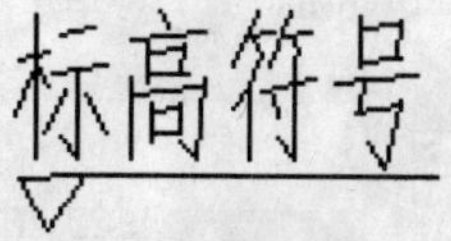

标高符号

图 13-2-2　属性定义后的图形

【实例绘制】

01　启动【属性定义】命令，系统将会打开【属性定义】对话框，在【属性】区域的【标记】编辑框中输入"标高符号"作为属性标签；【提示】编辑框中输入"标高："作为属性提示；默认编辑框中输入"0.000"作为属性的默认值。

02　在【插入点】区域输入要插入点的坐标值。

03　当系统重新打开【属性定义】对话框时，在【高度】文本编辑框中输入"10"，如图 13-2-3 所示。单击【确定】按钮完成属性定义。

图 13-2-3　定义【标高符号】属性

13.2.2　创建带有属性的图块

使用定义属性 ATTDEF 命令，定义图块的属性；使用创建块 BLOCK 命令可以将新的属性与块联系起来，使之成为特定块的属性。对于新的定义图块属性的操作，可以使用下面的步骤进行：

01 选择图形中已经存在的图块参照，然后单击修改工具栏上的【分解】按钮，将图块参照分解。

02 使用创建块 BLOCK 命令，打开【块定义】对话框，如图 13-2-4 所示。从【名称】下拉列表中选择图块名，也就是目标图块的名称。

03 单击【选择对象】按钮，在绘图区内选择刚分解的图块，按下回车键结束图块的选择，并返回【块定义】对话框。

04 在【块定义】对话框中重新定义图块的属性，然后单击【确定】按钮完成操作。

图 13-2-4 【块定义】对话框

在定义图块或重新定义图块时，可以将定义完成的属性附着到图块上，当 AutoCAD 提示选择要包含到图块定义中的图块对象中，将需要使用的属性定义包括到选择集上，选择属性的顺序决定了在插入图块提示时提示属性信息的顺序，如果使用交叉选择方式，提示的顺序将与定义的顺序相反。

经典实例

创建将带有属性的如图 13-2-5 所示的图块。
【光盘：源文件\第 13 章\实例 4.dwg】
【实例分析】
本例是运用插入图块命令将一个已经定义好的图块插入到需要的位置上去。
【实例效果】
实例效果如图 13-2-5 所示。

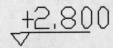

图 13-2-5 带有属性的图形

【实例绘制】
01 执行 BLOCK 命令，系统打开【块定义】对话框，在名称的下拉列表中选择"标高"。

02 单击选择对象，选择定义的属性以及标高符号图形，按【Enter】键，【块定义】对话框又将会打开。

03 单击几点，选择标高符号三角形的顶点作为图块的插入点，【块定义】对话框又将会重新打开。

04　在【对象】中选择"转换为块"，在【说明】中输入"带有属性的标高符号"，作为该图块的说明文字，如图 13-2-6 所示，单击【确定】按钮结束图块定义。

05　这时，圆标高符号和属性已转换为图块，系统打开【编辑属性】对话框，要求输入新的属性值，如图 13-2-7 所示，单击【确定】按钮后，圆的【标高符号】变为"0.000"默认值，如图 13-2-8 所示。

图 13-2-6　定义带属性的图块

图 13-2-7　【编辑属性】对话框

图 13-2-8　带属性的图形

06　按照执行方式激活插入命令后，系统打开【插入】对话框，该图只有一个图块，因此在对话框的名称下拉列表中只有"标高"一项，直接单击【确定】按钮，系统关闭对话框，在合适的位置单击，AutoCAD 在命令行中显示："标高"提示符，在输入"＋2.800"后，插入的标高符号上方属性值该为"＋2.800"，如图 13-2-5 所示。

■13.3　编辑属性 ■

编辑图块属性即是修改已经建立的或者已经附着到块中的属性，如使用定义属性 DDEDIT 命令可以修改图块的文字、数值等；使用特性命令修改图块属性的模式；使用编辑属性定义 CHANGE 命令，可以修改图块属性的标志、初始值等。接下来将介绍不同状态的属性，使用不同的命令进行编辑。

13.3.1　编辑属性定义

在将属性赋予图块之前，用户如果认为属性定义不合适，可以通过 DDEDIT、CHANGE、DDMODIFY 等命令对属性的标志、提示及初始值等进行修改。

使用修改 CHANGE 命令不仅可以修改属性的标志、提示及初始值，还可以修改属性字体的字型、高度、旋转角度及插入点等；而特性 DDMODIFY 命令则还可以对属性的模式进行修改。

13.3.2 属性显示

【属性显示】命令用来对可知属性的显示，其启动的方式有以下两种：

- 菜单：【视图】|【显示→属性显示】
- 命令行：ATTDISP

执行 ATTDISP 命令，命令行提示"输入属性的可见性设置 [普通（N）/开（ON）/关（OFF）] <普通>:"，其中，普通选项用于恢复属性定义时设置的可见性；ON/OFF 用于使属性暂时可见或不可见。

使用属性显示 ATTDISP 命令，改变属性的可见性后图形将重新生成，使用恢复 UNDO 命令不能回到前一步操作的显示状态，只能用属性显示 ATTDISP 恢复显示。另外也可用系统变量 ATTREQ 命令来控制属性在屏幕上的显示。系统变量 ATTREQ 命令以 0 和 1 控制，0 将把所有属性显示为其缺省值。

13.3.3 块属性管理器

使用块属性管理器可以修改图块中各属性的值并确定该值是否可见,修改属性所在的图层以及属性的颜色、线宽和线型等。启动【块属性管理器】有如下 3 种方法：

- 菜单：【修改】|【对象】|【属性】|【块属性管理器】
- 二维绘图面板：
- 命令行：BATTMAN

打开【块属性管理器】具体使用步骤如下：

01 启动编辑块定义的属性特性命令 BATTMAN，将打开【块属性管理器】对话框，如图 13-3-1 所示。

图 13-3-1 【块属性管理器】对话框

02 单击选择块![图]按钮，在绘图区选取需要编辑的属性块，或在【块】下拉列表中选取需要编辑的属性块。

03 单击 设置(S)... 按钮，打开【块属性设置】对话框，如图 13-3-2 所示。在该对话框中设定需要编辑的属性，包括属性标记、提示和文本属性等。

04 单击 编辑(E)... 按钮，打开【编辑属性】对话框，如图 13-3-3 所示。在该对话框分别编辑属性的各种设置，包括可见性、标记、提示、默认、字体、字高、对齐方式、图层、线型、色彩等。

图 13-3-2 【设置】对话框

图 13-3-3 【编辑属性】对话框

13.3.4 编辑图块属性值

在前面讲解到的 DDATTE 或 ATTEDIT 命令，编辑块中的属性定义外，还可用增强属性编辑器编辑属性值。启动该命令的方法有如下两种：

- 菜单：【修改】|【对象】|【属性】|【单个】
- 命令行：EATTEDIT

执行 EATTEDIT 命令编辑图块属性值的操作步骤如下：

01 执行【修改】|【对象】|【属性】|【单个】菜单命令或执行在块参照中编辑属性 EATTEDIT 命令，系统提示"选择块："。

02 在绘图区选择要编辑属性值的块，打开如图 13-3-4 所示的【增强属性编辑器】对话框。

03 在【属性】选项卡的列表框中选择要修改的属性项。

图 13-3-4 【增强属性编辑器】对话框

04 在【值】文本框中输入新的属性值。

05 单击【文字选项】选项卡，打开如图 13-3-5 所示的对话框。

06 在【文字样式】下拉列表中可重新选择文本样式。

07 在【对正】下拉列表中设置文本的对齐方式。

08 在【高度】文本框中设置文本的高度。

09 在【旋转】文本框中设置文本的旋转角度。

10 在【宽度比例】文本框中设置文本的比例因子。

11 在【倾斜角度】文本框中设置文本的倾斜状态。

12 单击【特性】选项卡，打开如图 13-3-6 所示的对话框。

图 13-3-5 单击【文字选项】选项卡

图 13-3-6 单击【特性】选项卡

新手学 AutoCAD 2008 室内与建筑实例完美手册

13 在【图层】下拉列表中选择块将要放置的图层。

14 在【线型】下拉列表中选择块的线型。

15 在【颜色】下拉列表中设置属性文本的颜色。

16 在【线宽】下拉列表中设置块中的线型宽度。

17 设置完成后单击【应用】按钮，再单击【确定】按钮关闭对话框，完成属性的编辑。

13.4 外部参照操作

外部参照使用户能在自己的当前绘图中用外部参照的方法看到其他图形文件，外部参照的图并不作为当前图的一部分，外部参照与图块的主要区别是：一旦插入了某个图块，此图块就永久地插入了当前图形中，如果原始的图形发生了改变，插入的图块并不反映这种变化，而以外部参照的方式插入某一图形后，被插入的图形的数据并不直接加到当前图形中，而只是记录参照的关系，如果原始图形发生了改变，插入的外部参照将相应的改变。

13.4.1 附加外部参照

外部参照 XATTACH 命令是将参照图形中的修改反映在当前图形中。建立外部参照的具体操作步骤如下：

01 执行【插入】|【外部参照】命令或在命令行上输入 XATTACH 命令，打开【选择外部参照】对话框，如图 13-4-1 所示。

02 在该对话框中选择需要插入到当前图形中的外部参照图块，效果如图 13-4-2 所示。

图 13-4-1 【选择外部参照】对话框

图 13-4-2 【选择参照文件】对话框

03 单击【选择参照文件】对话框中的 打开(O) 按钮，系统打开【外部参照】对话框，在该对话框中进行参数设置，效果如图 13-4-3 所示，完成外部参照的建立。

图 13-4-3 【外部参照】对话框

提示

选中【统一比例（U）】后，系统将会自动将 Y/Z 的值变成和 X 相同，另外用户也可以选中在【在屏幕上知道（E）】，通过在屏幕上知道点来确定缩放比例，当选中该项时，下面的选项均不可用。

经典实例

创建附着外部参照如图 13-4-4 所示的图块。

【光盘：源文件\第 13 章\实例 5.dwg】

【实例分析】

本例是运用外部参照将天然气灶和浴缸补充到厨房中去。

【实例效果】

实例效果如图 13-4-4 所示。

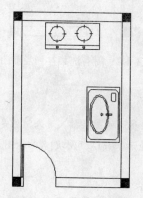

图 13-4-4　插入外部参照

【实例绘制】

01　启动 AutoCAD 2008 中文版，打开【光盘：源文件\第 13 章\实例 5.dwg】。启动外部参照，弹出【选择参照文件】对话框，选择"洗菜盆"图形文件，如图 13-4-5 所示。

02　单击【打开】按钮，弹出【外部参照】对话框，设置【比例】选项区中的【X】值为"1.5"，选中【统一比例（U）】复选框，【旋转】选项区的【角度】为"-90"，其他使用默认设置，如图 13-4-6 所示。

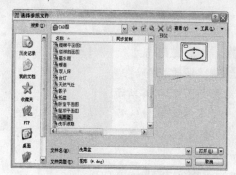

图 13-4-5　选择参照文件

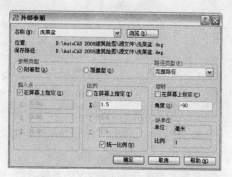

图 13-4-6　【外部参照】对话框

新手学 AutoCAD 2008 室内与建筑实例完美手册

03 单击【确定】按钮，完成参照文件的加载，系统提示：

命令: XATTACH   \\输入命令

外部参照"洗菜盆"已定义。

使用现有定义。

指定插入点或 [比例(S)/X/Y/Z/旋转(R)/预览比例(PS)/PX/PY/PZ/预览旋转(PR)\\选择选项

如图 **13-4-7** 所示。

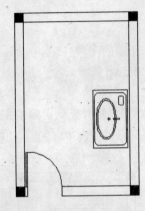

图 13-4-7   附着洗菜盆到当前图形中

> 📁 **提示**
>
> 插入外部参照时也将该参照的图层插入进来，但是因为外部参照不能设定为当前图形，所以图层以灰色显示，并以"图块|名称原图层名称"显示，如"洗菜盆|窗户层"。

04 重复以上步骤添加"天然气灶"，设置【比例】选项区的【X】为"2"，其他为默认设置，如图 **13-4-8** 所示。

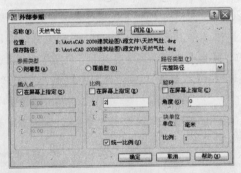

图 13-4-8   设置天然气灶外部参照插入参数

05 加载天然气灶后，AutoCAD 提示如下，结果如图 **13-4-4** 所示。

命令: XATTACH   \\输入命令

附着 外部参照 "天然气灶": D:\AutoCAD 2008 建筑绘图\源文件\天然气灶.dwg

"天然气灶"已加载。

指定插入点或 [比例(S)/X/Y/Z/旋转(R)/预览比例(PS)/PX/PY/PZ/预览旋转(PR)]

13.4.2 绑定外部参照

外部参照管理器 XREF 命令用于管理外部图形的引用，外部引用与图块类似，但外部引用的任何部分均不驻留在图形数据库中，外部引用与当前图形的关系仅是一种链接关系。启动【参照管理器】命令的方法有如下两种：

- 菜单：【插入】|【外部参照】
- 命令行：XREF（-XR）

1．外部参照的管理

启动外部参照管理器 XREF 命令，系统将打开【外部参照】对话框，如图 13-4-9 所示。其各选项含义如下：

右击任何一个文件时，将会弹出一个下拉菜单，如图 13-4-10 所示，其中各项的含义如下：

（1）【附着】：单击该按钮，打开【选择参照文件】对话框，选择衔接文件后进入【外部参照】对话框设置衔接参数。

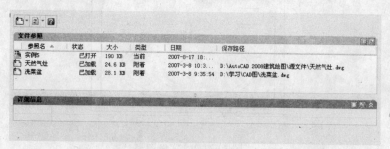

图 13-4-9 　【外部参照】对话框

图 13-4-10 　【外部参照管理器】对话框

（2）【拆离】按钮：单击该按钮，XREF 同当前文件脱离。外部引用与当前图形脱离之后，这个外部引用文件将与当前文件完全没有关系。

（3）【重载】按钮：单击该按钮，重输入一个卸载的 XREF。

（4）【卸载】按钮：单击该按钮，与 Detach 类似，但保留与 XREF 的一个链，因而可以很快地恢复衔接。它与冻结有类似的影响，虽然存在，但不显示，可以减少重画，重新生成及文件装载的时间。

（5）【绑定】按钮：单击该按钮，将一个 XREF 转换成块。Bind 提供两个选项：Bind 与 Insert。其中 Bind 选项将保留 XREF 的有名元素（层、线型、文字与尺寸标注形式），用 XREF 的文件名作为前缀，在当前文件中建立新层。"插入"选项将不保留 XREF 的有名元素，而是将它们与当前文件中的同名元素合并。例如，在 XREF 中与当前文件中都有相同名称的层，XREF 中的实体被放在当前文件中具有相同名字的层上。即相当于用 INSERT 命令插入该文件。

（6）列表显示✓/ 树形显示按钮：这是在对话框左上角的两个按钮。可以使用列表方式或树结构形式显示 XREF 文件。

2. 剪裁外部参照

执行【修改】|【剪裁】|【外部参照】命令进行对外部参照剪裁修改。剪裁外部参照是对外部参照剪裁显示范围，对于如图 13-4-11 所示的参照图形（矩形框内的图形为参照图形），剪裁为外部参照，可以使用以下的步骤：

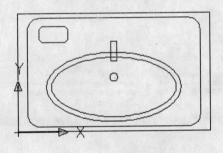

图 13-4-11　实例图形

01　执行【修改】|【剪裁】|【外部参照】命令，启动外部参照剪裁命令。

02　在命令行提示"选择对象："时，选择图形中的参照图形，选择完外部参照后，按下回车键结束选择命令。

03　在命令行提示"输入剪裁选项：[开（ON）/关（OFF）/剪裁深度（C）/删除（D）/生成多段线（P）/新建边界（N）] <新建边界>:"时，直接按下回车键默认新建剪裁边界。

04　在命令行提示"指定剪裁边界：[选择多段线（S）/选择多边形（P）/选择矩形（R）] <选择矩形>:"时，直接按下回车键默认选择矩形边界。

05　在命令行提示"指定第一个角点："时，拾取一点作为矩形边界的一个角点。

06　在命令行"指定对角点："提示下，确定矩形的另一个角点。

完成效果如图 13-4-12 所示，只有矩形边界内的参照图形显示在当前图形中。

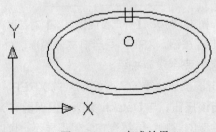

图 13-4-12　完成效果

3．拆离外部参照

外部参照能附着，也能拆离。在【外部参照管理器】对话框选择需要拆离的外部参照，单击【卸载】按钮，就可以将该外部参照图块从当前图形中拆离。

13.4.3　编辑外部参照

在处理外部引用图形时，用户可以使用外部引用编辑功能向指定的工作集添加或删除对象。工作集是由提取出来的对象组成的集合。由此使用【编辑外部参照】命令来管理外部参照文件，启动【编辑外部参照】命令的方法有如下 2 种：

● 二维绘图面板：

● 命令行：_REFEDIT

启动该命令后，命令行提示选择编辑对象，并打开【参照编辑】对话框，如图 13-4-13 所示，在【预览】中将显示选定的外部参照预览图像。用户也可以在【参照名】列表中直接选择要编辑的参照的名称。

如果用户选择了嵌套的参照，则在【参照名】中显示所有可被编辑的参照，及其层次结构。

图 13-4-13　【参照编辑】对话框

（1）【路径】栏：显示了所选外部参照的路径。如果用户选择对象为图块，则预览框及路径均不显示。

（2）【自动选择所有嵌套的对象】单选项：控制嵌套对象是否自动包含在参照编辑任务中。如果选中此选项，选定参照中的所有对象将自动包括在参照编辑任务中。

（3）【提示选择嵌套的对象】单选项：控制是否在参照编辑任务中逐个选择嵌套对象。如果选中此选项，关闭【参照编辑】对话框并进入参照编辑状态后，AutoCAD 将提示用户在要编辑的参照中选择特定的对象。

REFEDIT 对图中的引用文件修改后，引用文件的原图也随着改变。这样就无须打开原图，只在一张图上就实现了对引用文件的修改。

REFEDIT 适用于对引用文件进行修改。对引用文件做大的修改或恢复到修改前的图形最好在原图中进行，以加快速度。

本章总结

本章我们介绍了如何使用图块与外部参照。内容包括：创建与插入图块、属性的创建、编辑属性，以及外部的参照。对本章的内容希望读者好好掌握，有利于快速的绘图。

有问必答

问：在创建块时，要选择对象，此时有哪些方式可以选择？

答：在创建块时，要选择对象，此时可以通过以下的方式选择对象：

新手学 AutoCAD 2008 室内与建筑实例完美手册

1．直接用鼠标选取。

2．可以通过键盘直接输入名称，点取向下箭头将弹出该图形中已定义的块名称列表，块名称最多可以输入 255 个字符，包括字母、数字、空格以及未被 Windows 和本程序定义其他目的的特殊字符，但是不能使用 DIRECT、LIGHT 等名称。

问：一组对象被定义为块后，是一个整体吗？可以进行哪些操作？

答：一组对象被定义为块后，是一个整体，AutoCAD 就把它当成一个对象来处理，通过拾取图块内的任意对象，可以实现对整个图块对象进行复制、移动和镜像等编辑操作。

问：插入图块时，图块内的每一个对象仍在它原来的图层上绘出吗？

答：插入图块时，图块内的每一个对象仍在它原来的图层上绘出，只有 0 图层上的对象在插入时被绘制在当前图层，线型、颜色、线宽等也随当前层而变化，从而影响图块的使用。

问：在创建定义属性以后，在定义块时会把它选为对象，然后，插入块时，对于不同的新的插入块，可以有不同的值吗？

答：在创建定义属性以后，在定义块时会把它选为对象，然后，插入块时，对于不同的新的插入快，可以为属性指定不同的值。

问：对于外部参照，有哪些绑定方式？

答：对于外部参照，有以下绑定方式：一是绑定外部参照，二是局部绑定。

Study

Chapter

14

建筑物的着色与渲染

学习导航

　　着色和渲染可以在 AutoCAD 2008 中形象地显示三维实体，也是可视化展示三维建筑效果的一个重要手段，着色是对三维实体进行阴影处理，渲染可使三维对象的表面显示出明暗色彩和光彩效果，从而形成逼真的图像。

　　其次，还可以对三维建筑插入图像，进一步强化其三维效果，向图形中添加光栅图像的能力扩充了 AutoCAD 的使用功能。

本章要点

- ◉ 着色与渲染
- ◉ 光源与材质
- ◉ 给建筑物插入招贴

█ 14.1　着色与渲染 █

创建或编辑图形后，在查看或打印图形时稍微复杂的图形往往会显得十分混乱，以至于无法表达正确的信息。

创建真实的三维图像可以帮助设计者看到最终的效果，这样要比线框表达清楚得多，而对图像进行着色和渲染可以增强图像的真实感，在各类图像中，着色可以消除隐藏并为可见平面指定颜色，渲染可以调整光源并为表面附着上材质以产生真实的效果，如图 **14-1-1** 与图 **14-1-2** 所示。

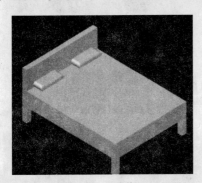

图 14-1-1　渲染

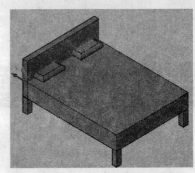

图 14-1-2　着色

14.1.1　着色

着色是对三维模型进行阴影处理，以生成更加逼真的图像，着色使用来自观察者后方的定量环境光。着色主要是通过视觉样式来表现的：视觉样式是一组设置，用来控制视口中边和着色的显示。更改视觉样式的特性，而不是使用命令和设置系统变量。一旦应用了视觉样式或更改了其设置，就可以在视口中查看效果。视觉样式是通过视觉样式管理器来进行设置的，视觉样式管理器将显示图形中可用的视觉样式的样例图像。选定的视觉样式用黄色边框表示，其设置显示在样例图像下方的面板中。视觉样式打开的方式有以下三种：

- 菜单：【工具(T)】|【选项板】|【视觉样式(V)】
- 命令条目：visualstyles
- 面板：【视觉样式】面板，【视觉样式管理器】面板

启动该命令后，系统将会打开如图 **14-1-3** 所示的面板。其中各项含义如下：

【视觉样式管理器】包含图形中可用的视觉样式的样例图像面板和以下特性面板：

- 面设置
- 环境设置
- 边设置

用户在面板上的【视觉样式】面板中所作的更改将创建一个应用到当前视口的临时视觉样式 *Current*。这些设置不保存为命名视觉样式。

1．图形中可用的视觉样式

显示图形中可用的视觉样式的样例图像。选定的视觉样式的面设置、环境设置和边设置将显示在设置面板中。选定的视觉样式显示黄色边框。选定的视觉样式的名称显示在面板的底部。如图 14-1-4 所示选择"二维线框"。样例图像上的图标用于指示视觉样式的状态：中下部的"将选定的视觉样式应用于当前视口"按钮的图标用于指示应用于当前视口的视觉样式，中下部的图形图标用于指示当前图形（而不是当前视口）中使用的视觉样式，右下部的产品图标用于指示产品附带的默认视觉样式。

图 14-1-3　【视觉样式管理器】面板

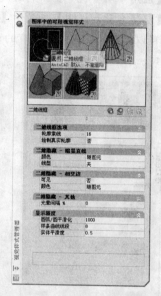

图 14-1-4　选择"二维线框"

2．工具条中的按钮

对常用选项提供按钮访问。

- 创建新的视觉样式：显示【创建新的视觉样式】对话框，如图 14-1-5 所示，从中用户可以输入名称和可选说明。新的样例图像被置于面板末端并被选中，如图 14-1-6 所示。

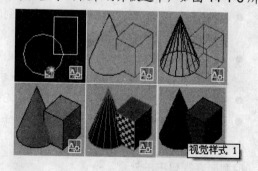

图 14-1-5　【创建新的视觉样式】对话框

图 14-1-6　新建的视觉样式

- 【将选定的视觉样式应用于当前视口】：将选定的视觉样式应用于当前视口。
- 【将选定的视觉样式输出到工具选项板】：为选定的视觉样式创建工具并将其置于活动工具选项板上。如果【工具选项板】窗口已关闭，则该窗口将被打开并且该工具将被置于顶部选项板上。

新手学 AutoCAD 2008 室内与建筑实例完美手册

● 【删除选定的视觉样式】：从图形中删除视觉样式。默认视觉样式或正在使用的视觉样式无法被删除。

3．快捷菜单

对于可以从工具条的按钮中获得的选项和以下只能从快捷菜单上获得的附加选项提供菜单访问。在面板中的样例图像上单击鼠标右键可以访问快捷菜单，如图 **14-1-7** 所示。其中各项的含义如下：

● 【应用于所有视口】：将选定的视觉样式应用到图形中的所有视口。

● 【编辑名称和说明】：显示【编辑名称和说明】对话框，如图 **14-1-8** 所示，从中用户可以添加说明或更改现有的说明。当光标在样例图像上晃动时，将在工具栏中显示说明。

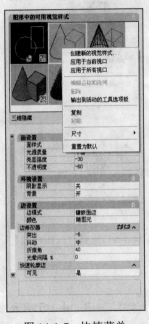

图 14-1-7　快捷菜单　　　　　　　　图 14-1-8　【编辑名称和说明】对话框

● 【复制】：将视觉样式样例图像复制到剪贴板。可以将其粘贴至【工具选项板】窗口以创建视觉样式工具，或者可以将其粘贴至【可用视觉样式】面板以创建一个副本。

● 【粘贴】：将视觉样式工具粘贴至面板并将该视觉样式添加到图形中，或者将视觉样式的副本粘贴至【可用视觉样式】面板中。

● 【尺寸】：设定样例图像的大小。【完全】选项使用一个图像填充面板。

● 【重置为默认】：恢复某个默认视觉样式的原来设置。

4．面设置

控制面在视口中的外观。

（1）【亮显强度】按钮：将【亮显强度】的值从正值更改为负值，反之亦然。

（2）【不透明度】按钮：将【不透明度】的值从正值更改为负值，反之亦然。

（3）【面样式】：定义面上的着色。

● 【真实】（默认选项）　非常接近于面在现实中的表现方式。

- 古式使用冷色和暖色而不是暗色和亮色来增强面的显示效果，这些面可以附加阴影并且很难在真实显示中看到。
- 【无】不应用面样式。其他面样式被禁用。

（4）光源质量：设定光源是否显示模型上的镶嵌面。默认选项为【平滑】。

（5）亮显强度：控制亮显在无材质的面上的大小。

（6）不透明度：控制面在视口中的不透明度或透明度。

（7）材质和颜色：控制面上的材质和颜色的显示。

- 材质：控制是否显示材质和纹理。
- 面颜色模式：控制面上的颜色的显示。

（8）普通：不应用面颜色修改器。

（9）单色：显示以指定颜色着色的模型。

（10）染色：更改面颜色的色调和饱和度值。

（11）降饱和度：通过将颜色的饱和度分量降低30%来使颜色柔和。

- 单色/染色：显示【选择颜色】对话框，从中用户可以根据面颜色模式选择单色或染色。面颜色模式设定为【普通】或【降饱和度】时，此设置不可用。

5. 环境设置

控制阴影和背景。

- 【阴影】：控制阴影的显示：无阴影、仅地面阴影或全阴影。将阴影关闭以增强性能。

要显示全阴影，需要硬件加速。关闭【几何加速】时，将无法显示全阴影。（要访问这些设置，请在命令提示下输入 3dconfig。在【自适应降级和性能调节】对话框中，如图 14-1-9 所示，单击【手动调节】。）

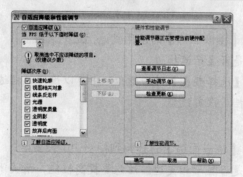

图 14-1-9　【自适应降级和性能调节】对话框

- 【背景】：控制背景是否显示在视口中。

6. 边设置

控制如何显示边。

（1）边模式：将边显示设置为【镶嵌面边】、【素线】或【无】。

（2）颜色：显示【选择颜色】对话框，如图 14-1-10 所示，从中可以设定边的颜色。

新手学 AutoCAD 2008 室内与建筑实例完美手册

图 14-1-10 【选择颜色】对话框

（3）边修改器：控制应用到所有边模式（"无"除外）的设置。

● 【突出】按钮和设置：将线延伸至超过其交点，以达到手绘的效果。该按钮可以打开和关闭突出效果。突出效果打开时，可以更改设置。

● 【抖动】按钮和设置：使线显示出经过勾画的特征。这些设置有低、中和高，每项均可以关闭。该按钮可以打开和关闭抖动效果。抖动效果打开时，可以更改设置。

● 【折痕角】：设定面内的镶嵌面边不显示的角度，以达到平滑的效果。VSEDGES 系统变量设置为显示镶嵌边时该选项可用。

● 【光晕间隔%】：指定一个对象被另一个对象遮挡处要显示的间隔的大小。选择概念视觉样式或三维隐藏视觉样式或者基于二者的视觉样式时，该选项可用。如果光晕间隔值大于 0（零），将不显示轮廓边。

7. 快速轮廓边

控制应用到轮廓边的设置。轮廓边不显示在线框或透明对象上。

● 【可见】：控制轮廓边的显示。

● 【宽度】：指定轮廓边显示的宽度。

8. 遮挡边

控制当边模式设置为【镶嵌面边】时应用到遮挡边的设置。

● 【可见】：控制是否显示遮挡边。

● 【颜色】：显示【选择颜色】对话框，从中可以设定遮挡边的颜色。

● 【线型】：为遮挡边设定线型。

9. 相交边

控制当边模式设置为【镶嵌面边】时应用到相交边的设置。

● 【可见】：控制是否显示相交边。注意要提高性能，请关闭相交边的显示。

● 【颜色】：显示【选择颜色】对话框，从中可以设定相交边的颜色。

● 【线型】：为相交边设定线型。

下面我们介绍如何把视觉样式保存到工具选项卡中，其操作步骤如下：

01 依次单击【工具】|【选项板】|【视觉样式】，如图 14-1-11 所示。

02 依次单击【工具】|【选项板】|【工具选项板】。在命令提示下，输入 ToolPalettesClose。

03 在【工具选项板】窗口中，单击【视觉样式】选项卡，如图 14-1-12 所示。

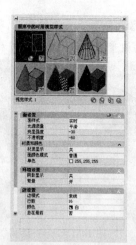

图 14-1-11　【视觉样式管理器】面板　　　图 14-1-12　【视觉样式】选项卡

04　在【视觉样式管理器】中，选择视觉样式的样例图像。

05　在图像下面，单击【将选定的视觉样式输出到工具选项板】按钮，如图 **14-1-13** 所示。

图 14-1-13　输出视觉样式

视觉样式中提供了五种默认的视觉样式，下面将分别介绍这五种视觉样式的效果：

- 【二维线框】：显示用直线和曲线表示边界的对象。光栅和 OLE 对象、线型和线宽均可见。
- 【三维线框】：显示用直线和曲线表示边界的对象。

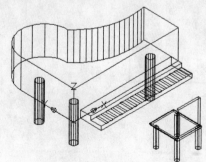

图 14-1-14　"二维线框"效果

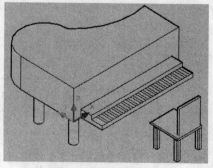

图 14-1-15　"三维线框"效果

- 【三维隐藏】：显示用三维线框表示的对象并隐藏表示后向面的直线。
- 【真实】：着色多边形平面间的对象，并使对象的边平滑化，将显示已附着到对象的材质。

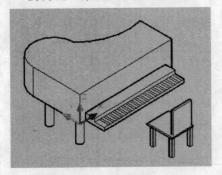 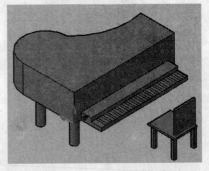

图 14-1-16　"三维隐藏"效果　　　　　　　图 14-1-17　"真实"效果

- 【概念】：着色多边形平面间的对象，并使对象的边平滑化。着色使用一面样式，一种冷色和暖色之间的过渡而不是从深色到浅色的过渡。效果缺乏真实感，但是可以更方便地查看模型的细节。

图 14-1-18　"概念"效果

> 📎 提示
>
> 各种视觉样式效果也与面设置和边设置有关，但是基本的格调是不会改变的。

14.1.2　渲染

渲染就是将灯光和材质添加到三维对象的表面，以产生真实的显示效果，如图 **14-1-19** 所示的【渲染】工具栏。

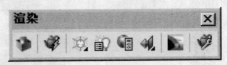

图 14-1-19　【渲染】工具栏

【渲染】的打开方式有以下四种方法：

- 工具栏：渲染 🖌️
- 菜单：【视图(V)】|【渲染(E)】|【渲染(R)】
- 命令条目：render

● 面板："渲染"面板，"渲染"

RENDER 命令用于开始渲染过程，并在视口中显示渲染图像。如果在命令提示下输入 **-render**，将在命令提示下显示选项。

指定渲染预设 [Draft(D)/低(L)/中(M)/高(H)/演示(P)/其他(O)] <中>: 输入选项或按 Enter 键

指定渲染目标 ["渲染" 窗口(R)/视口(V)] <渲染窗口>: 输入选项或按 Enter 键

（1）【Draft】：草稿是最低级别标准渲染预设。此设置仅用于非常快速的测试渲染，其中反走样被忽略且样例过滤很低，效果如图 **14-1-20** 所示。

> 💡 小知识
>
> 此渲染预设生成的渲染质量很低，但生成速度最快。

（2）【低】：【低】渲染预设可提供质量优于【Draft】预设的渲染。反走样被忽略但样例过滤得到改进。默认状态下，光线跟踪也处于活动状态，因此可出现质量较好的着色，如图 **14-1-21** 所示。

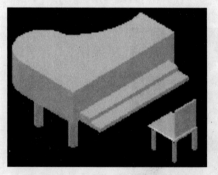

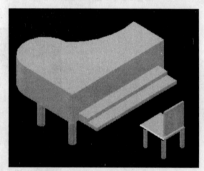

图 14-1-20　【草稿】渲染效果　　　　　　　图 14-1-21　【低】渲染效果

> 💡 小知识
>
> 此预设最适用于要求质量优于 "草稿" 的测试渲染。

（3）【中】：使用【中】渲染预设时，可以期望更好的样例过滤并且反走样处于活动状态。与【低】渲染预设相比，光线跟踪处于活动状态且反射深度设置增加，效果如图 **14-1-22** 所示。

> 💡 小知识
>
> 此预设提供了质量和渲染速度之间良好的平衡。

（4）【高】：在反走样方面，【高】渲染预设与【中】预设设置相当，但前者改进了样例过滤和光线跟踪，其效果如图 **14-1-23** 所示。

> 💡 小知识
>
> 由于改进了样例过滤和光线跟踪，渲染的图像需要更长的时间进行处理，但图像质量要好得多。

新手学 AutoCAD 2008 室内与建筑实例完美手册

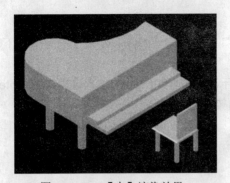
图 14-1-22 【中】渲染效果

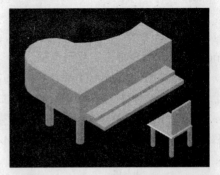
图 14-1-23 【高】渲染效果

（5）【演示】：【演示】渲染预设用于高质量、真实照片渲染的图像，并且需要花费的时间最长。样例过滤和光线跟踪得到进一步改进，其效果如图 **14-1-24** 所示。

> 💡 小知识
>
> 由于此预设用于最终渲染，因此通常将全局照明设置与其一起使用。

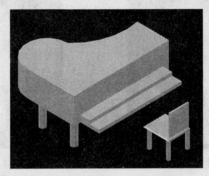
图 14-1-24 【演示】渲染效果

（6）【其他】：如果存在一个或多个渲染预设，则【其他】选项使用户可以指定自定义渲染预设。选择【其他】后，系统将会显示以下提示：

指定自定义渲染预设 [?]: 输入自定义渲染预设的名称或输入 ？

？——列出自定义渲染预设：将显示文字屏幕，其中列出了存储在模型中的所有自定义渲染设置。仅列出自定义渲染预设。 如果不存在自定义渲染预设，则文字屏幕将显示一条信息，说明未找到自定义渲染设置。不指定自定义渲染预设而按【Enter】键将返回到第一个提示，要求用户指定渲染预设。

（7）【渲染】窗口

如果选择【渲染】窗口作为渲染目标，则在图像处理过程中，图像将显示在渲染窗口中。选择【渲染】窗口后，将显示其他提示：

输入输出宽度 <640>: \\输入所需的输出宽度或按 Enter 键

输入输出宽度 <480>: \\输入所需的输出高度或按 Enter 键

输出宽度和输出高度值将指定渲染图像的宽度和高度。这两个值均可以像素为单位进行测量：

将渲染保存到文件？[是(Y)/否(N)] <否>: \\输入 Y (如果要将渲染的图像保存到磁盘) 或按 Enter 键

如果接收默认值"否"，则将显示【渲染】窗口并且图像将被渲染。回答"是"将出现另一提示：

指定输出文件名和路径: \\输入将用于保存渲染图像的有效文件名和路径

（8）视口

如果选择【视口】，则当前显示在视口中的所有内容均将被渲染。

14.1.3 运动路径动画

运动路径动画是指定运动路径动画的设置并创建动画文件，其打开方式有以下两种：

● 菜单：【视图(V)】|【运动路径动画(M)...】

● 命令条目：anipath

启动该命令后，系统将会打开如图 14-1-25 所示的对话框，其中各项的含义如下：

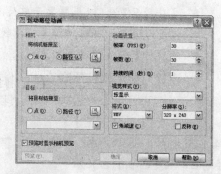

图 14-1-25 【运动路径动画】对话框

1. 相机

【将相机链接至】：将相机链接至图形中的静态点或运动路径。

● 【点】：将相机链接至图形中的静态点。

● 【路径】：将相机链接至图形中的运动路径。

● 【拾取点/选择路径】：选择相机所在位置的点或沿相机运动的路径，这取决于选择的是"点"还是"路径"。

● 【点/路径列表】：显示可以链接相机的命名点或路径列表。要创建路径，可以将相机链接至直线、圆弧、椭圆弧、圆、多段线、三维多段线或样条曲线。

　　创建运动路径时，将自动创建相机。如果删除指定为运动路径的对象，也将同时删除命名的运动路径。

2. 目标

【将目标链接至】：将目标链接至点或路径。如果将相机链接至点，则必须将目标链接至路径。如果将相机链接至路径，可以将目标链接至点或路径。

● 【点】：如果将相机链接至路径，请将目标链接至图形中的静态点。

● 【路径】：将目标链接至图形中的运动路径。

● 【拾取点/选择路径】：选择目标的点或路径，这取决于选择的是"点"还是"路径"。

● 【点/路径列表】：显示可以链接目标的命名点或路径列表。要创建路径，可以将目标链接至直线、圆弧、椭圆弧、圆、多段线、三维多段线或样条曲线。

3. 动画设置

控制动画文件的输出。

● 【帧率 (FPS)】：动画运行的速度，以每秒帧数为单位计量。指定范围为 1 到 60 的值。默认值为 30。

新手学 AutoCAD 2008 室内与建筑实例完美手册

- **【帧数】**：指定动画中的总帧数。该值与帧率共同确定动画的长度。更改该数值时，将自动重新计算【持续时间】值。
- **【持续时间（秒）】**：指定动画（片断中）的持续时间。更改该数值时，将自动重新计算【帧数】值。
- **【视觉样式】**：显示可应用于动画文件的视觉样式和渲染预设的列表。
- **【格式】**：指定动画的文件格式。可以将动画保存为 AVI、MOV、MPG 或 WMV 文件格式以便日后回放。仅当安装 Apple QuickTime Player 后 MOV 格式才可用。仅当安装 Microsoft Windows Media Player 9 或更高版本后，WMV 格式才可用并将作为默认选项；否则，AVI 将作为默认选项。
- **【分辨率】**：以屏幕显示单位定义生成的动画的宽度和高度。默认值为 320×240。
- **【角减速】**：相机转弯时，以较低的速率移动相机。
- **【反转】**：反转动画的方向。

4．预览时显示相机预览

显示【动画预览】对话框，从而可以在保存动画之前进行预览。

预览，在【动画预览】对话框中显示动画预览，如图 14-1-26 所示，预览使用运动路径或三维导航创建的运动路径动画，其中各项的含义如下：

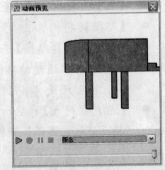

图 14-1-26　【动画预览】对话框

- **【预览】**：显示在【运动路径动画】对话框中，或在穿越漫游或飞越动画以及从面板录制动画时设置的动画预览。
- **【播放】**：播放动画预览。播放动画时，将禁用【播放】按钮。
- **【录制】**：从【预览】区域中显示的当前帧开始录制动画。当前帧之后的所有帧都将被覆盖。将显示【覆盖确认】警告以确认是否要覆盖现有的帧。播放动画时，将禁用【录制】按钮。
- **【暂停】**：在【预览】区域中显示的当前帧位置暂停动画。暂停动画之后，将禁用【暂停】按钮。
- **【保存】**：打开【另存为】对话框，可以将动画保存为 AVI、MOV、MPG 或 WMV 文件格式以便日后回放。保存动画后，将返回到图形。播放动画时，将禁用【保存】按钮。
- **【视觉样式】**：指定【预览】区域中显示的视觉样式。最初，视觉样式设置为【当前】，该视觉样式是在活动视口中定义的视觉样式。从预设和用户定义的视觉样式列表中进行选择。
- **【滑块】**：在动画预览中逐帧移动。可以移动滑块以查看动画中的特定帧。工具栏提示显示当前帧和动画中的总帧数。

14.2　设置光源

为了达到更好的效果，一般在渲染之前应当设置光源、场景、背景以及给对象指定材质。系统提供默认光源，当打开默认光源时，系统将会有如图 14-2-1 所示的提示，场景中没有光源时，将使用默认光源对场景进行着色或渲染。来回移动模型时，默认光源来自视点后面的两个平行光源。模型中所有的面均被照亮，以使其可见。你可以控制亮度和对比度，但不需要自己创建或放置光源。插入自定义光源或启用阳光时，将会为用户提供禁用默认光源的选项。另外，用户可以仅将默认光源应用到视口，同时将自定义光源应用到渲染。光源的打开方式有以下两种方式：

- 菜单：【视图】|【渲染】|【光源】
- 渲染工具栏：

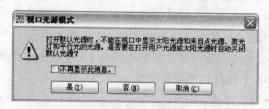

图 14-2-1　【视口光源模式】对话框

1. 新建点光源

光源工具栏中的 。用命令行中的 _pointlight 也可以打开新建点光源。点光源是一种发射辐射状的光束，可以指定无衰减、线性反比或平方反比的衰减。当单击【新建点光源】时，命令行将提示：

指定源位置<0,0,0>，输入源位置；输入要更改的选项 [名称(N)/强度(I)/状态(S)/阴影(W)/衰减(A)/颜色(C)/退出(X)] <退出>：

下面将各个选项的含义解释如下：

- 【名称】：设置新光源的名称。光源名不能多于 8 个字符。
- 【强度】：设置光源的强度或亮度，输入 0 表示关闭光源。点光源的最大强度由衰减设置和图形范围决定。如果没有衰减，则最大强度为 1。用户可以直接在文本框中输入强度值，也可以通过滑动下面的滑动来设置强度值。
- 【状态】：表示点光源的状态。
- 【颜色】：用 RGB 控制点光源的颜色。颜色样本显示当前的颜色，要定义光源颜色，可以从 255 种 AutoCAD 颜色索引(ACI)颜色、真彩色以及配色系统颜色中选择。
- 【衰减】：控制光线如何随着距离增加而减弱。距离点光源越远的对象显得越暗。
- 【阴影】：控制阴影和阴影贴图。

（1）新建平行光：平行光是一种不发散的光，光源位于无限远的地方。这是模拟太阳光的一种光源。在列表框中选择【平行光】，或在命令行中输入 distantlight，将打开【新建平行光】。打开以后，命令行将提示：

指定光源方向 FROM <0,0,0> 或 [矢量(V)]，\\输入光源方向

指定光源方向 TO <1,1,1>：\\再输入指定方向

输入要更改的选项 [名称(N)/强度(I)/状态(S)/阴影(W)/颜色(C)/退出(X)] <退出>：\\输入要更改的选项

下面将各个选项的含义解释如下：

- 【名称】：指定光源名，光源名不能多于 8 个字符。
- 【强度】：设置光源的强度或亮度，强度值的范围从 0 到 1（最大强度）。
- 【颜色】：用 RGB 值控制平行光的颜色，颜色样本显示当前的颜色。
- 【阴影】：控制阴影和阴影贴图。

新手学 AutoCAD 2008 室内与建筑实例完美手册

- **【状态】**：状态的【开】和【关】控制着平行光的工作与否。
- **【方位角】**：用坐标指定平行光的位置。【方位角】滚动条的取值范围是从-180到180。输入的角度将转换到这个范围中。
- **【仰角】**：用坐标指定平行光的位置。【仰角】滚动条的取值范围是从0到90。可以输入0到90之间的值。如果输入值或使用滚动条调整方位角和仰角，图像控件就会改变，以便从视觉上反映值的变化。也可以单击图像自身上的位置来改变【方位角】和【仰角】值。
- **【光源矢量】**：显示用【方位角】和【仰角】设置光源位置产生的光源矢量。也可以直接用 X、Y 和 Z 的形式输入值。如果使用光源矢量指定平行光的方向，程序将更新【方位角】和【仰角】控件以显示新位置。

（2）新建聚光灯：聚光灯是从指定点发出圆锥形态的光线。可以在命令行中输入_spotlight 来打开【新建聚光灯】。命令行中将提示：

指定源位置 <0,0,0>: \\输入指定的源位置

指定目标位置 <0,0,-10>: \\再输入指定的目标位置；

输入要更改的选项 [名称(N)/强度(I)/状态(S)/聚光角(H)/照射角(F)/阴影(W)/衰减(A)/颜色(C)/退出(X)]

　　　　\\输入要选择的选项

其中，除【聚光灯】和【照射角】以外的其他的选项都同前。其中【聚光角】文本框和【照射角】文本框两项的含义如下所示：

- **【聚光角】文本框**：确定最亮光锥的角度，也称为光束角。照射角的取值范围为0到160度。默认值为44度。
- **【照射角】文本框**：确定完整光锥的角度，也称为现场角。照射角的取值范围为0到160度。默认值为45度。

2. 地理位置

用户可以直接在文本框中或通过滑块来设置光源的日期、时间、纬度、经度、方向等。在【渲染】工具栏上单击 按钮，打开如图 14-2-2 所示的【地理位置】对话框，在该对话框中可以选择光源的地理位置。其中各项的含义如下：

（1）【纬度】栏：以十进制值显示或设置纬度和方向。

- **【纬度】**：设置当前位置的纬度。可以输入值或在地图上选择一个位置。有效取值范围为1到90。
- **【方向】**：设置纬度相对于赤道的方向。

（2）【经度】栏：以十进制值显示或设置经度和方向。正值表示西经。

- **【经度】**：显示当前位置的经度。可以输入值或在地图上选择一个位置。有效取值范围为1到180。

图 14-2-2 【地理位置】对话框

- **【方向】**：显示纬度相对于本初子午线的方向。

（3）【北向】栏：设置正北方向。默认情况下，北方是世界坐标系 (WCS) 中的 Y 轴的正

方向。

● 【角度】：指定相对于北向 0 的角度。

● 【北向预览】：显示正北方向。

（4）【映射】：用定点设备指定位置。选择位置时将更新纬度和经度值。如果输入纬度和经度值，将更新映射以显示该位置。

（6）【最近的大城市】：使用所选最近的大城市的纬度和经度值。

（6）【面域】：指定世界的面域。

（7）【最近的城市】：指定选定面域中的城市。

（8）【时区】：指定时区。时区是通过位置参照来估算的。可以直接设置时区。

3. 阳光特性

【阳光特性】是用来设置并修改阳光的特性，如图 14-2-3 所示。下面将会介绍其中各项的含义：

（1）【基本】栏：设置阳光的基本特性。

● 【状态】：打开和关闭阳光。如果未在图形中使用光源，则此设置没有影响。

● 【强度因子】：设置阳光的强度或亮度。取值范围为 0（无光源）到最大值。数值越大，光源越亮。

● 【颜色】：控制光源的颜色。输入颜色名称或编号，或单击【选择颜色】打开【选择颜色】对话框，如图 14-2-4 所示。

新手学 AutoCAD 2008 室内与建筑实例完美手册

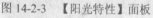

图 14-2-3　【阳光特性】面板

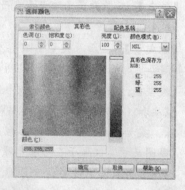

图 14-2-4　【选择颜色】对话框

● 【阴影】：打开和关闭阳光阴影的显示和计算。关闭阴影可以提高性能。

（2）天光特性

以下为自然光基本特性：

● 【状态】：确定渲染时是否计算自然光照明。此操作对视口照明或视口背景没有影响。它仅使自然光可作为渲染时的收集光源。请注意，此操作不控制背景。值为【关闭天光】、【天光背景】、【天光背景和照明】。默认设置为【天光关闭】。

● 【强度因子】：提供放大天光的一个方法。值为 0.0 至最大。【1.0】为默认值。

● 【雾化】：确定大气中散射效果的幅值。值为 0.0 ~ 15.0。【0.0】为默认值。

（3）水平：此特性类别适合于地平面的外观和位置。

● 【高度】：确定相对于世界零海拔的地平面的绝对位置。此参数表示世界坐标空间长度并且应以当前长度单位对其进行格式设置。值为 0.0 至最大。【0.0】为默认值。

● 【模糊】：确定地平面和天空之间的模糊量。值为 0 ~ 10。【0.1】为默认值。

● 【地面颜色】：通过从下拉列表中或在【选择颜色】对话框中选择颜色来确定地平面的颜色。

（4）高级：此特性类别仅适合不同的艺术效果。

● 【夜间颜色】：通过从下拉列表中选择颜色或选择【选择颜色】对话框以选择颜色，指定夜间自然光的颜色。

● 【鸟瞰透视】：指定是否应用鸟瞰透视。值为：开/关。【关】为默认值。

● 【可见距离】：指定 10% 雾化阻光度情况下的可视距离。值为 0.0 至最大。【10000.0】为默认值。

（5）太阳圆盘外观：此特性类别仅适合背景。它们控制太阳圆盘的外观。

● 【圆盘比例】：指定太阳圆盘的比例（1.0 = 正确尺寸）。

● 【光晕强度】：指定太阳光晕的强度。值为 0.0 ~ 25.0。【1.0】为默认值。

● 【圆盘强度】：指定太阳圆盘的强度。值为 0.0 ~ 25.0。【1.0】为默认值。

（6）太阳角度计算器：设置阳光的角度。

● 【日期】：显示当前日期设置。

● 【时间】：显示当前时间设置。

● 【夏令时】：显示当前保存时时间设置。

● 【方位角】：显示方位角（阳光沿地平线绕正北方向顺时针的角度）。该设置是只读的。

● 【仰角】：显示仰角（阳光垂直于地平线的角度）。最大值为 90 度或垂直。该设置是只读的。

● 【源矢量】：显示源矢量（阳光方向）的坐标。该设置是只读的。

（7）渲染阴影细节：指定阴影的特性。

● 【类型】：显示阴影类型的设置。阴影显示关闭时，该设置是只读的。选择【锐化】、【柔和（已映射）】显示【贴图尺寸】选项，选择【柔和（面积）】显示【样例】选项。柔和（面积）是阳光在光度流程（LIGHTINGUNITS = 1 或 2）中的唯一选项。

● 【贴图尺寸（仅限于在标准光源流程中）】：显示阴影贴图的尺寸。关闭阴影显示后，该设置为只读。值为 0 ~ 1000。【8】为默认值。

● 【样例】：指定将具有日面的样例数量。关闭阴影显示后，该设置为只读。值为 0 ~ 1000。【8】为默认值。

● 【柔和度】：显示阴影边缘外观的设置。关闭阴影显示后，该设置为只读。值为 0 ~ 50.0。【1.0】为默认值。

（8）地理位置：显示当前地理位置设置。此信息是只读的。如果存储某个城市时未包含纬度和经度，则列表中不会显示该城市。

请使用【编辑地理位置】按钮打开【地理位置】对话框。

4. 光源列表

单击【光源列表】后，系统将会打开如图 14-2-5 所示的面板。

第 14 章　建筑物的着色与渲染

单击其中的光源后，系统将会打开如图 **14-2-6** 所示的图形，也可以通过在光源上单击鼠标右键并单击【特性】，可显示【光源特性】选项板。设置光源的特性。根据光学单位（标准光源或光度控制光源）和光源类型（聚光灯、点光源或光域灯光），可用的特性区域也不同。其他光源类型（例如自由聚光灯、目标点光源和自由光域）显示类似的特性其中各项的含义如下：

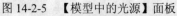

　　图 14-2-5　【模型中的光源】面板　　　　图 14-2-6　【特性】面板

（1）基本特性：在【常规】面板下，以下特性设置可用：

【名称】：指定光源名。

【类型】：指定光源的类型。确定灯光分布。将光源添加到图形后，可以更改光源的类型。

● 聚光灯 - 聚光灯和自由聚光灯的默认值。

● 点 - 点光源和目标点光源的默认值。

● 光域 - 光域灯光和自由光域灯光的默认值。

【开/关】：指示光源处于打开还是关闭状态。

【阴影】：指示光源是否正在投射阴影。

【强度因子】：放大天光效果。

【过滤颜色】：指定光源的次要颜色。表示灯上的物理过滤器的颜色。默认颜色为白色。

光源被设置为光学单位时，表示光源上的次要颜色过滤器。光源设置为常规光源时，表示光源的总颜色。

【打印轮廓】：可以打印轮廓处于打开状态的图形。

（2）光度特性：在【光度特性】面板下，以下特性设置可用：

【灯的强度】：指定光源的固有亮度。指定灯的强度、光通量或照度。默认单位为烛光。激活可以从中修改单位的【灯的强度】对话框，如图 **14-2-7** 所示。

【结果强度】：报告光源的最终亮度。这由灯的强度和强度因子的乘积确定。将在【灯的强度】对话框中计算此值。（只读）

【灯的颜色】：指定开氏温度或标准温度下光源的固有颜色。单击该按钮将激活【灯的颜色】对话框，如图 **14-2-8** 所示。

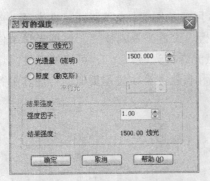
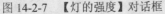
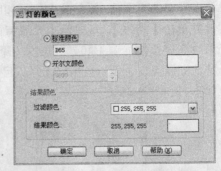

图 14-2-7 【灯的强度】对话框　　　　图 14-2-8 【灯的颜色】对话框

【结果颜色】：报告光源的最终颜色。这由灯的颜色和过滤颜色的组合确定。(只读)

（3）光域网：在【光域网】面板下，以下特性设置在【光域灯光】类型和【自由光域】类型的光源下可用：

【光域文件】：指定描述光源强度分布的数据文件。

【光域预览】：通过光照分布数据显示二维剖切。

（4）光域偏移：在【光域偏移】面板下，以下特性设置在【光域灯光】类型和【自由光域】类型的光源下可用：

● 【旋转 X】：指定关于光学 X 轴的光域旋转偏移。可以使用【快速计算】计算器或选择点来计算设置。

● 【旋转 Y】：指定关于光学 Y 轴的光域旋转偏移。可以使用【快速计算】计算器或选择点来计算设置。

● 【旋转 Z】：指定关于光学 Z 轴的光域旋转偏移。可以使用【快速计算】计算器或选择点来计算设置。

（5）几何图形：在【几何图形】面板下，以下特性设置可用：

【位置 X】：指定光源的 X 坐标位置。可以使用【快速计算】计算器或选择点来计算设置。

【位置 Y】：指定光源的 Y 坐标位置。可以使用【快速计算】计算器或选择点来计算设置。

【位置 Z】：指定光源的 Z 坐标位置。可以使用【快速计算】计算器或选择点来计算设置。

【目标 X】：(仅限于聚光灯、目标点光源和光域灯光) 指定光源的 X 坐标目标位置。可以使用【快速计算】计算器或选择点来计算设置。

【目标 Y】：(仅限于聚光灯、目标点光源和光域灯光) 指定光源的 Y 坐标目标位置。可以使用【快速计算】计算器或选择点来计算设置。

【目标 Z】：(仅限于聚光灯、目标点光源和光域灯光) 指定光源的 Z 坐标目标位置。可以使用【快速计算】计算器或选择点来计算设置。

【目标】：指定光源是否显示确定光源方向的目标夹点。自由聚光灯、点光源和自由光域的默认设置为【否】。聚光灯、目标点光源和光域灯光的默认设置为【是】。

（6）衰减：在真实世界中，光源的强度随着距离的增加而衰减。距离光源远的对象比距离光源近的对象显得更暗。这种效果称为衰减。衰减仅在标准光源流程中可用。在【衰减】面板下，以下特性设置可用：

【类型】：控制光线如何随距离增加而减弱。距离聚光灯越远，对象显得越暗。衰减 (attenuation) 也称为衰减 (decay)。

● 线性反比（仅限于标准光源）。将衰减设置为与距离点光源的线性距离成反比。例如，距离点光源 2 个单位时，光线强度是点光源的一半；而距离点光源 4 个单位时，光线强度是点光源的四分之一。线性反比的默认值是最大强度的一半。

● 平方反比（仅限于光度控制光源）。设置衰减与距离光源的距离的平方成反比。例如，距离聚光灯 2 个单位时，光线强度是聚光灯的四分之一；而距离聚光灯 4 个单位时，光线强度是聚光灯的十六分之一。

● 无（仅限于标准光源）。设置无衰减。此时对象不论距离点光源是远还是近，明暗程度都一样。

【使用界限】：（仅限于标准光源）指定是否使用界限。默认设置为【否】。

【起始界限偏移】：（仅限于标准光源）指定一个点，光线的亮度相对于光源中心的衰减于该点开始。默认值为 1。

【结束界限偏移】：（仅限于标准光源）指定一个点，光线的亮度相对于光源中心的衰减于该点结束。没有光线投射在此点之外。

（7）渲染阴影细节：在【渲染阴影细节】面板下，以下特性设置可用：

【类型】：指定光源投射的阴影类型。

● 柔和（阴影贴图）。将类型设置为柔和。此选择可激活【贴图尺寸】和【柔和度】的其他选项。

● 锐化（默认）。将渲染阴影设置为锐化。

● 柔和（已采样）。设置衰减与距离光源的距离的平方成反比。例如，距离聚光灯 2 个单位时，光线强度是聚光灯的四分之一；而距离聚光灯 4 个单位时，光线强度是聚光灯的十六分之一。

【贴图尺寸】：（仅限于柔和阴影贴图类型）指定阴影贴图的尺寸。

【柔和度】：（仅限于柔和阴影贴图类型）指定使用阴影贴图的阴影的柔和度或模糊度。

【样例】：（仅限于已采样柔和类型）指定光源的阴影光线数量。使用【快速计算】计算器可以计算设置。

【可见渲染】：（仅限于已采样柔和类型）指定灯光形状是否确实已渲染。默认设置为【否】。

【形状】：（仅限于已采样柔和类型）指定灯泡的形状。如果在【常规】面板下选择【聚光灯】分布类型，则选项为【矩形】（默认）和【圆盘形】。如果选择【点】和【光域】类型，则选项为【直线形】、【矩形】、【圆盘形】、【圆柱形】和【球形】（默认）。

【长度】：（仅限于已采样柔和类型）指定阴影在长度上的空间尺寸。可以使用"快速计算"计算器计算设置。

【宽度】：（仅限于已采样柔和类型）指定阴影在宽度上的空间尺寸。可以使用【快速计算】计算器计算设置。

【半径】：（仅限于已采样柔和类型）指定圆盘形、圆柱体或球体的形状选项的空间半径标注。可以使用【快速计算】计算器计算设置。

14.3 设置材质

为了给渲染提供更多的真实感，可以在建筑模型的表面应用材质，如钢和塑料，可以为单个对象，块或图层附着材质。利用 AutoCAD 2008 材质处理功能，用户可以将材质附着到三维对象上，以使渲染的图像具有材质的效果。

在新建的三维图形中，只有"GLOBAL"材质为默认材质，在【材质】列表中列出。为了避免从头开始创建新材质，可以从 AutoCAD 提供的材质库中输入预定义的材质。可以使用材质也可修改材质，并且以新名称保存后，可在任意图形中使用。启动【材质库】命令的方法有如下 2 种：

- 菜单：【视图】|【渲染】|【材质】
- 渲染工具栏：

启动【材质库】命令，将打开【材质】对话框，如图 14-3-1 所示。在该对话框中包含了【图形中可用的材质】区域、【材质编辑器-全局】区域，各个区域所包含的内容和功能如下：

（1）【图形中可用的材质】区域：

- 是样例几何体，它列出了常见的长方体、球体等实体为参考，以便使用。
- 是控制【交错参考底图】开或关，用来设置底图。
- 是创建新材质，单击它可弹出如图 14-3-2 所示的对话框。

图 14-3-1 【材质库】面板

图 14-3-2 【创建新材质】对话框

- 表示材质正在使用。
- 是将材质应用到对象。
- 是表示从选定的对象中删除材质。

（2）【材质编辑器-全局】区域：显示出对材质的设置，如图 14-3-3 所示，其中各项的含义如下。

图 14-3-3　【材质编辑器-全局】区域

【收拢/展开显示面板】：收拢（向上箭头）和展开（向下箭头）显示面板。

【类型】：指定材质类型。其下拉菜单中如图 14-3-4 所示。【真实】和【真实金属】根据物理性质用于材质。【高级】和【高级金属】用于具有更多选项的材质，包括可用于创建特殊效果的特性（例如模拟反射）。

【样板】：（【真实】类型和【真实金属】类型），其下拉菜单如图 14-3-5 所示，列出可用于选定的材质类型的样板。

图 14-3-4　类型下拉菜单

图 14-3-5　样板下拉菜单

【颜色】：（【真实】类型和【真实金属】类型）显示【选择颜色】对话框，从中可以指定材质的漫射颜色。

【随对象】：（【真实】类型和【真实金属】类型）根据应用材质的对象的颜色设置材质的颜色。

【环境光】：（【高级】类型和【高级金属】类型）显示【选择颜色】对话框，从中可以指定显示在由环境光单独照射的面上的颜色。

【随对象】：（【高级】类型和【高级金属】类型）根据应用材质的对象的颜色设置材质的颜色。

【第一个锁定图标】：（【高级】类型和【高级金属】类型）锁定时，环境光和漫射之间的锁定图标会将材质的环境色设置为漫射颜色。

【漫射】：（【高级】类型和【高级金属】类型）显示【选择颜色】对话框，从中可以指定材质的漫射颜色。漫射颜色是对象的主色。

【随对象】：（【高级】类型和【高级金属】类型）根据应用材质的对象的颜色设置材质的颜色。

【第二个锁定图标】：（仅【高级】类型）锁定时，漫射和镜面之间的锁定图标会将材质的镜面颜色设置为漫射颜色。

【高光】:（仅【高级】类型）显示【选择颜色】对话框，从中可以指定有光泽材质上亮显的颜色。亮显区域的大小取决于材质的反光度。

【随对象】:（仅【高级】类型）根据材质附着的对象的颜色设置材质的颜色。

【反光度】:设置材质的反光度。极其有光泽的实体面上的亮显区域较小但显示较亮。较暗的面可将光线反射到较多方向，从而可创建区域较大且显示较柔和的亮显。

【不透明度】:（【真实】类型和【高级】类型）设置材质的不透明度。完全不透明的实体对象不允许光穿过其表面。不具有不透明性的对象是透明的。

【反射】:（【高级】类型和【高级金属】类型）设置材质的反射率。设置为 100 时，材质完全反射，周围环境将反射在应用了此材质的任何对象的表面。

【折射率】:（【真实】类型和【高级】类型）设置材质的折射率。控制通过附着部分透明材质的对象时如何折射光。例如，折射率为 1.0 时（空气的折射率），透明对象后面的对象不会失真。折射率为 1.5 时，对象将严重失真，就像通过玻璃球看对象一样。

【半透明度】:（【真实】类型和【高级】类型）设置材质的半透明度。半透明对象传递光线，但在对象内也会散射部分光线。半透明度值为百分比：为 0.0 时，材质不透明；为 100.0 时，材质完全透明。

【自发光】:当设置为大于 0 的值时,可以使对象自身显示为发光而不依赖于图形中的光源。选择自发光时，亮度不可用。

【亮度】:（仅限于【真实】类型）亮度是表面所反射的光线的值。它用于衡量所感知的表面的明暗程度。选择亮度时，自发光不可用。亮度以实际光源单位指定。

【双面材质】:（仅限于【真实】类型）选择后，将渲染正面法线和反面法线；清除后，将仅渲染正面法线。

（3）材质缩放与平铺

缩放和平铺功能在顶层材质上可用,如图 14-3-6 所示,对于程序贴图级别, 此功能仅在二维子程序贴图类型（纹理贴图、棋盘和瓦）中可用。此控件将指定材质上贴图的缩放与平铺。可以在 MATERIALS 命令的材质缩放与平铺和子程序贴图的材质缩放与平铺主题中找到这些控件的详细信息。

图 14-3-6　【材质缩放与平铺】选项卡

每张贴图都有自己的缩放和平铺因子。通过选择【同步】图标，可以在所有贴图之间同步缩放和平铺。启用后，会将贴图频道的设置和对值的更改置于并同步到所有贴图频道中。此图标将显示正在连接的外观。禁用后，贴图频道的设置和对值的更改将仅与当前贴图频道相关。此图标将显示正在分离的外观。

以下是可用于控制材质缩放与平铺的设置：

● 【平铺】、【镜像】、【无】。可以选择【平铺】或【镜像】材质以创建图案。如果不对贴图进行修改，还可以选择【无】。

● 【比例单位】。指定缩放时要使用的单位。选择【无】以使用固定比例。选择【适合工具】以使图像适合面或对象的尺寸。选择要以真实世界单位缩放的单位类型。

● 【UV 设置】。对这些设置进行更改时，所做更改和设置的预览将随之显示在"材质偏移与预览"面板中。UV 设置可以控制样例中材质的坐标。

● 【同步设置】。通过选择【同步】按钮，可以在所有贴图之间同步缩放和平铺。

> **提示**
>
> UVW 是材质的坐标空间，用于代替 XYZ，因为 XYZ 通常为世界坐标系（WCS）专用。大多数材质贴图是指定给三维曲面的二维平面。U、V 和 W 坐标与 X、Y 和 Z 坐标中相对应的方向平行。如果查看二维贴图图像，则 U 相当于 X，表示贴图的水平方向；V 相当于 Y，表示贴图的垂直方向；W 相当于 Z，表示与贴图的 UV 平面垂直的方向。
>
> 平铺是应用图像并将图像重复用作图案的效果。此效果用于表示瓷砖铺设的地板或喷泉。

在默认贴图中，平铺处于活动状态，但是，由于已将贴图缩放以适合对象，因此除非偏移 UV 坐标或旋转贴图，否则用户无法看到平铺的效果。在此情况下，表面上移出图像的部分将由贴图的其他部分填充。平铺可以将对象与贴图图像缠绕在一起。

（4）材质偏移与预览

此功能在所有贴图级别中都可用。这指定了贴图的材质偏移和预览设置。可以在 MATERIALS 命令的【材质偏移与预览】和子程序贴图的【材质缩放与平铺】主题中找到控件的详细信息，如图 14-3-7 所示。

每张贴图都有自己的材质偏移和预览因子。通过选择【同步】按钮，可以在所有贴图之间同步偏移和预览。启用后，会将贴图的设置和对值的更改置于并同步到所有贴图频道中。此图标将显示正在连接的外观。禁用后，贴图频道的设置和对值的更改将仅与当前贴图频道相关。此图标将显示正在分离的外观。

以下是用于控制材质偏移与预览的可用设置：

● 【UV 设置】。对这些设置进行更改时，所做更改和设置的预览将随之显示在预览中。UV 设置将控制样例中材质的坐标。

● 【旋转】。绕 UVW 坐标系的 W 轴旋转图像。使用命令 MATERIALMAP 可显示可以旋转长方体贴图、平面贴图、球面贴图和柱面贴图的贴图工具。

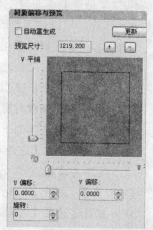

图 14-3-7 【材质偏移与预览】对话框

● 【同步设置】。每张贴图都有自己的贴图和预览因子。通过选择【同步】按钮，可以在所有贴图之间同步缩放和平铺。启用后，会将贴图频道的设置和对值的更改置于并同步到所有贴图频道中。禁用后，贴图频道的设置和对值的更改将仅与当前贴图频道相关。

■ 14.4 渲染环境与高级渲染设置 ■

添加场景除保存视点以外，还保存相关的光源列表。通过这个特性可以往图形中添加其他的光源，并且使用特定的光源渲染不同的场景时，添加真实的背景是修饰渲染的最好也是最快的方法。在添加背景后，AutoCAD 将根据选择的背景渲染模型。

14.4.1　渲染环境

渲染环境是定义对象与当前观察方向之间的距离提示。渲染环境的打开方式有以下三种：

● "渲染"工具栏

● 菜单：【视图(V)】|【 渲染(E)】|【 渲染环境(E)...】

● 命令条目：renderenvironment

启动该命令后，系统将会打开如图 14-4-1 所示的对话框，其中各项的含义如下：

图 14-4-1　【渲染环境】对话框

【雾化/深度设置】：实际上，雾化和深度设置是同一效果的两个极端：雾化为白色，而传统的深度设置为黑色。可以使用其间的任意一种颜色。

● 【启用雾化】：启用雾化或关闭雾化，而不影响对话框中的其他设置。

● 【颜色】：指定雾化颜色。单击【选择颜色】打开【选择颜色】对话框。可以从 255 种 AutoCAD 颜色索引(ACI)颜色、真彩色和配色系统颜色中进行选择来定义颜色。

● 【雾化背景】：不仅对背景进行雾化，也对几何图形进行雾化。

● 【近距离】：指定雾化开始处到相机的距离。将其指定为到远处剪裁平面的距离的百分比。可以通过在【近距离】字段中输入或使用微调控制来设置该值。近距离设置不能大于远距离设置。

● 【远距离】：指定雾化结束处到相机的距离。将其指定为到远处剪裁平面的距离的百分比。可以通过在【近距离】字段中输入或使用微调控制来设置该值。远距离设置不能小于近距离设置。

● 【近处雾化百分比】：指定近距离处雾化的不透明度。

● 【远处雾化百分比】：指定远距离处雾化的不透明度。

14.4.2　高级渲染设置

【高级渲染设置】的打开方式有以下几种：

● 工具栏：渲染

● 菜单：【视图(V)】|【渲染(E)】|【高级渲染设置(D)...】

● 命令条目：rpref

● 面板：展开的【渲染】面板，单击【高级渲染设置】面板

启动该命令后，系统将会打开如图 **14-4-2** 所示的面板，

图 14-4-2　【高级渲染设置】面板

在【高级渲染设置】对话框中最上边有一个下拉菜单，里面有【草稿】、【低】、【中】、【高】、【演示】和【管理渲染预设】。用户可以根据需要选用。如图 **14-4-3** 所示。其中，【管理渲染预设】可以对当前的渲染和自定义渲染进行设置，如图 **14-4-4** 所示，而在此对话框中单击【创建副本】又可以进行副本创建，如图 **14-4-5** 所示。

图 14-4-3　【高级渲染设置类型选择】

图 14-4-4　【渲染预设管理器】对话框

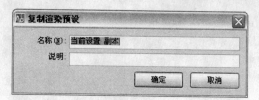

图 14-4-5　【复制渲染预设】对话框

新手学 AutoCAD 2008 室内与建筑实例完美手册

在这几个类型的下面，有设置的基本选项，包括【渲染描述】、【材质】、【采样】、【阴影】、【光线跟踪】、【间接发光】、【诊断】、【可见】和【处理】。这些设置与前面的基本类似，这里就不再赘述。

本章总结

本章我们介绍了建筑物的着色与渲染，内容包括：各种着色的效果以及在什么条件下使用，运动路径动画的基础知识，如何设置光源、材质，渲染环境与高级渲染设置的一些知识等。对本章的知识充分利用，能使我们绘制出相当逼真的图形出来。

有问必答

问：重新生成的图形会影响着色吗？着色后着色对象会发生变化吗？

答：重生成图形不会影响着色，可以按照常规方式选择着色对象进行编辑，选择对象后，着色面上将会显示线框和夹点，着色对象后，可以保存图形并重新打开，对象着色不会发生变化。

问：在设置光源时 AutoCAD 在默认的情况下的什么轴方向作为北方向？

答：AutoCAD 在默认的情况下的 y 轴方向作为北方向，用户可以通过对话框中的【角度】文本框或滑块确定新的北方位置，也可以选用命令保存的 UCS，选用后的 AutoCAD 将该 UCS 的 y 方向作为北方向。

问：创建新材质有哪些步骤？

答：依次单击【工具】菜单→【选项板】→【材质】。在【材质】窗口中的样例下，单击【创建新材质】。在【创建新材质】对话框中，输入名称和可选说明。单击【确定】。在【材质编辑器】部分中，选择【真实】材质类型。在【材质编辑器】部分，选择材质样板。单击【颜色】为材质指定一种漫射颜色，或者选择【随对象】使用附着材质的对象的颜色。

使用滑块设置反光度、不透明度、折射、半透明度等的特性。

问：什么叫做渲染基础？

答：渲染最终目标是创建一个可以表达用户想象的照片级真实感的演示质量图像，而在此之前则需要创建许多渲染就叫渲染基础。

问：在高级渲染设置时，内存限制起什么作用？

答：确定渲染时的内存限制。渲染器将保留其在渲染时使用的内存计数。如果已达到内存限制，将放弃某些对象的几何图形以将内存分配给其他对象。

第 14 章 建筑物的着色与渲染

Study

Chapter

15

图纸布局与打印输出

学习导航

在 AutoCAD 2008 中绘制完成建筑图形后，可以通过打印机将图形输出，也可以通过 EPLOT 输出成 DWF 格式文件，输送到站点上以供其他用户通过 Internet 访问，以上两种都要进行打印设置。

早从 AutoCAD 2005 开始，系统通过流程化的【打印】和【页面设置】对话框简化了打印和发布的过程，绘图次序功能控制了图形对象的显示次序，而增强后的绘图次序功能可以确保"所见即所得"的打印效果。

本章要点

- ◉ 模型空间与布局空间
- ◉ 打印样式表
- ◉ 建筑图样打印输出
- ◉ 文件之间的数据交换

15.1 布 局

布局是一种图纸空间环境，它模拟图纸页面，提供直观的打印设置，在布局中可以创建并放置视口对象，还可以添加图纸图框、标题栏等其他图形对象，也可以在图形中创建多个布局以显示不同的视图，每个布局可以包含不同的打印比例和图纸尺寸，布局显示的图形与图纸面上打印出来的图形完全一致。

15.1.1　模型空间与图纸空间

模型空间是用户创建和编辑图形的窗口，前几章所介绍的内容以及绘制的图形都是在模型空间中进行的，如图 **15-1-1** 所示。它实际是一个三维坐标空间，主要用于图形的绘制编辑以及几何模型体的构建，而将其打印输出时，则通常是在图纸空间中完成，图纸空间就像一张纸，打印之前可以在上面排放图形，图纸空间用于创建最终的打印布局，而不主要是用于绘图和设计工作，在 AutoCAD 中，图纸空间是以布局的形式使用的，如图 **15-1-2** 所示。

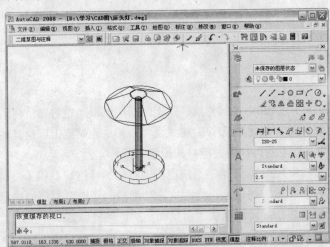

图 15-1-1　模型空间

绘制图形，而后运用布局输出或打印图形的通常步骤如下：

- 在模型空间创建图形。
- 配置打印输出设备。
- 创建布局设置，如打印设备、打印比例等。
- 创建布局视口并将其置于布局之中，并设置每个视口的可视方向和比例。
- 根据需要，在布局中添加标注、注释、图框、标题栏或图形对象等。
- 打印布局。

15.1.2　创建布局

在完成图形模型的绘制后，需要选择创建一个图面布局，以便将模型用适合的方式打印输出到图纸上。下面我们介绍如何创建布局。

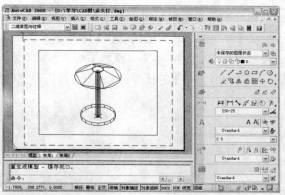

图 15-1-2　布局空间

1. 使用布局向导创建布局

创建新布局有以下两种方法：

● 菜单：【工具】|【向导】|【创建布局】

● 命令行：LAYOUTWIZARD

使用【布局】命令创建新布局，具体操作步骤如下：

01 执行【工具】|【向导】|【创建布局】命令，将打开【创建布局-开始】对话框，在该对话框的【输入新布局的名称】文本框中输入【布局3】，如图 15-1-3 所示。

02 单击 下一步(N) 按钮进入到【创建布局-打印机】对话框，可以在该对话框中选择打印机输出设备，如选择打印机，如图 15-1-4 所示。

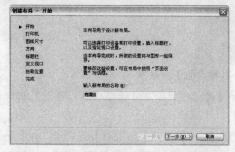

图 15-1-3　【创建布局-开始】对话框

图 15-1-4　【创建布局-打印机】对话框

03 单击 下一步(N) 按钮进入到【创建布局-图纸尺寸】对话框，在该对话框中选择图纸大小型号和图纸打印单位，如图 15-1-5 所示为选择 A4 号图纸和"毫米"为单位的图形。

04 单击 下一步(N) 按钮进入到【创建布局-方向】对话框，在该对话框中选择图形在图纸上方向为【横向】，如图 15-1-6 所示。

图 15-1-5　【创建布局-图纸尺寸】对话框

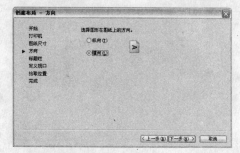

图 15-1-6　【创建布局-方向】对话框

新手学 AutoCAD 2008 室内与建筑实例完美手册

05　单击 下一步(N) > 按钮打开【创建布局-标题栏】对话框,在该对话框的【路径】列表框中选择需要的标题栏形式,在【类型】区域中选定【块】单选项,如图 15-1-7 所示。

06　单击 下一步(N) > 按钮打开【创建布局-定义视口】对话框,在该对话框的【视口设置】区域中选择【单个】单选项,在【视口比例】下拉列表中选择【按图形空间缩放】选项,如图 15-1-8 所示。

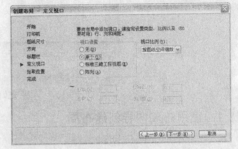

图 15-1-7　【创建布局-标题栏】对话框　　　　图 15-1-8　【创建布局-定义视口】对话框

07　单击 下一步(N) > 按钮打开【创建布局-拾取位置】对话框,单击该对话框中的 选择位置(L) < 按钮返回到绘图区,在绘图区内指定视口位置或者接受缺省设置,如图 15-1-9 所示。

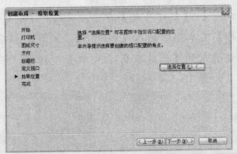

图 15-1-9　【创建布局-拾取位置】对话框

08　单击 下一步(N) > 按钮进入到【创建布局-完成】对话框,在该对话框中可以单击 完成 按钮完成新布局的创建操作,如图 15-1-10 所示。

创建新布局完成后,系统自动在绘图窗口底部增加一个新的【布局 3】选项卡。在【布局 3】选项卡上单击鼠标右键,打开如图 15-1-11 所示的【布局 3】选项卡快捷菜单,可对布局进行编辑修改操作。

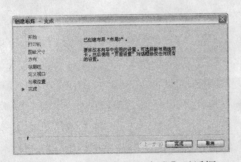

图 15-1-10　【创建布局-完成】对话框

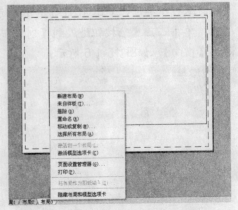

图 15-1-11　布局和其快捷菜单

> 矩形虚线边界将指示当前配置的打印设备所使用的图纸尺寸，图纸中显示的页
> 边是纸张的不可打印区域。

2. 使用样板创建布局

使用样板布局的操作步骤如下：

01 选择【布局 3】并按下鼠标右键弹出快捷菜单，效果如图 **15-1-12** 所示。选择快捷菜单中的【来自样板】选项，打开【从文件选择样板】对话框，如图 **15-1-13** 所示。

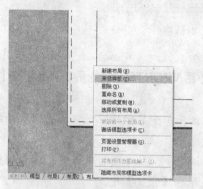

图 15-1-12 快捷菜单

图 15-1-13 【从文件选择样板】对话框

02 在对话框中选择一个文件名，然后单击 [打开(O)] ▼按钮打开【插入布局】对话框，如图 **15-1-14** 所示。单击该对话框的 [确定] 按钮后，会在【布局 3】选项卡的右边添加一个【布局 4-布局 1】选项卡，如图 **15-1-15** 所示。【布局 4-布局 1】布局将显示图形的效果，如图 **15-1-16** 所示。

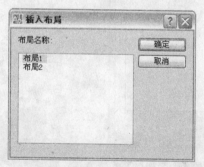

图 15-1-14 【插入布局】对话框

图 15-1-16 布局 3-布局 1 图形布局

模型 ╱ 布局1 ╱ 布局2 ╱ 布局3 ╱ 布局4-布局1 ╱

图 15-1-15 添加一个【布局 4-布局 1】

15.1.3 视口设置

将屏幕切分为两个或多个分开的视口是 AutoCAD 一个非常有用的功能，多个视口将显示屏幕分为多个区域，从而可以显示图形的多个部分，各个视口都相互独立地显示一个当前图形的视图，如图 **15-1-17** 所示。

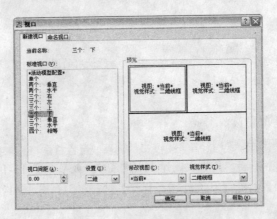

图 15-1-17 【视口】对话框

1. 创建浮动视口

在图纸空间状态下，在命令行输入"VPORTS"激活 VPORTS 命令，系统将会打开【视口】对话框，如图 15-1-18 所示。其中各项的含义如下：

- 【新建视口】选项卡-模型空间（【视口】对话框）：显示标准视口配置列表并配置模型空间视口。
- 【命名视口】选项卡-模型空间（【视口】对话框）：显示图形中任意已保存的视口配置。选择视口配置时，已保存配置的布局显示在【预览】中。
- 【新建视口】选项卡-【布局】（【视口】对话框）：显示标准视口配置列表并配置 4）。
- 【命名视口】选项卡-【布局】（【视口】对话框）：显示任意已保存的和已命名的模型空间视口配置，以便用户在当前布局中使用。不能保存和命名布局视口配置。

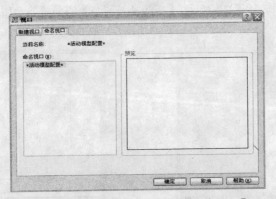

图 15-1-18 【视口】对话框的【命名视口】

2. 图纸空间与模型空间的转换

当浮动视口建立后，可以在图纸空间中添加注释或其他图形对象，这种操作并不会影响模型空间或其他布局，当需要在布局的编辑模型空间中的图形对象时，可以使用以下的方法在视口中访问模型空间：

- 单击状态栏中的 MODEL 按钮进行切换。
- 在命令行中输入 PSPACE 或 MSPACE 进行切换。
- 在布局视口中双击鼠标，可以直接转换为模型空间。

以上的操作是指在图纸空间下的模型空间显示状态，若回到原始的模型状态，则需要单击屏幕左下角的 MODEL 选项卡。

3. 使用浮动窗口

对浮动窗口的操作主要通过选择浮动视口的界线，而后右击打开如图 **15-1-19** 所示的快捷菜单，用户可以根据需要而对其进行设置。

图 15-1-19　浮动视口快捷菜单

15.2　图纸打印样式表

当文件绘制好后，将要打印出来，此时用户可以根据需要设置适合的打印模式，执行【文件】|【打印】，系统将打开【打印－模型】对话框，如图 **15-2-1** 所示。该对话框中包含了【页面设置】、【打印机/绘图仪】、【图纸尺寸】、【打印区域】、【打印偏移】、【打印比例】等区域，在对话框最右下角有个◉按钮，该按钮将【打印－模型】对话框展开或折叠起来。单击◉按钮，【打印－模型】对话框将展开原来折叠起来的部分，如图 **15-2-2** 所示。

图 15-2-1　【打印－模型】对话框

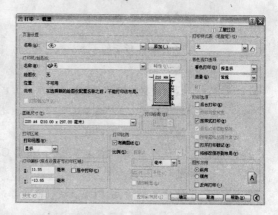

图 15-2-2　展开的【打印－模型】对话框

15.2.1　创建打印样式

在【打印－模型】对话框中的【打印样式表】区域中可以设置图形输出的打印样式，用户可自定义图形的打印样式。自定义打印样式的方法如下：

01 在【打印－模型】对话框的【打印样式表（笔指定）】下拉列表中选择【新建】选项，如图 15-2-3 所示。并打开如图 15-2-4 所示的【添加颜色相关打印样式表－开始】对话框，选择【使用 CFG 文件】单选项。

图 15-2-3　【打印样式表（笔指定）】区域

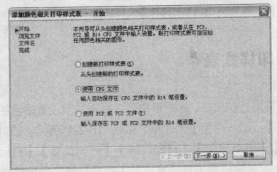

图 15-2-4　【添加颜色相关打印样式表－开始】对话框

小知识

在图 15-2-4 所示的【添加颜色相关打印样式表－开始】对话框中，各个单选项的含义如下：

1)【创建新打印样式表】单选项：用户可以根据自己的需要自定义创建一个全新的打印样式。选择该单选项时，将跳过【浏览文件】选项，直接进入到【文件名】选项。

2)【使用 CFG 文件】单选项：使用 CAD 系统自带的或已保存有的在 CFG 文件中的打印样式。

3)【使用 PCP 或 PC2 文件（P）】单选项：使用 CAD 系统自带的或已保存有的在 PCP 或 PC2 文件中的打印样式。

02　选择【使用 CFG 文件】单选项后，单击 下一步(N) 按钮，打开如图 15-2-5 所示的【浏览文件名】对话框。在该对话框中的【文件名】文本框中输入新打印样式表的名称。也可以单击 浏览(B)... 按钮，选择已有的文件名。

03　输入了打印样式的名称后，单击【下一步】按钮，打开如图 15-2-6 所示的【完成】对话框。该对话框中包含了【打印样式编辑器（E）】按钮、【对当前图形使用此打印样式表】复选框和【对 AutoCAD 2008 以前的图形和新图形使用此打印样式表】复选框。

> 注意该文件名必须是【R14CFG】的文件名。

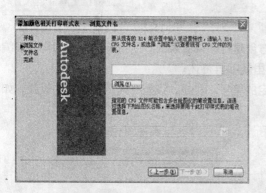

图 15-2-5　【浏览文件名】对话框

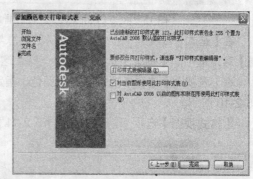

图 15-2-6　【完成】对话框

04　在该对话框中确定是否将新建的该打印样式表应用到当前图形中，设置完成后单击【完成】按钮，样式新建完成。

若要对设置好的打印样式修改，可在【打印样式表】栏中单击【打印样式表编辑器】按钮。修改样式的方法如下：

1）在【名称】下拉列表框中选择需要的样式名为图形指定当前打印样式。

2）单击【打印样式表编辑器】按钮，打开如图 15-2-7 所示的【打印样式表编辑器】对话框，然后根据需要进行修改即可。

图 15-2-7　【打印样式表编辑器】对话框

15.2.2　编辑打印样式表

对于已经存在的打印样式表，使用打印样式表编辑器，可以添加、删除和重命名打印样式，并且可以编辑打印样式表的打印样式参数。

启动【文件】|【打印样式管理器】，将打开【Plot styles】对话框，效果如图 15-2-8 所示。选择要修改的打印样式表，打开【打印样式表编辑器】对话框，效果如图 15-2-9 所示。在【打印样式表编辑器】对话框中对打印样式表进行编辑修改。

新手学 AutoCAD 2008 室内与建筑实例完美手册

图 15-2-8 【Plot styles】对话框 　　　　图 15-2-9 【打印样式】编辑器

　　在【基本】选项卡中，系统所提供的信息与创建打印样式表时，所打开的【打印样式表编辑器】对话框中的【基本】选项卡含义一样，这里就不再赘述。

　　在【表视图】选项卡提供了打印颜色、指定的笔号、淡显、线型、线宽等选项的设置，如图 15-2-10 所示。

　　【格式视图】选项卡的界面如图 15-2-11 所示，选项内容与表视图相同。

图 15-2-10 【表视图】选项卡 　　　　图 15-2-11 【格式视图】选项卡

　　【表视图】和【格式视图】实际上指定了相同的修改项目，如果打印样式的数量较少，使用【表视图】比较方便，如果打印样式的数量较多，则使用【格式视图】进行编辑。

　　仅当用于非笔式绘图仪并将绘图仪配置为使用虚拟笔时，虚拟笔设置才可用。在这种情况下，所有其他的样式设置都将被忽略，而只使用虚拟笔。如果没有将非笔式绘图仪配置为使用虚拟笔，则打印样式表中的虚拟和物理笔信息将被忽略，而使用所有其他设置。可以在 PC3 编辑器的【设备和文档设置】选项卡上的【矢量图形】中，将非笔式绘图仪配置为使用虚拟笔。在【颜色深度】下，选择【255 虚拟笔】。

第 15 章 图纸布局与打印输出

使用【表视图】进行编辑时，在需要修改的特性上单击鼠标左键，修改属性框会弹出下拉列表或者变成输入文本框，可以对其属性值进行修改，如图 15-2-12 所示。

使用【格式视图】进行编辑的操作相对比较简单，系统在对话框中给出了每一种要设计的颜色特性，可以对所需要的特性值进行修改，如图 15-2-13 所示。

图 15-2-12　【表视图】操作

图 15-2-13　【格式视图】的编辑操作

15.2.3　颜色相关打印样式

物体的颜色控制其打印效果，对于不同的颜色，物体可能有不同的打印效果，可以通过改变物体的颜色来改变用于该物体的打印样式。

颜色相关打印样式表以.ctb 为文件扩展名保存，AutoCAD 早期版本使用了笔指定，用物体颜色来控制笔号、线型和线宽。

小知识

图形可以使用命名或颜色相关打印样式，但两者不能同时使用。转换样式命令 CONVERTPSTYLES 将当前打开的图形从颜色相关打印样式转换为命名打印样式，或从命名打印样式转换为颜色相关打印样式，这取决于图形当前所使用的打印样式方式。

（1）颜色相关打印：通过使用颜色相关打印样式来控制对象的打印方式，确保所有颜色相同的对象以相同的方式打印。

当图形使用颜色相关打印样式表时，用户不能为单个对象或图层指定打印样式。要为单个对象指定打印样式特性，请修改该对象或图层的颜色。

（2）命名打印样式：指定给对象和图层的方式与线型和颜色指定给对象的方式相同。

打印样式被设置为【随层】的对象将继承指定给其图层的打印样式。因为可以为每个布局指定不同的打印样式，而且命名打印样式表可以包含任意数量的打印样式，所以指定给对象或图层的打印样式可能不包含在所有打印样式表中。在这种情况下，AutoCAD 将在【选择打印样式】对话框中报告该打印样式这种方式限制了颜色在图形中的使用，把颜色关联到画笔就不能发挥线宽、线型与颜色不相关的灵活性，按照相关规定，AutoCAD 2008 通过创建【颜色相关打印样式表】继续使用物体的颜色来控制输出效果，如图 15-2-14 所示为【打印】对话框中的设定方式。

单击【打印样式表】选项中的【编辑】按钮即可打开该样式的【打印样式表编辑器】对话框，即可对其中的各个选项进行设置，如图 15-2-15 所示。

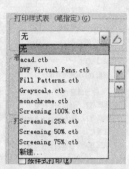

图 15-2-14 【打印样式表（笔指定）】选项区

图 15-2-15 笔设置向导

■15.3 图纸打印输出 ■

绘制好的图纸无论在设计和施工都需要进行打印输出，但是在打印输出的过程中我们必须要设置好打印的参数，选择好打印设备等，下面我们介绍如何设置这些参数。

15.3.1 设置打印参数

AutoCAD 图形绘制完成后即可将其输出。在 AutoCAD 中可将图形输出到文件或图纸上，输出图形前应先设置其打印参数。单击【文件】|【打印】，打开如图 15-3-1 所示的【打印－模型】对话框。

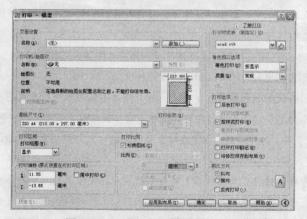

图 15-3-1 【打印－模型】对话框

在该对话框的【打印机/绘图仪】区域、【打印样式表（笔指定）】区域和【打印区域】区域进行打印参数设置。

15.3.2　设置图纸尺寸

单击【文件】|【打印】，如图 15-3-2 所示，在该对话框内可以对打印的图纸设置其大小尺寸。设置图纸尺寸可直接在【图纸尺寸】下拉列表中选择图纸大小即可。

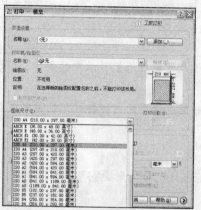

图 15-3-2　设置图纸尺寸

15.3.3　选择打印设备

单击【文件】|【打印】，在【打印机/绘图仪】区域的【名称】下拉列表框中，系统列出了用户已安装的打印机或 AutoCAD 内部打印机设备名称。在该下拉列表中选择需要的输出设备后，在【打印机/绘图仪】区域的【绘图仪】栏、【位置】栏和【说明】栏后将显示被选中输出设备的名称、网络位置以及关于打印机的说明信息等。【名称】下拉列表后面的【特性】按钮也将可以使用。

接下来介绍如何设置当前打印机的特性。其操作步骤如下：

01 选择打印机后，单击【特性】按钮，打开如图 15-3-3 所示的【打印机配置编辑器】对话框，并选择【设备和文档设置】选项卡。

02 在列表框中选择【介质】目录下的【源和大小】项，即可在对话框下方的【大小】列表框中选择源图形的大小。

03 展开【图形】目录，选择【矢量图形】项，此时对话框如图 15-3-4 所示。

图 15-3-3　【打印机配置编辑器】对话框

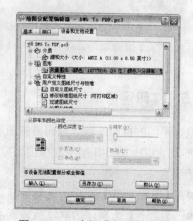

图 15-3-4　选择【矢量图形】项

提示

　　当选择不同的打印样式时，【矢量图形】选项所能运用的【分辨率和颜色、深度】
区域的功能不同。该区域内的各个选项含义如下：

　　【颜色深度】区域：设置打印颜色的位数以及是用单色还是用彩色打印。

　　【分辨率】区域：设置打印的精度。

　　04　选择【用户定义图纸尺寸与校准】目录中的各项，可设置图纸的尺寸大小和可打印区域等。

　　05　单击【另存为】按钮保存设置的打印特性。设置完成后单击【确定】按钮。

15.3.4　控制出图比例

　　设置合适的出图比例可在出图时使图形更完整地显示出来。与出图相关的比例有绘图比例和出图比例两种。

　　绘图比例是在绘制图形过程中所采用的比例。例如在绘图过程中用1个单位图形长度代表200个单位真实长度，则绘图比例为1：200。CAD的绘图界限不受限制，因此绘图时一般以1：1比例绘制，出图时则控制出图比例。

　　出图比例是指出图时图纸上单位尺寸与实际绘图尺寸之间的比值，例如绘图比例为1：100，出图比例为1：1，则图纸上一个单位长度代表100个实际单位长度。若绘图比例为1：1，出图比例为1：100，则图纸上一个单位长度仍然代表100个实际单位长度。

　　与输出到图纸上的图形有关的还有线型比例和尺寸标注比例，这两种比例不会影响图纸尺寸的大小，但要影响除实线外的线型和尺寸标注的形状和比例。了解出图比例的相关概念后，就可在【打印设置】选项卡中控制出图的比例。其方法如下：

　　01　在【打印比例】下拉列表中根据实际情况选择所需的出图比例。

　　02　若在下拉列表中选择【自定义】项，则在【自定义】文本框重新设置毫米与单位间的换算。

小知识

　　如果只想修改某次打印的打印设置但不修改布局，则可以清除【将修改保存到布局】复选框，在【打印】对话框中修改打印设置后单击【确定】按钮。

15.3.5　打印区域的设置

　　设定不同的打印区域，打印出的图形则各不相同。在【打印区域】区域中有设置图形打印区域的选项，如图15-3-5所示。在该下拉列表中包含了【显示】、【窗口】、【图形界限】三个选项。其各选项含义如下：

● 【图形界限】选项：选取该项，打印时打印绘图区中所有的图形对象。

● 【显示】选项：选取该项，则打印当前绘图区中所显示的图形。

● 【窗口】选项：打印用户所指定的区域。选择该项，在绘图区中选取要打印的矩形区域作为打印区域。

图 15-3-5 【打印区域】区域

15.3.6 图形打印方向的设置

在【图形方向】区域中可设置图形的出图方向。该区域有【纵向】单选项、【横向】单选项和【反向打印】复选框，如图 15-3-6 所示。其各选项的含义如下：

图 15-3-6 设置图形打印方向

（1）【纵向】单选项：将图形以纵向方式打印到图纸上，如图 15-3-7 所示。

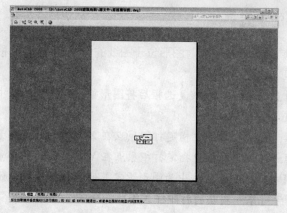

图 15-3-7 纵向方式打印

新手学 AutoCAD 2008 室内与建筑实例完美手册

（2）【横向】单选项：将图形以横向方式打印到图纸上，如图 15-3-8 所示。

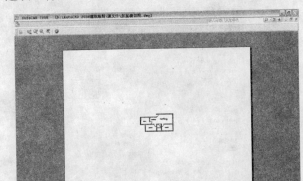

图 15-3-8　横向方式打印

（3）【反向打印】复选框：该选项是与纵向和横向打印配合使用，若与纵向打印配合则是上下颠倒定位图形方向并打印图形，若与横向配合则是左右颠倒定位图形方向并打印图形。效果如图 15-3-9 所示。

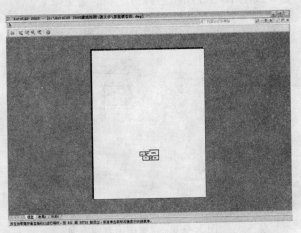

图 15-3-9　【反向打印】预览效果

15.3.7　打印偏移的设置

【打印偏移】区域是设置在出图时图形位于图纸的位置。【打印偏移】区域有如图 15-3-10 所示的选项。其各选项的含义如下：

- 【居中打印】复选框：选取该复选框后将图形输出到图纸的正中间，系统自动计算出 X 和 Y 偏移值。
- 【X】文本框：在该文本框中指定打印原点在 X 轴方向的偏移量。
- 【Y】文本框：在该文本框中指定打印原点在 Y 轴方向的偏移量。
- 用户还可在【打印选项】区域中为图形设定其他的打印效果，如是否打印对象线宽、是否打印应用于对象和图层的打印样式等。

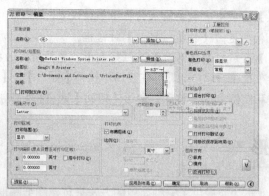

图 15-3-10　设置打印偏移

15.3.8　保存打印设置

在 AutoCAD 2008 中用户还可将所设置的打印参数保存起来，供以后打印时调用。保存打印设置的操作步骤如下：

01 在【打印】对话框的【页面设置】区域中单击 添加(.)... 按钮，打开如图 15-3-11 所示的【添加页面设置】对话框。

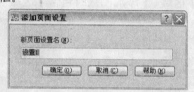

图 15-3-11　【添加页面设置】对话框

02 在【新页面设置名】文本框中输入页面名称。

03 单击 确定(0) 按钮即可保存页面设置。

若用户已保存有打印参数设置，可在【页面设置】下拉列表中将其调入 AutoCAD 中进行设置。操作步骤如下：

01 在【页面设置】下拉列表中选择【输入】选项，打开如图 15-3-12 所示的【从文件选择页面设置】对话框。

02 在该对话框中选择要使用的打印参数设置文件，单击【确定】按钮，打开【输入页面设置】对话框，效果如图 15-3-13 所示。

图 15-3-12　【从文件选择页面设置】对话框

图 15-3-13　【输入页面设置】对话框

新手学 AutoCAD 2008 室内与建筑实例完美手册

03 在【页面设置】区域中选取要输入的打印参数设置。

04 单击 确定(0) 按钮返回【打印－模型】对话框。

05 在【页面设置】区域内的【名称】下拉列表中，选择所需的打印参数设置名称即可。

如果要将多个图形布置在一起打印，可在窗口中执行【插入】→【块】命令，将图块插入到绘图区中，并进行位置和比例上的调整后，通过【打印】对话框将其打印出来。

▪ 15.4 发布图形 ▪

AutoCAD 2008 的发布功能提供了一种简单的方法来创建图纸图形集或电子图形集，电子图形集是打印的图形集的数字形式，用户可以通过将图形发布到 Design Web Format 文件来创建电子图形集。使用发布图形功能可以将 AutoCAD 图形发送到 DWF 文件或打印机上。启动该命令的方法有如下两种：

● 菜单：【文件】|【发布】

● 命令行：PUBLISH

启动该命令后，系统将打开【发布】对话框，效果如图 15-4-1 所示。该对话框中有【要发布的图纸】显示框、【发布到】区域、【添加图纸时包含】区域。各项含义如下：

图 15-4-1 【发布】对话框

（1）【要发布的图纸】显示框：显示了当前图形的图纸名、页面设置与状态，并且对页面上的图纸是否可以打印进行检查。在该区域内还可以将图纸保存、上下移动图纸位置等。其中各个按钮含义如下：

● 按钮：往图纸内添加图纸。

● 按钮：将所选择的图纸删除掉。

● 按钮：将所选择的图纸向上移动一位。位于列表框顶端位置的图纸不能使用该按钮。

● 按钮：将所选择的图纸向下移动一位，位于列表框底端位置的图纸不能使用该按钮。

● 按钮：加载图纸列表。使用该按钮时，系统提示是否对原有的图纸进行保存。加载的图纸将把原有的图纸代替。

● 按钮：打印设置戳记设置。

● 按钮：用于确定发布顺序。单击该按钮，将按与系统默认相反的顺序发布。

（2）【发布到】区域：用于将图纸发布到绘图仪中或 DWF 文件中。

（3）【添加图纸时包含】区域：包含有【模型选项卡】和【布局选项卡】两个选项。

（4）按钮：该按钮用于对发布的一些参数进行设置，单击该按钮后，将打开【发布选项】对话框，效果如图 **15-4-2** 所示。

图 15-4-2　【发布选项】对话框

（5）　　　　　　按钮：用于显示发布图形的细节，如选定图纸信息、选定页面设置信息。单击该按钮后，将在【发布】对话框下方展开图纸的细节显示，效果如图 **15-4-3** 所示。单击该按钮后，该按钮将变为【隐藏细节】按钮。

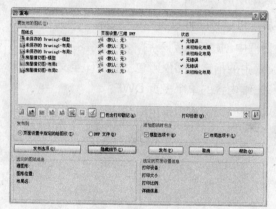

图 15-4-3　发布细节显示

本章总结

本章我们介绍了布局的使用，内容包括：模型空间与图纸空间的概念，视口的设置，图纸打印样式表的创建、编辑以及颜色相关打印样式，图纸打印输出的各种参数的设置，图形如何打印等。图纸布局与打印输出是制图最后的一个环节，它有相当重要的意义。希望读者多多实践以熟练掌握。

有问必答

问：如何在布局视口中创建和修改对象？

答：如果要创建或修改对象，请使用状态栏上的按钮最大化布局视口。最大化的布局视口将扩展布满整个绘图区域。将保留该视口的中心点和布局可见性设置，并显示周围的对象。 在模型空间可以进行平移和缩放操作，但是恢复视口返回图纸空间后，也将恢复布局视口中对象的位置和比例。

问：如何理解冻结与解冻布局？

答： 冻结的图层是不可见的。它们不能被重生成或打印。解冻图层可以恢复可见性。在当前视口中冻结或解冻图层的最简单方法是使用图层特性管理器。

问：如何切换打印样式表？

答： 将图形从使用命名打印样式表转换为使用颜色相关打印样式表时，指定给图形中的对象的打印样式名将丢失。除了修改图形使用的打印样式表的类型外，还可以使用 CONVERTCTB 将颜色相关打印样式表转换为命名打印样式表，但是不能将命名打印样式表转换为颜色相关打印样式表。

问：图层 0 的默认打印样式是怎样的呢？

答： 将新图形或使用 AutoCAD 早期版本创建但从未保存为 AutoCAD 2000 或更高版本格式的图形的默认打印样式设置为"图层 0"。该列表显示默认样式（即"普通"样式）和在当前加载的打印样式表中定义的所有打印样式。

问：创建好图纸集后，可以将图形发布至哪些目标？

答： 在【发布】对话框中创建图纸列表后，可以将图形发布至以下任意目标：

1. 每个图纸页面设置中的指定绘图仪（包括要打印至文件的图形）；
2. 包含二维内容和三维内容的单个多页 DWF；
3. 包含二维内容和三维内容的多个单页。

$$Study$$

Chapter

16

绘制建筑综合图形

学习导航

　　学习完前面介绍的利用 AutoCAD 2008 来进行建筑绘图以后，读者应该对 AutoCAD 在建筑方面的应用有了一个比较深入的了解，如绘制一个建筑构建图需要哪些步骤，如何新建文件，绘制和编辑图形的基本规则，标注和打印的注意事项等。本章以前面介绍的内容为基础，以符合国家建筑规范的专业角度为标准，通过大量的建筑实例图来对它们做简短的概括。

　　绘制建筑综合图使用到的知识涵盖了本书的大部分章节，从而能让读者对每章介绍的内容以及在绘图时起到的作用有一个全面的认识。

本章要点

　◎ 绘制基础的建筑图形
　◎ 绘制室内建筑图形
　◎ 绘制室外建筑图形

▌16.1 绘制基础的建筑图形 ▐

基础的建筑图形是我们绘制建筑图形的基础，本节我们介绍一些常见的基本图形的绘制。

16.1.1 绘制门

绘制如图 16-1-1 所示的图形。

【光盘：源文件\第 16 章\实例 1.dwg】

【实例分析】

门的绘制主要是画出门洞、门扇以及门的装饰线，可以先绘制一扇门，然后使用镜像命令绘制另一扇门。

【实例效果】

实例效果如图 16-1-1 所示。

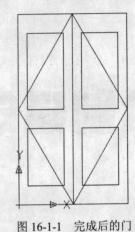

【实例绘制】

01 选择【文件】|【新建】命令，创建一个新的文件。

02 选择【绘图】|【矩形】命令，绘制一扇门的轮廓线，如图 16-1-2 所示。系统将会提示：

图 16-1-1 完成后的门

命令: _rectang

      \\输入矩形命令

指定第一个角点或 [倒角(C)/标高(E)/圆角(F)/厚度(T)/宽度(W)]:   \\在屏幕上任指一点

指定另一个角点或 [面积(A)/尺寸(D)/旋转(R)]: @600,2000   \\输入数据

03 输入 OSNAP 命令后按回车键，弹出【草图设置】对话框，在【对象捕捉】选项卡中，选中【端点】和【中点】复选框，使用端点和中点对象捕捉模式，如图 16-1-3 所示。

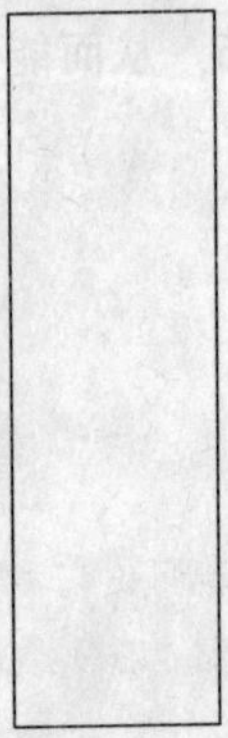

图 16-1-2 绘制一扇门的轮廓线 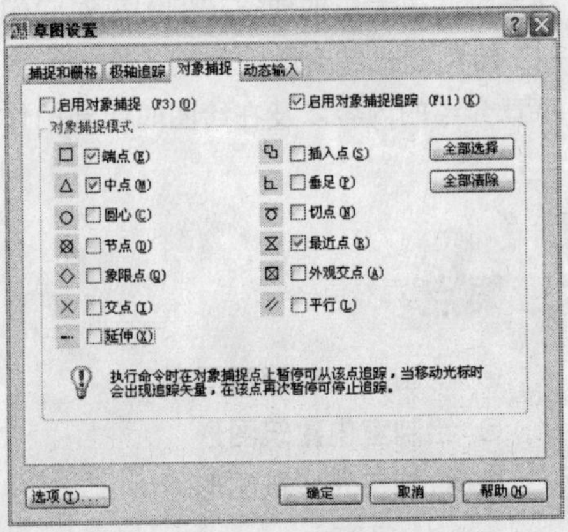   图 16-1-3 【草图设置】对话框

04 输入 ucs 命令后按回车键，改变坐标原点，使新的坐标原点为门的轮廓线左下端点。系统提示如下：

命令: ucs   \\输入命令 ucs

当前 UCS 名称: *世界*

指定 UCS 的原点或 [面(F)/命名(NA)/对象(OB)/上一个(P)/视图(V)/世界(W)/X/Y/Z/Z 轴(ZA)] <世界>: o
\\输入 o

指定新原点 <0,0,0>:　　　　　　　　　　　\\对象捕捉到矩形下边的左端点

05　选择【绘图】|【矩形】命令，绘制门的上下两扇门，如图 16-1-4 所示。系统提示：

命令: _rectang　　　　　　　　　　　　　　　　　　　　　　\\输入矩形命令

指定第一个角点或 [倒角(C)/标高(E)/圆角(F)/厚度(T)/宽度(W)]: 100,200\\输入坐标值

指定另一个角点或 [面积(A)/尺寸(D)/旋转(R)]: @400,600　　　　　　\\输入坐标值

命令: _rectang

指定第一个角点或 [倒角(C)/标高(E)/圆角(F)/厚度(T)/宽度(W)]: 100,1000\\输入坐标值

指定另一个角点或 [面积(A)/尺寸(D)/旋转(R)]: @400,800　　　　　　\\输入坐标值

06　选择【绘图】|【直线】命令，绘制门的装饰线，注意使用点的对象捕捉命令，如图 16-1-5 所示，系统将会提示：

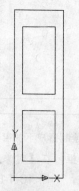

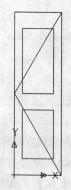

图 16-1-4　绘制上下两扇门　　　　　　图 16-1-5　绘制门的装饰线

命令: _line 指定第一点:　　　　\\输入命令并捕捉到矩形的一个端点

指定下一点或 [放弃(U)]:　　　　\\对象捕捉到矩形的一个中点

指定下一点或 [放弃(U)]:　　　　\\对象捕捉到矩形的一个顶点

指定下一点或 [闭合(C)/放弃(U)]:\\回车

07　选择【修改】|【镜像】命令，绘制另一扇门，并最终完成门的绘制，如图 16-1-1 所示。系统提示：

命令: _mirror　　　　　　　　　　\\输入镜像命令

选择对象: 指定对角点: 找到 5 个\\选择绘制的单扇门

选择对象:　　　　　　　　　　　\\回车完成对象选择

指定镜像线的第一点: 指定镜像线的第二点:　\\对象捕捉到门外轮廓的右侧端点

要删除源对象吗? [是(Y)/否(N)] <N>:　　\\对象捕捉到门外轮廓的右侧端点

16.1.2　绘制窗户

绘制如图 16-1-6 所示的图形。

【光盘：源文件\第 16 章\实例 2.dwg 】

【实例分析】

窗的绘制主要是画出上下窗台，玻璃的内外轮廓，可以用线命令绘制出外轮廓线，然后使用

偏移命令绘制内轮廓线。

【实例效果】

实例效果如图 16-1-6 所示。

【实例绘制】

01 选择【文件】|【新建】命令，创建一个新的文件。

02 选择【绘图】|【矩形】命令，绘制窗户的下部窗台，如图 16-1-7 所示，系统提示：

命令: _rectang   \\执行矩形命令

指定第一个角点或 [倒角(C)/标高(E)/圆角(F)/厚度(T)/宽度(W)]:\\任指定一点

指定另一个角点或 [面积(A)/尺寸(D)/旋转(R)]: @1700,100\\指定对角点

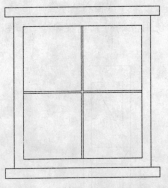

图 16-1-6 绘制完成后的窗户   图 16-1-7 绘制窗户下部窗台

03 输入 OSNAP 命令后按回车键，弹出【草图设置】对话框，在【对象捕捉】选项卡中，选中【端点】和【中点】复选框，使用端点和中点对象捕捉模式，如图 16-1-8 所示。

04 输入 ucs 命令后按回车键，改变坐标原点，使新的坐标原点为窗台上条边的中点。系统提示如下：

命令: ucs   \\输入命令

当前 UCS 名称: *世界*

指定 UCS 的原点或 [面(F)/命名(NA)/对象(OB)/上一个(P)/视图(V)/世界(W)/X/Y/Z/Z 轴(ZA)] <世界>:

o   \\输入选项

指定新原点 <0,0,0>:   \\指定选择好的位置

05 选择【绘图】|【矩形】命令，绘制窗户的外轮廓线，然后选择【绘图】|【偏移】命令，绘制内轮廓线，如图 16-1-9 所示，系统将会提示：

图 16-1-8 【草图设置】对话框

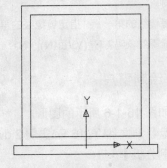

图 16-1-9 绘制窗户的内外轮廓

命令: _rectang   \\输入命令

指定第一个角点或 [倒角(C)/标高(E)/圆角(F)/厚度(T)/宽度(W)]: -750,0\\输入数据

指定另一个角点或 [面积(A)/尺寸(D)/旋转(R)]: 750,1600   \\输入数据

命令: _offset   \\输入命令

当前设置: 删除源=否　图层=源　OFFSETGAPTYPE=0

指定偏移距离或 [通过(T)/删除(E)/图层(L)] <通过>:　100   \\输入数据

选择要偏移的对象，或 [退出(E)/放弃(U)] <退出>:   \\选择外侧窗户轮廓线

指定要偏移的那一侧上的点，或 [退出(E)/多个(M)/放弃(U)] <退出>: \\选择偏移方向

选择要偏移的对象，或 [退出(E)/放弃(U)] <退出>:   \\回车

06 选择【绘图】|【多线】命令，绘制窗格，注意使用点的对象捕捉命令，如图 16-1-10 所示。系统提示:

命令: _mline   \\执行多线命令

当前设置: 对正 = 上，比例 = 20.00，样式 = STANDARD

指定起点或 [对正(J)/比例(S)/样式(ST)]:　s   \\选中选项

输入多线比例 <20.00>: 15

当前设置: 对正 = 上，比例 = 15.00，样式 = STANDARD

指定起点或 [对正(J)/比例(S)/样式(ST)]:　j   \\选中选项

输入对正类型 [上(T)/无(Z)/下(B)] <上>:　z   \\设置多线的对齐类型

当前设置: 对正 = 无，比例 = 15.00，样式 = STANDARD

指定起点或 [对正(J)/比例(S)/样式(ST)]:   \\对象捕捉到矩形的一个中点

指定下一点: \\对象捕捉到矩形的一个中点

指定下一点或 [放弃(U)]:   \\回车

MLINE   \\执行多线命令

当前设置: 对正 = 无，比例 = 15.00，样式 = STANDARD

指定起点或 [对正(J)/比例(S)/样式(ST)]:   \\对象捕捉到矩形的一个中点

指定下一点: \\对象捕捉到矩形的一个中点

指定下一点或 [放弃(U)]:   \\回车完成多线命令

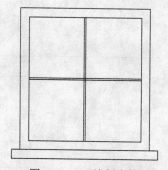

图 16-1-10　绘制窗格

07 选择【修改】|【对象】|【多线】命令，弹出【多线编辑工具】对话框，选中其中的"十字合并"图标，对绘制窗格的多线进行编辑，如图 16-1-11 所示，完成多线编辑的窗格，如图 16-1-12 所示，系统将会提示:

新手学 AutoCAD 2008 室内与建筑实例完美手册

命令: _mledit   \\执行多线编辑工具命令

选择第一条多线: \\选中其中一条多线

选择第二条多线: \\选中另外一条多线

选择第一条多线 或 [放弃(U)]:   \\回车完成多线编辑命令

图 16-1-11 【多线编辑工具】对话框

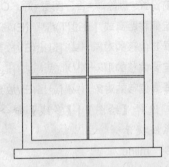

图 16-1-12 多线编辑完成后的窗格

08 选择【修改】|【镜像】命令，绘制窗户的上窗台，并最终完成窗户的绘制，如图 16-1-6 所示，系统将会提示：

命令: _mirror   \\执行镜像命令

选择对象: 找到 1 个   \\选中单扇窗

选择对象: \\对象捕捉到窗户外轮廓的中点

指定镜像线的第一点: 指定镜像线的第二点: \\对象捕捉到窗户外轮廓的中点

要删除源对象吗? [是(Y)/否(N)] <N>:   \\回车完成镜象命令

16.1.3 绘制 A4 图纸

绘制如图 16-1-13 所示的图形。

【光盘：源文件\第 16 章\实例 3.dwg】

【实例分析】

通过一个 297 ×210 A4 图纸的绘制，学习 LINE、OFFSET、MTEXT 等命令的绘制技巧，并把绘制完成的图纸作为模板保存。

【实例效果】

实例效果如图 16-1-13 所示。

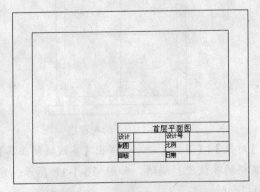

图 16-1-13 绘制完成后的 A4 图框

实例绘制：

01　选择【文件】|【新建】命令，创建一个新的文件。

02　选择【绘图】|【直线】命令，绘制 A4 图纸的外边框，大小为 297×210，如图 16-1-14 所示。系统提示：

命令：_line

指定第一点：　　　　　　　　　　　\\在屏幕上任意选取一点

指定下一点或 [放弃(U)]: @297,0

指定下一点或 [放弃(U)]: @0,210

指定下一点或 [闭合(C)/放弃(U)]: @-297,0

指定下一点或 [闭合(C)/放弃(U)]: c

03　选择【绘图】|【偏移】命令，绘制 A4 图纸的内边框草图，如图 16-1-15 所示。系统提示：

命令：_offset

当前设置：删除源=否　图层=源　OFFSETGAPTYPE=0

指定偏移距离或 [通过(T)/删除(E)/图层(L)] <通过>:　25

选择要偏移的对象，或 [退出(E)/放弃(U)] <退出>:　　　　\\选择偏移的对象

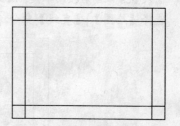

图 16-1-14　绘制 A4 图纸的外边框　　　　图 16-1-15　绘制 A4 图纸的内边框草图

指定要偏移的那一侧上的点，或 [退出(E)/多个(M)/放弃(U)] <退出>:\\选择偏移的方向

选择要偏移的对象，或 [退出(E)/放弃(U)] <退出>:

指定要偏移的那一侧上的点，或 [退出(E)/多个(M)/放弃(U)] <退出>:

选择要偏移的对象，或 [退出(E)/放弃(U)] <退出>:

指定要偏移的那一侧上的点，或 [退出(E)/多个(M)/放弃(U)] <退出>:

选择要偏移的对象，或 [退出(E)/放弃(U)] <退出>:

指定要偏移的那一侧上的点，或 [退出(E)/多个(M)/放弃(U)] <退出>:

选择要偏移的对象，或 [退出(E)/放弃(U)] <退出>:　　　　\\回车

04　选择【绘图】|【修剪】命令，对偏移后的线段进行修剪，得到 A4 图纸的内边框，如图 16-1-16 所示。系统提示：

命令：_trim

当前设置:投影=UCS，边=无

选择剪切边...

选择对象或 <全部选择>:　找到 1 个

选择对象: 找到 1 个，总计 2 个

选择对象: 找到 1 个, 总计 3 个

选择对象: 找到 1 个, 总计 4 个

选择对象:

选择要修剪的对象, 或按住【Shift】键选择要延伸的对象, 或[栏选(F)/窗交(C)/投影(P)/边(E)/删除(R)/放弃(U)]:   \\依次选择剪切的线段

05   输入 osnap 命令后按回车键, 弹出【草图设置】对话框, 在【对象捕捉】选项卡中, 选中【端点】和【中点】复选框, 使用端点和中点对象捕捉模式, 如图 16-1-17 所示。

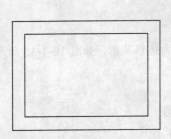

图 16-1-16   修剪后的 A4 图框   图 16-1-17   【草图设置】对话框

06   输入 ucs 命令后按回车键。改变坐标原点, 使新的坐标原点为 A4 图纸内边框的右下端点。

07   选择【绘图】|【直线】命令, 绘制 A4 图纸的标题栏, 如图 16-1-18 所示。系统提示:

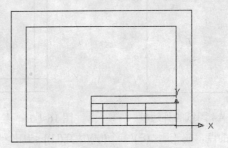

图 16-1-18   绘制 A4 图纸的标题栏

命令: _line

指定第一点:

指定下一点或 [放弃(U)]: @-140,0

指定下一点或 [放弃(U)]: @0,48

指定下一点或 [闭合(C)/放弃(U)]: @140,0

指定下一点或 [闭合(C)/放弃(U)]:

命令:LINE

指定第一点: 0,12

指定下一点或 [放弃(U)]: @-140,0

指定下一点或 [放弃(U)]:

命令:LINE

指定第一点: 0,24

指定下一点或 [放弃(U)]: @-140,0

指定下一点或 [放弃(U)]:

命令:

LINE　指定第一点: 0,36

指定下一点或 [放弃(U)]: @-140,0

指定下一点或 [放弃(U)]:

命令: LINE

指定第一点: -50,0

指定下一点或 [放弃(U)]: @0,36

指定下一点或 [放弃(U)]:

命令:LINE

指定第一点: -80,0

指定下一点或 [放弃(U)]: @0,36

指定下一点或 [放弃(U)]:

命令:LINE

指定第一点: -120,0

指定下一点或 [放弃(U)]: @0,36

指定下一点或 [放弃(U)]:

08　选择【绘图】|【文字】|【多行文字】命令，在标题栏选择要输入文字的地方，则弹出【文字格式】对话框，如图 16-1-19 所示，选择适合的文字大小、格式和颜色，最后完成文字输入后的标题栏，如图 16-1-20 所示。

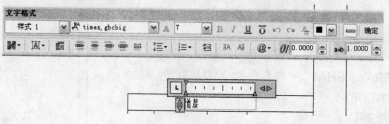

图 16-1-19　【文字格式】对话框

首层平面图		
设计	设计号	
制图	比例	
审核	日期	

图 16-1-20　填写标题栏

09　双击要修改的文字，则弹出【文字格式】对话框，所不同的是此时的对话框包括已经输入的文字，通过此对话框可以修改文字大小、格式和颜色或者删除原有文字，如图 16-1-21 所示。

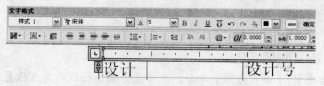

图 16-1-21　【文字格式】对话框

新手学 AutoCAD 2008 室内与建筑实例完美手册

10 选择【绘图】|【另存为】命令，弹出【文件另存为】对话框，在【文件类型】列表框中选择【AutoCAD 图形样板】选项，在【文件名】列表框中输入文件名称【A4 图框】，如图 16-1-22 所示。

11 单击【保存】按钮，弹出【样板说明】对话框。在【测量单位】列表框中选择【公制】，在【说明】文本框中输入对该样本文件的说明："中国国检建筑标注 A4 图框"，如图 16-1-23 所示。

12 最终完成的 A4 图纸的绘制，如图 16-1-13 所示。

图 16-1-22 【文件另存为】对话框

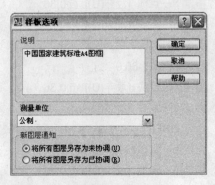

图 16-1-23 【样板说明】对话框

16.1.4 绘制房屋平面图

绘制如图 16-1-24 所示的图形。

【光盘：源文件\第 16 章\实例 4.dwg】

【实例分析】

通过一个 3000×4500 房屋平面图的绘制，学习 MLINE、ARRAY、BHATCH 等命令的绘制技巧，注意阵列命令的运用。

【实例效果】

实例效果如图 16-1-24 所示。

【实例绘制】

01 选择【文件】|【新建】命令，创建一个新的文件。

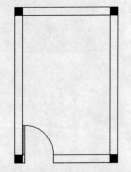

图 16-1-24 绘制完成后的房屋平面图

02 选择【绘图】|【直线】命令，绘制房屋平面图的轴线，其大小为 3000×4500，如图 16-1-25 所示。

命令：_line 指定第一点：   \\任指定一点

指定下一点或 [放弃(U)]: @3000,0

指定下一点或 [放弃(U)]: @0,4500

指定下一点或 [闭合(C)/放弃(U)]: @-3000,0

指定下一点或 [闭合(C)/放弃(U)]: c

03 选择【绘图】|【正多边形】命令，在房屋平面图轴线的角点位置绘制 240×240 的柱子，如图 16-1-26 所示。

图 16-1-25　绘制轴线

图 16-1-26　绘制柱子

命令: _polygon 输入边的数目 <4>:

指定正多边形的中心点或 [边(E)]:

输入选项 [内接于圆(I)/外切于圆(C)] <I>: c

指定圆的半径: 120　　　　　　　\\输入半径并回车

04　选择【绘图】|【图案填充】命令，弹出【图案填充与渐变色】对话框，对所绘制的柱子进行填充，如图 16-1-27 所示，在此对话框的【图案填充】选项卡中，在【图案】列表框中选择 SOLID 选项，然后单击【选择对象】按钮，选择填充的区域，对柱子进行填充，填充后的柱子如图 16-1-28 所示。

图 16-1-27　【图案填充与渐变色】对话框

图 16-1-28　填充柱子

05　选择【修改】|【阵列】命令，弹出【阵列】对话框，对所填充后的柱子进行排列，如图 16-1-29 所示，在此对话框中，在【行】和【列】文本框中输入数字 2，在【行偏移】文本框中输入距离 4500，在【列偏移】文本框中输入距离 3000，然后单击【选择对象】按钮，选择要阵列的柱子，阵列后柱子如图 16-1-30 所示。

图 16-1-29　【阵列】对话框

图 16-1-30　阵列后的柱子排列

新手学 AutoCAD 2008 室内与建筑实例完美手册

06　输入 osnap 命令后回车，弹出【草图设置】对话框，在【对象捕捉】选项卡中，选中【端点】、【交点】、【象限点】复选框，使用端点、交点和象限点对象捕捉模式，如图 16-1-31 所示。

07　选择【绘图】|【多线】命令，绘制房屋平面图的墙体，墙体的宽度为 240，如图 16-1-32 所示。系统提示：

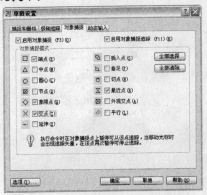

图 16-1-31　【草图设置】对话框

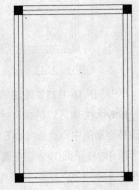

图 16-1-32　绘制墙体

命令: _mline

当前设置: 对正 = 上，比例 = 20.00，样式 = STANDARD

指定起点或 [对正(J)/比例(S)/样式(ST)]: s

输入多线比例 <20.00>: 240

当前设置: 对正 = 上，比例 = 240.00，样式 = STANDARD

指定起点或 [对正(J)/比例(S)/样式(ST)]: j

输入对正类型 [上(T)/无(Z)/下(B)] <上>: z

当前设置: 对正 = 无，比例 = 240.00，样式 = STANDARD

指定起点或 [对正(J)/比例(S)/样式(ST)]:

指定下一点:

指定下一点或 [放弃(U)]:

指定下一点或 [闭合(C)/放弃(U)]:

指定下一点或 [闭合(C)/放弃(U)]: c

08　选择【绘图】|【矩形】命令和选择【绘图】|【圆弧】|【起点、圆心、角度】命令，绘制房屋平面图的门，如图 16-1-33 所示。系统将会提示：

命令: _rectang

指定第一个角点或 [倒角(C)/标高(E)/圆角(F)/厚度(T)/宽度(W)]: <对象捕捉 关>

指定另一个角点或 [面积(A)/尺寸(D)/旋转(R)]: @45,900

命令: _arc 指定圆弧的起点或 [圆心(C)]:

指定圆弧的第二个点或 [圆心(C)/端点(E)]: c

指定圆弧的圆心:

指定圆弧的端点或 [角度(A)/弦长(L)]: a

指定包含角: -90

09　选择【修改】|【删除】命令，删除房屋平面图的轴线，同时选择【修改】|【分解】命令，将门所在的墙体炸开，以便能够修剪出门洞，如图 16-1-34 所示。

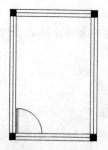

图 16-1-33 绘制门

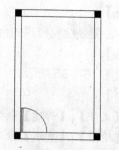

图 16-1-34 删除轴线

命令: _erase

选择对象: 找到 1 个

选择对象: 找到 1 个，总计 2 个

选择对象: 找到 1 个，总计 3 个

选择对象: 找到 1 个，总计 4 个

选择对象:

命令: _explode

选择对象: 找到 1 个

10 选择【绘图】|【直线】命令，绘制出门洞的边界线，如图 **16-1-24** 所示。

命令: _line 指定第一点:

指定下一点或 [放弃(U)]:

指定下一点或 [放弃(U)]:

LINE 指定第一点:

指定下一点或 [放弃(U)]:

指定下一点或 [放弃(U)]:

命令: _trim

当前设置:投影=UCS，边=无

选择剪切边...

选择对象或 <全部选择>: 找到 1 个

选择对象: 找到 1 个，总计 2 个

选择对象:

选择要修剪的对象，或按住【Shift】键选择要延伸的对象，或

[栏选(F)/窗交(C)/投影(P)/边(E)/删除(R)/放弃(U)]:

选择要修剪的对象，或按住【Shift】键选择要延伸的对象，或

[栏选(F)/窗交(C)/投影(P)/边(E)/删除(R)/放弃(U)]:

选择要修剪的对象，或按住【Shift】键选择要延伸的对象，或

[栏选(F)/窗交(C)/投影(P)/边(E)/删除(R)/放弃(U)]:

16.1.5 绘制楼梯剖面图

绘制如图 **16-1-35** 所示的图形。

【光盘：源文件\第 **16** 章\实例 5.dwg】

新手学 AutoCAD 2008 室内与建筑实例完美手册

【实例分析】

楼梯剖面图主要是绘制楼梯的台阶，可以先绘制台阶轮廓线，然后进行图形填充。

【实例效果】

实例效果如图 16-1-35 所示。

【实例绘制】

01 选择【文件】|【新建】命令，创建一个新的文件。

02 选择【绘图】|【直线】命令，使用相对坐标，绘制楼梯剖面图的第一跑台阶，台阶宽度 250，高度 175，如图 16-1-36 所示。系统提示如下：

命令: _line 指定第一点:

指定下一点或 [放弃(U)]: @0,175

指定下一点或 [放弃(U)]: @250,0

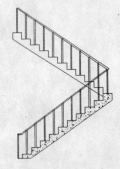

<table>
<tr><td>图 16-1-35　绘制完成后的楼梯剖面图</td><td>图 16-1-36　绘制台阶的第一跑台阶</td></tr>
</table>

指定下一点或 [闭合(C)/放弃(U)]: @0,175

指定下一点或 [闭合(C)/放弃(U)]: @250,0

指定下一点或 [闭合(C)/放弃(U)]: @0,175

指定下一点或 [闭合(C)/放弃(U)]: @250,0

指定下一点或 [闭合(C)/放弃(U)]: @0,175

指定下一点或 [闭合(C)/放弃(U)]: @250,0

指定下一点或 [闭合(C)/放弃(U)]: @0,175

指定下一点或 [闭合(C)/放弃(U)]: @250,0

指定下一点或 [闭合(C)/放弃(U)]: @0,175

指定下一点或 [闭合(C)/放弃(U)]: @250,0

指定下一点或 [闭合(C)/放弃(U)]: @0,175

指定下一点或 [闭合(C)/放弃(U)]: @250,0

指定下一点或 [闭合(C)/放弃(U)]: @0,175

指定下一点或 [闭合(C)/放弃(U)]: @250,0

指定下一点或 [闭合(C)/放弃(U)]: @0,175

指定下一点或 [闭合(C)/放弃(U)]: @250,0

指定下一点或 [闭合(C)/放弃(U)]: @0,175

指定下一点或 [闭合(C)/放弃(U)]: @250,0

指定下一点或 [闭合(C)/放弃(U)]:

03 选择【绘图】|【直线】命令，使用相对坐标，绘制楼梯剖面图的第二跑台阶，台阶宽度 250，高度 165，如图 16-1-37 所示。系统提示如下：

命令: l

LINE 指定第一点：

指定下一点或 [放弃(U)]: @0,165

指定下一点或 [放弃(U)]: @-250,0

指定下一点或 [闭合(C)/放弃(U)]: @0,165

指定下一点或 [闭合(C)/放弃(U)]: @-250,0

指定下一点或 [闭合(C)/放弃(U)]: @0,165

指定下一点或 [闭合(C)/放弃(U)]: @-250,0

指定下一点或 [闭合(C)/放弃(U)]: @0,165

指定下一点或 [闭合(C)/放弃(U)]: @-250,0

指定下一点或 [闭合(C)/放弃(U)]: @0,165

指定下一点或 [闭合(C)/放弃(U)]: @-250,0

指定下一点或 [闭合(C)/放弃(U)]: @0,165

指定下一点或 [闭合(C)/放弃(U)]: @-250,0

指定下一点或 [闭合(C)/放弃(U)]: @0,165

指定下一点或 [闭合(C)/放弃(U)]: @-250,0

指定下一点或 [闭合(C)/放弃(U)]: @0,165

指定下一点或 [闭合(C)/放弃(U)]: @-250,0

指定下一点或 [闭合(C)/放弃(U)]: @0,165

指定下一点或 [闭合(C)/放弃(U)]: @-250,0

指定下一点或 [闭合(C)/放弃(U)]: @0,165

指定下一点或 [闭合(C)/放弃(U)]: @-250,0

指定下一点或 [闭合(C)/放弃(U)]:

04 选择【绘图】|【多线】命令，绘制楼梯的栏杆，然后选择【修改】|【复制】命令，使用多重复制项将栏杆复制到适当的位置，如图 16-1-38 所示，系统将会提示：

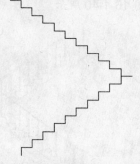

图 16-1-37 绘制楼梯剖面图的第二跑台阶　　　　图 16-1-38 绘制楼梯的栏杆

命令: _mline

当前设置：对正 = 上，比例 = 20.00，样式 = STANDARD

指定起点或 [对正(J)/比例(S)/样式(ST)]: s

输入多线比例 <20.00>: 30

当前设置: 对正 = 上，比例 = 30.00，样式 = STANDARD

指定起点或 [对正(J)/比例(S)/样式(ST)]: j

输入对正类型 [上(T)/无(Z)/下(B)] <上>: z

当前设置: 对正 = 无，比例 = 30.00，样式 = STANDARD

指定起点或 [对正(J)/比例(S)/样式(ST)]: <对象捕捉 关> <对象捕捉 开>'_dsettings

正在恢复执行 MLINE 命令。

指定起点或 [对正(J)/比例(S)/样式(ST)]:

指定下一点: @0,650

指定下一点或 [放弃(U)]:

命令: _copy

选择对象: 找到 1 个

选择对象:

当前设置: 复制模式 = 多个

指定基点或 [位移(D)/模式(O)] <位移>: 指定第二个点或 <使用第一个点作为位移>:

指定第二个点或 [退出(E)/放弃(U)] <退出>:

指定第二个点或 [退出(E)/放弃(U)] <退出>:

05 选择【绘图】|【多线】命令，绘制楼梯的扶手，然后选择【修改】|【复制】命令，使用多重复制选项将扶手复制到适当的位置，如图 16-1-39 所示，系统将会提示:

命令: _mline

当前设置: 对正 = 无，比例 = 30.00，样式 = STANDARD

指定起点或 [对正(J)/比例(S)/样式(ST)]:

指定下一点:

指定下一点或 [放弃(U)]:

指定下一点或 [闭合(C)/放弃(U)]:

06 选择【绘图】|【值线】命令，使用多项捕捉绘制连接到台阶的一条直线，然后选择选择【修改】|【偏移】命令来绘制楼梯的轮廓线，同时对于楼梯台阶和栏杆、栏杆和栏杆相互连接，进行相应的修改和添加，细节处理完成后效果如图 16-1-40 所示。

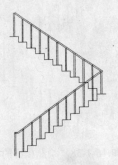

图 16-1-39 绘制楼梯的扶手

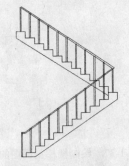

图 16-1-40 细节处理

07 选择【绘图】|【图案填充】命令，填充楼梯剖面图中被剖到的部分，则弹出【图案填充与渐变色】对话框，如图 16-1-41 所示。

08　单击【图案】下拉列表后面的小按钮，或者双击【样例】邮编的图案，则弹出【填充图案选项板】对话框，如图 16-1-42 所示，在【其他预定义】选项卡中选中【AR-CONC】图表，然后单击【确定】按钮返回到【图案填充与渐变色】对话框。

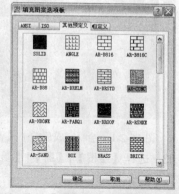

图 16-1-41　【图案填充与渐变色】对话框　　　图 16-1-42　【填充图案选项板】对话框

09　单击【拾取点】按钮，选中要填充的区域，最后单击【确定】按钮即可完成填充。由于填充图案的大小比例不一定合适，可以单击【预览】按钮预览填充效果，调整比例使其合适位置。

10　最后完成填充后的图形如图 16-1-35 所示。

16.2　绘制室内建筑图形

室内建筑图形是建筑图形的一个很重要的组成部分，本节我们介绍一些常见的室内建筑物的绘制。

16.2.1　绘制中式餐桌

绘制如图 16-2-1 所示的图形。

【光盘：源文件\第 16 章\实例 6.dwg】

【实例分析】

通过一个中式餐桌的绘制，学习 EXTRUDE、BOX、MIRROR3D 等命令的绘制技巧，中式餐桌的绘制主要是画出桌腿和方格，可以先绘制一条桌腿，然后使用"阵列"命令绘制另外 3 条桌腿。

【实例效果】

实例效果如图 16-2-1 所示。

【实例绘制】

01　选择【文件】|【新建】命令，创建一个新的文件。

02　选择【工具】|【草图设置】命令，弹出【草图设置】对话框，在此对话框中，选中【启用捕捉】和【启用栅格】复选框，同时设置【捕捉 X 轴间距】和【捕捉 Y 轴间距】的值为 10，设置【栅格 X 轴间距】和【栅格 Y 轴间距】的值为 5，如图 16-2-2 所示。

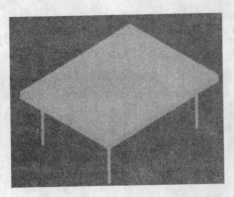

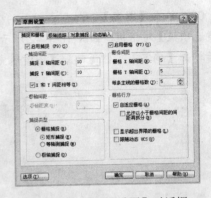

图 16-2-1　绘制完成后的中式餐桌剖面图　　　　图 16-2-2　【草图设置】对话框

03　选择【绘图】|【圆】|【圆心、半径】命令，绘制一个半径为 10 的圆，系统提示：

命令: _circle

指定圆的圆心或 [三点(3P)/两点(2P)/相切、相切、半径(T)]:

指定圆的半径或 [直径(D)]: 10

04　选择【修改】|【阵列】命令，弹出【阵列】对话框，如图 16-2-3 所示，在此对话框中，在【行】和【列】文本框中输入数字 2，在【行偏移】文本框中输入行偏移距离 600，在【列偏移】文本框中输入列偏移距离 800，然后单击【选择对象】按钮，选中要阵列的对象，阵列后的图形如图 16-2-4 所示。

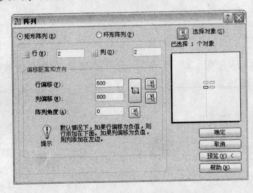

图 16-2-3　【阵列】对话框　　　　　　　　　　图 16-2-4　阵列图形

05　选中 Isolines 命令，设置线框模型的密度，系统提示：

命令: ISOLINES

输入 ISOLINES 的新值 <4>: 8

06　在 AutoCAD 的界面中的任意工具栏中右击，从弹出的快捷菜单中选择【建模】,则显示【建模】工具栏，或者选择在【三维建模面板】中的【三维制作】分别如图 16-2-5 和图 16-2-6 所示。

图 16-2-5　【建模】工具栏

07　选择 EXTRUDE 命令，将所阵列的圆拉伸一定的长度,作为桌子的 4 条腿,如图 16-2-7 所示。系统将会提示：

图 16-2-6　【三维建模】面板

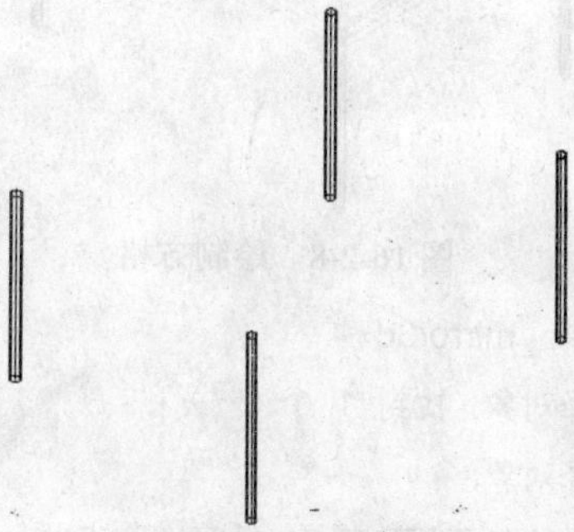

图 16-2-7　绘制桌腿

命令: _extrude

当前线框密度: ISOLINES=8

选择要拉伸的对象: 找到 1 个

选择要拉伸的对象: 找到 1 个, 总计 2 个

选择要拉伸的对象: 找到 1 个, 总计 3 个

选择要拉伸的对象: 找到 1 个, 总计 4 个

选择要拉伸的对象:

指定拉伸的高度或 [方向(D)/路径(P)/倾斜角(T)]: 400

08　输入 ucs 命令后回车, 改变坐标原点, 使新的坐标为最外面桌腿的圆心。系统提示:

命令: ucs

当前 UCS 名称: *世界*

指定 UCS 的原点或 [面(F)/命名(NA)/对象(OB)/上一个(P)/视图(V)/世界(W)/X/Y/Z/Z 轴(ZA)] <世界>: o

指定新原点 <0,0,0>:　　　　　　\\对象捕捉到最外面桌腿的圆心

09　选择【绘图】|【建模】|【长方体】, 绘制桌面下面的方格, 注意采取【对象捕捉象限点】命令, 如图 16-2-8 所示。

命令: _box

指定第一个角点或 [中心(C)]:

指定其他角点或 [立方体(C)/长度(L)]:

指定高度或 [两点(2P)] <40.0000>:

命令: _box

指定第一个角点或 [中心(C)]:

指定其他角点或 [立方体(C)/长度(L)]:

指定高度或 [两点(2P)] <-40.0000>:

10　选择【修改】|【三维操作】|【三维镜像】命令, 将所绘制完成的方格镜像到另外一侧, 如图 16-2-9 所示。系统提示:

新手学 AutoCAD 2008 室内与建筑实例完美手册

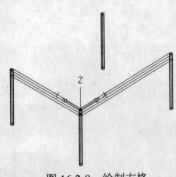

图 16-2-8 绘制方格

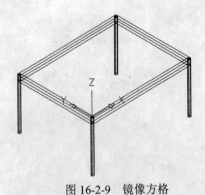

图 16-2-9 镜像方格

命令: _mirror3d

选择对象: 找到 1 个

选择对象:

指定镜像平面 (三点) 的第一个点或

   [对象(O)/最近的(L)/Z 轴(Z)/视图(V)/XY 平面(XY)/YZ 平面(YZ)/ZX 平面(ZX)/三点(3)] <三点>: ZX

指定 YZ 平面上的点 <0,0,0>:

是否删除源对象? [是(Y)/否(N)] <否>: N

命令: _mirror3d

选择对象: 找到 1 个

选择对象:

指定镜像平面 (三点) 的第一个点或

[对象(O)/最近的(L)/Z 轴(Z)/视图(V)/XY 平面(XY)/YZ 平面(YZ)/ZX 平面(ZX)/三点(3)] <三点>: YZ

指定 YZ 平面上的点 <0,0,0>:

是否删除源对象? [是(Y)/否(N)] <否>: N

   11 选择【绘图】|【建模】|【长方体】命令，绘制桌面，如图 16-2-10 所示，系统将会提示:

命令: _box

指定第一个角点或 [中心(C)]: -100,-100

指定其他角点或 [立方体(C)/长度(L)]: 900,700

指定高度或 [两点(2P)] <-50.0000>: 50

   12 选择【视图】|【渲染】|【渲染】命令，最后绘制的中式餐桌如图 16-2-1 所示。

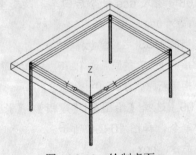

图 16-2-10 绘制桌面

16.2.2 绘制双人床

   绘制如图 16-2-11 所示的图形。

   【光盘: 源文件\第 16 章\实例 7.dwg 】

   【实例分析】

   通过双人床的绘制，学习 EXTRUDE、BOX、FILLET 等命令的绘制技巧，双人床的绘制主要是画出床面和靠背，尤其是要注意用 FILLET 命令对绘制的床面进行倒圆角。

【实例效果】

实例效果如图 16-2-11 所示。

【实例绘制】

01 选择【文件】|【新建】命令，创建一个新的文件。

02 选择【工具】|【草图设置】命令，弹出【草图设置】对话框，在此对话框中，选中【启用捕捉】和【启用栅格】复选框，同时设置【捕捉 X 轴间距】和【捕捉 Y 轴间距】的值为 10，设置【栅格 X 轴间距】和【栅格 Y 轴间距】的值为5，如图 16-2-12 所示。

03 选择【绘图】|【矩形】命令，绘制一个100×100 的矩形，如图 16-2-13 所示，系将会统提示：

图 16-2-11　绘制完成后的双人床剖面图

图 6-2-12　【草图设置】对话框

图 6-2-13　绘制矩形

命令: _rectang

指定第一个角点或 [倒角(C)/标高(E)/圆角(F)/厚度(T)/宽度(W)]:

指定另一个角点或 [面积(A)/尺寸(D)/旋转(R)]: @100,100

04 选择【修改】|【阵列】命令，将所绘制的矩形进行阵列，行偏移的值为 1500，列偏移的值为 2000，如图 16-2-14 所示。

05 选择 EXTRUDE 命令，将所绘制的矩形拉伸 300，拉伸完成的床腿如图 16-2-15 所示。系统提示如下：

图 6-2-14　阵列

图 16-2-15　绘制床腿

新手学 AutoCAD 2008 室内与建筑实例完美手册

命令: _extrude

当前线框密度: ISOLINES=4

选择要拉伸的对象: 找到 1 个

选择要拉伸的对象: 找到 1 个，总计 2 个

选择要拉伸的对象: 找到 1 个，总计 3 个

选择要拉伸的对象: 找到 1 个，总计 4 个

选择要拉伸的对象:

指定拉伸的高度或 [方向(D)/路径(P)/倾斜角(T)] <-50.0000>: 300

06 选择 BOX 命令绘制双人床的床面，如图 16-2-16 所示。系统提示如下：

命令: _box

指定第一个角点或 [中心(C)]:

指定其他角点或 [立方体(C)/长度(L)]:

指定高度或 [两点(2P)] <300.0000>:

07 选 BOX 命令，绘制窗体的靠背，如图 16-2-17 所示。

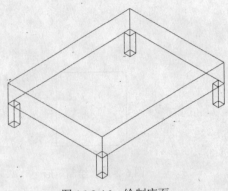

图 16-2-16　绘制床面

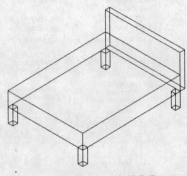

图 16-2-17　绘制背靠

命令: _box

指定第一个角点或 [中心(C)]:

指定其他角点或 [立方体(C)/长度(L)]: @100,1600

指定高度或 [两点(2P)] <-700.0000>:

08 选择【绘图】|【多段线】命令，绘制靠背上面的装饰轮廓线，如图 16-2-18 所示。系统提示：

命令: _pline

指定起点:

当前线宽为 0.0000

指定下一个点或 [圆弧(A)/半宽(H)/长度(L)/放弃(U)/宽度(W)]: a

指定圆弧的端点或

[角度(A)/圆心(CE)/方向(D)/半宽(H)/直线(L)/半径(R)/第二个点(S)/放弃(U)/宽度(W)]: a

指定包含角: 30

指定圆弧的端点或

[角度(A)/圆心(CE)/方向(D)/半宽(H)/直线(L)/半径(R)/第二个点(S)/放弃(U)/宽度(W)]:

指定圆弧的端点或

[角度(A)/圆心(CE)/闭合(CL)/方向(D)/半宽(H)/直线(L)/半径(R)/第二个点(S)/放弃(U)/宽度(W)]:

指定圆弧的端点或

09 选择 EXTRUDE 命令将所绘制的靠背装饰轮廓线拉伸 100，如图 **16-2-19** 所示。系统将会提示：

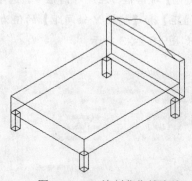

图 16-2-18 绘制背靠轮廓线

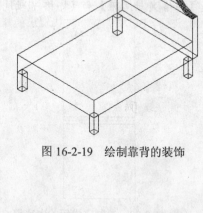

图 16-2-19 绘制靠背的装饰

命令: _extrude

当前线框密度：ISOLINES=4

选择要拉伸的对象: 找到 1 个

选择要拉伸的对象:

指定拉伸的高度或 [方向(D)/路径(P)/倾斜角(T)] <-100.0000>: 100

10 选择 BOX 命令，绘制两个枕头，如图 **16-2-20** 所示。

11 选择【修改】|【圆角】命令，对所绘制的枕头进行倒圆角，如图 **16-2-21** 所示。

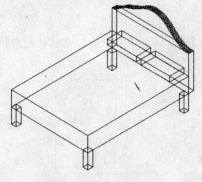

图 16-2-20 绘制枕头

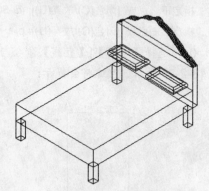

图 16-2-21 倒圆角

12 选择【视图】|【渲染】命令，将所绘制的图形进行渲染，如图 **16-2-11** 所示。

16.2.3 绘制电冰箱

绘制如图 **16-2-22** 所示的图形。

【光盘：源文件\第 16 章\实例 8.dwg】

【实例分析】

通过绘制电冰箱，学习 LINE、TEXT、BHATCH、POLYGON 等命令的绘制技巧，电冰箱的绘制主要是绘制冰箱的标签和名称，要特别注意 TEXT 命令的运用。

【实例效果】

实例效果如图 **16-2-22** 所示。

【实例绘制】

01 选择【文件】|【新建】命令，创建一个新的文件。

02 选择【工具】|【草图设置】命令，弹出【草图设置】对话框，在此对话框中，选中【启用捕捉】和【启用栅格】复选框，同时设置【捕捉 X 轴间距】和【捕捉 Y 轴间距】的值为 10，设置【栅格 X 轴间距】和【栅格 Y 轴间距】的值为 5，如图 **16-2-23** 所示。

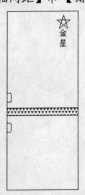
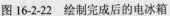

图 16-2-22 绘制完成后的电冰箱

图 16-2-23 【草图设置】对话框

03 选择【绘图】|【直线】命令，绘制电冰箱的外轮廓线，如图 **16-2-24** 所示。系统提示：

命令: _line 指定第一点:

指定下一点或 [放弃(U)]: @50,0

指定下一点或 [放弃(U)]: @0,120

指定下一点或 [闭合(C)/放弃(U)]: @-50,0

指定下一点或 [闭合(C)/放弃(U)]: c

04 选择【绘图】|【直线】命令与选择【修改】|【复制】命令，绘制电冰箱的内轮廓，如图 **16-2-25** 所示。系统将会提示：

图 16-2-24 绘制外轮廓线

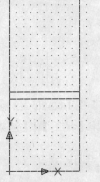

图 16-2-25 绘制电冰箱的内轮廓

命令: _line 指定第一点: 0,50

指定下一点或 [放弃(U)]: @50,0

指定下一点或 [放弃(U)]:

命令: _copy

选择对象: 找到 1 个

选择对象:

当前设置: 复制模式 = 多个

指定基点或 [位移(D)/模式(O)] <位移>: 指定第二个点或 <使用第一个点作为位移>: @0,5

指定第二个点或 [退出(E)/放弃(U)] <退出>:

05 选择【绘图】|【直线】命令与选择【修改】|【复制】命令, 绘制电冰箱的上下把手, 如图 16-2-26 所示。系统将会提示:

命令: _line 指定第一点: 0,45

指定下一点或 [放弃(U)]: @3,0

指定下一点或 [放弃(U)]: @0,-6

指定下一点或 [闭合(C)/放弃(U)]: @-3,0

指定下一点或 [闭合(C)/放弃(U)]

命令: _copy

选择对象: 找到 1 个

选择对象: 找到 1 个, 总计 2 个

选择对象: 找到 1 个, 总计 3 个

选择对象:

当前设置: 复制模式 = 多个

指定基点或 [位移(D)/模式(O)] <位移>: <对象捕捉 关> <对象捕捉 开> 指定第二个点或 <使用第一个点作为位移>: @0,20

指定第二个点或 [退出(E)/放弃(U)] <退出>:

06 选择【修改】|【圆角】命令, 对所绘制的把手进行圆角的操作, 如图 16-2-27 所示。系统提示:

命令: _fillet

当前设置: 模式 = 修剪, 半径 = 0.0000

选择第一个对象或 [放弃(U)/多段线(P)/半径(R)/修剪(T)/多个(M)]: r

指定圆角半径 <0.0000>: 1

选择第一个对象或 [放弃(U)/多段线(P)/半径(R)/修剪(T)/多个(M)]: m

选择第一个对象或 [放弃(U)/多段线(P)/半径(R)/修剪(T)/多个(M)]:

选择第二个对象, 或按住【Shift】键选择要应用角点的对象:

07 选择【绘图】|【正多边形】命令, 绘制一个正五边形, 然后连接 5 个顶点得到一个五角星, 把五角星作为电冰箱的标签放到电冰箱合适的位置, 如图 16-2-28 所示。系统提示:

命令: _polygon 输入边的数目 <4>: 5

指定正多边形的中心点或 [边(E)]:

输入选项 [内接于圆(I)/外切于圆(C)] <I>:

指定圆的半径: 5

命令: _line 指定第一点:

指定下一点或 [放弃(U)]:   \\依次捕捉到五边形的顶点

新手学 AutoCAD 2008 室内与建筑实例完美手册

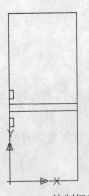

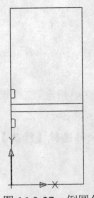

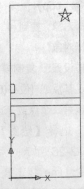

图16-2-26　绘制把手　　　　　图16-2-27　倒圆角　　　　　图16-2-28　绘制五角星

08 选择【绘图】|【图案填充】命令，对电冰箱中间部分进行填充，如图 **16-2-29** 所示。

09 选择【绘图】|【文字】|【多行文字】命令，弹出【文字格式】对话框，如图 **16-2-30** 所示，选择适合的文字大小、格式和颜色，在五角星的下面输入【金星】，最后完成输入后的电冰箱，如图 **16-2-22** 所示。

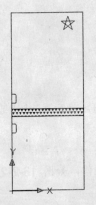

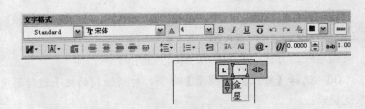

图16-2-29　图形填充　　　　　　　　图16-2-30　【文字格式】对话框

16.2.4　绘制衣柜

绘制如图 **16-2-31** 所示的图形。

【光盘：源文件\第 **16** 章\实例 **9.dwg**】

【实例分析】

通过衣柜的绘制，学习直线、镜像、多线等命令的绘制技巧。衣柜的绘制主要是画出取把手和装饰线，尤其要注意镜像命令的运用。

【实例效果】

实例效果如图 **16-2-31** 所示。

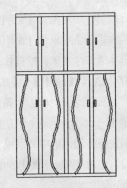

图16-2-31　绘制完成后的衣柜

【实例绘制】

01 选择【文件】|【新建】命令，创建一个新的文件。

02 选择【工具】|【草图设置】命令，弹出【草图设置】对话框，在此对话框中，选中【启用捕捉】和【启用栅格】复选框，同时设置【捕捉 X 轴间距】

和【捕捉 Y 轴间距】的值为 10, 设置【栅格 X 轴间距】和【栅格 Y 轴间距】的值为 5, 如图 16-2-32 所示。

03 选择【绘图】|【直线】命令, 绘制一个矩形, 如图 16-2-33 所示。系统提示:

图 16-2-32 【草图设置】对话框

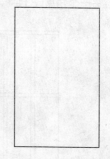

图 16-2-33 绘制一个矩形

命令: _line 指定第一点:

指定下一点或 [放弃(U)]: @1500,0

指定下一点或 [放弃(U)]: @0,2400

指定下一点或 [闭合(C)/放弃(U)]: @-1500,0

指定下一点或 [闭合(C)/放弃(U)]: c

04 选择【修改】|【偏移】命令, 绘制衣柜面板的轮廓线, 如图 16-2-34 所示。系统提示:

命令: _offset

当前设置: 删除源=否 图层=源 OFFSETGAPTYPE=0

指定偏移距离或 [通过(T)/删除(E)/图层(L)] <800.0000>: 50

选择要偏移的对象, 或 [退出(E)/放弃(U)] <退出>:

指定要偏移的那一侧上的点, 或 [退出(E)/多个(M)/放弃(U)] <退出>:

选择要偏移的对象, 或 [退出(E)/放弃(U)] <退出>:

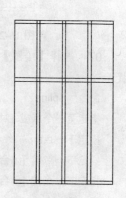

图 16-2-34 偏移

05 选择【修改】|【修剪】命令, 修剪绘制的面板轮廓线, 如图 16-2-35 所示。系统提示:

命令: _trim

当前设置: 投影=UCS, 边=无

选择剪切边...

选择对象或 <全部选择>: 找到 1 个

选择对象: 找到 1 个, 总计 2 个

选择对象: 找到 1 个, 总计 3 个

选择对象: 找到 1 个, 总计 4 个

选择对象:

选择要修剪的对象, 或按住【Shift】键选择要延伸的对象, 或

[栏选(F)/窗交(C)/投影(P)/边(E)/删除(R)/放弃(U)]:

选择要修剪的对象, 或按住【Shift】键选择要延伸的对象, 或

[栏选(F)/窗交(C)/投影(P)/边(E)/删除(R)/放弃(U)]:

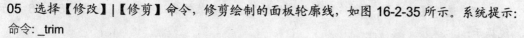

新手学 AutoCAD 2008 室内与建筑实例完美手册

06 选择【绘图】|【矩形】命令，绘制一个矩形。然后选择【绘图】|【图案填充】命令，将矩形填充作为衣柜的把手，如图 16-2-36 所示。系统提示：

命令: _rectang
指定第一个角点或 [倒角(C)/标高(E)/圆角(F)/厚度(T)/宽度(W)]:
指定另一个角点或 [面积(A)/尺寸(D)/旋转(R)]:

图 16-2-35　修剪面板　　　　　　　　　图 16-2-36　绘制把手

07 选择【绘图】|【样条曲线】命令，绘制衣柜的一条装饰线，如图 16-2-37 所示。系统提示：

命令: _spline
指定第一个点或 [对象(O)]:
指定下一点:
指定下一点或 [闭合(C)/拟合公差(F)] <起点切向>:
指定下一点或 [闭合(C)/拟合公差(F)] <起点切向>:
指定下一点或 [闭合(C)/拟合公差(F)] <起点切向>:
指定起点切向:
指定端点切向:

08 选择【修改】|【偏移】命令，将绘制的一条装饰线进行偏移，如图 16-2-38 所示。系统提示：

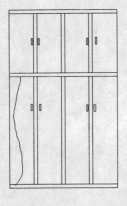

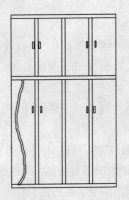

图 16-2-37　绘制装饰线　　　　　　　　图 16-2-38　偏移装饰线

命令: _offset

当前设置: 删除源=否　图层=源　OFFSETGAPTYPE=0

指定偏移距离或 [通过(T)/删除(E)/图层(L)] <50.0000>: 25

选择要偏移的对象，或 [退出(E)/放弃(U)] <退出>:

指定要偏移的那一侧上的点，或 [退出(E)/多个(M)/放弃(U)] <退出>:

09 选择【修改】|【镜像】命令，对所绘制的装饰线进行镜像，绘制完成的衣柜如图 16-2-31 所示。系统提示:

命令: _mirror

选择对象: 找到 1 个

选择对象: 找到 1 个，总计 2 个

选择对象:

指定镜像线的第一点: 指定镜像线的第二点:

要删除源对象吗? [是(Y)/否(N)] <N>:

16.2.5　绘制地毯

绘制如图 16-2-39 所示的图形。

【光盘: 源文件\第 16 章\实例 10.dwg】

【实例分析】

通过地毯的绘制，学习 POLYGON、ARRAY、BHATCH 等命令的绘制技巧。地毯的绘制主要是绘制出地毯的图案，然后使用阵列生成整个地毯。

【实例效果】

实例效果如图 16-2-39 所示。

图 16-2-39　绘制完成后的地毯

【实例绘制】

01 选择【文件】|【新建】命令，创建一个新的文件。

02 选择【工具】|【草图设置】命令，弹出【草图设置】对话框，在此对话框中，选中【启用捕捉】和【启用栅格】复选框，同时设置【捕捉 X 轴间距】和【捕捉 Y 轴间距】的值为 10，设置【栅格 X 轴间距】和【栅格 Y 轴间距】的值为 5，如图 16-2-40 所示。

03 选择【绘图】|【圆】|【圆心,半径】命令，绘制一个半径为 50 的圆，如图 16-2-41 所

示。系统提示:

图 16-2-40　【草图设置】对话框

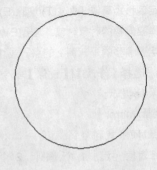

图 16-2-41　绘制大圆

命令: _circle 指定圆的圆心或 [三点(3P)/两点(2P)/相切、相切、半径(T)]:

指定圆的半径或 [直径(D)]: 50

04　选择【绘图】|【圆】|【圆心,半径】和【绘图】|【圆弧】命令,在大圆的中间再绘制一个小圆和一段圆弧,如图 16-2-42 所示。系统提示:

命令: _circle 指定圆的圆心或 [三点(3P)/两点(2P)/相切、相切、半径(T)]: 0,40

指定圆的圆心或 [三点(3P)/两点(2P)/相切、相切、半径(T)]: 2P

指定圆直径的第一个端点: 0,30

指定圆直径的第二个端点: 0,50

命令: _arc 指定圆弧的起点或 [圆心(C)]:

指定圆弧的第二个点或 [圆心(C)/端点(E)]: E

指定圆弧的端点:

指定圆弧的圆心或 [角度(A)/方向(D)/半径(R)]: D

指定圆弧的起点切向:

05　选择【绘图】|【正多边形】命令,在大圆的中心绘制一个正三角形,如图 **16-2-43** 所示。系统提示:

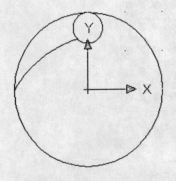

图 16-2-42　绘制小圆和圆弧

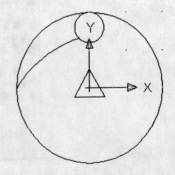

图 16-2-43　绘制小圆

命令: _polygon 输入边的数目 <4>: 3

指定正多边形的中心点或 [边(E)]:

输入选项 [内接于圆(I)/外切于圆(C)] <I>: C

指定圆的半径: 6

06　选择【修改】|【旋转】命令，将绘制的正三角形沿着中心逆时针旋转30度，如图 16-2-44 所示。系统提示:

命令: _rotate

UCS 当前的正角方向:　ANGDIR=逆时针　ANGBASE=0

选择对象: 找到 1 个

选择对象:

指定基点: 0,0

指定旋转角度，或 [复制(C)/参照(R)] <0>:　30

07　选择【绘图】|【圆弧】命令，绘制两条弧，表示地毯中间的部分，如图 16-2-45 所示。系统提示:

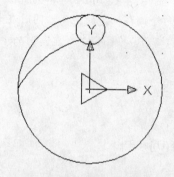

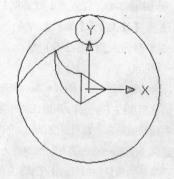

图 16-2-44　旋转三角形　　　　　　　　　　图 16-2-45　绘制圆弧

命令: _arc 指定圆弧的起点或 [圆心(C)]:

指定圆弧的第二个点或 [圆心(C)/端点(E)]: E

指定圆弧的端点:

指定圆弧的圆心或 [角度(A)/方向(D)/半径(R)]: D

指定圆弧的起点切向:

08　选择【绘图】|【图案填充】命令，弹出【图案填充和渐变色】对话框，对所绘制的图形进行填充，如图 16-2-46 所示，在此对话框的【图案填充】选项卡中，在【图案】列表框中选择 SOLID 选项，然后单击【选择对象】按钮，选择填充的区域，填充后的图形如图 16-2-47 所示。

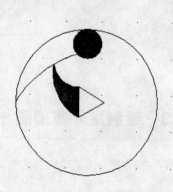

图 16-2-46　【图案填充和渐变色】对话框　　　　　图 16-2-47　图案填充

09　选择【修改】|【阵列】命令，弹出【阵列】对话框，对所绘制的图形进行阵列，如图 16-2-48 所示，在此对话框中，选中【环形阵列】对话框，阵列后的图形如图 16-2-49 所示。

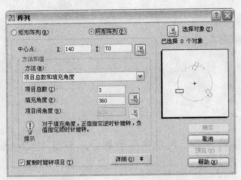

图 16-2-48　【阵列】对话框　　　　　　　图 16-2-49　阵列图形

10　选择【修改】|【偏移】命令，将绘制的大圆向外偏移一定的距离，同时在大圆的外面绘制一个正方形，如图 16-2-50 所示。系统提示：

命令:_offset

当前设置: 删除源=否　图层=源　OFFSETGAPTYPE=0

指定偏移距离或 [通过(T)/删除(E)/图层(L)] <5.0000>:

选择要偏移的对象，或 [退出(E)/放弃(U)] <退出>:

指定要偏移的那一侧上的点，或 [退出(E)/多个(M)/放弃(U)] <退出>:

选择要偏移的对象，或 [退出(E)/放弃(U)] <退出>:

11　在此选择【修改】|【偏移】命令，对所绘制的图形进行阵列，如图 16-2-39 所示。

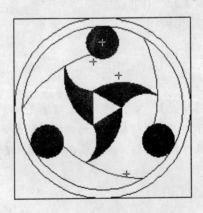

图 16-2-50　绘制外圆和正方形

■16.3　绘制室外布局图 ■

室外的布局图同样是建筑制图的一个很重要的组成部分，在本节我们介绍一些常见的室外布局。

16.3.1 绘制圆石桌

绘制如图 16-3-1 所示的图形。

【光盘：源文件\第 16 章\实例 11.dwg】

【实例分析】

通过圆石桌的绘制，学习 ELEV、EXTRUDE、CYLINDER 等命令的绘制技巧。圆石桌的绘制主要是画成 3 个圆柱体，然后把它们形成一个整体。

【实例效果】

实例效果如图 16-3-1 所示。

图 16-3-1　绘制完成后的圆石桌

【实例绘制】

01　选择【文件】|【新建】命令，创建一个新的文件。

02　选择【工具】|【草图设置】命令，弹出【草图设置】对话框，在此对话框中，选中【启用捕捉】和【启用栅格】复选框，同时设置【捕捉 X 轴间距】和【捕捉 Y 轴间距】的值为 10，设置【栅格 X 轴间距】和【栅格 Y 轴间距】的值为 5，如图 16-3-2 所示。

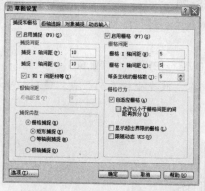

图 16-3-2　【草图设置】对话框

03　选择【视图】|【三维视图】|【西南等轴测】命令，改变视图的方向。

04　选择 ELEV 命令，设置要绘制的圆石桌底面和标高。系统提示：

命令: elev

指定新的默认标高 <0.0000>:

指定新的默认厚度 <0.0000>: 10

新手学 AutoCAD 2008 室内与建筑实例完美手册

05 选择【绘图】|【圆】|【圆心】命令，绘制圆石桌的底面，如图 16-3-3 所示。系统提示：

命令: _circle 指定圆的圆心或 [三点(3P)/两点(2P)/相切、相切、半径(T)]: 0,0,0

指定圆的半径或 [直径(D)]: 30

06 选择 ELEV 命令，设置要绘制的图形底面和标高，然后选择【绘图】|【圆】|【圆心】命令，绘制一个圆，如图 16-3-4 所示。系统提示：

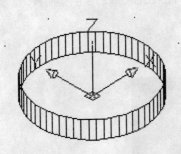

图 16-3-3 圆石桌的底面

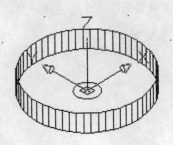

图 16-3-4 绘制支架

命令: elev

指定新的默认标高 <0.0000>:

指定新的默认厚度 <10.0000>: 0

命令: _circle 指定圆的圆心或 [三点(3P)/两点(2P)/相切、相切、半径(T)]: 0,0,0

指定圆的半径或 [直径(D)] <30.0000>: 6

07 选择 EXTRUDE 命令，将所绘制的圆拉伸，如图 16-3-5 所示。系统提示：

命令: isolines

输入 ISOLINES 的新值 <4>: 20

命令: _extrude

当前线框密度: ISOLINES=20

选择要拉伸的对象: 指定对角点: 找到 1 个

选择要拉伸的对象:

指定拉伸的高度或 [方向(D)/路径(P)/倾斜角(T)]: 50

08 输入 ucs 命令后回车，改变坐标系的原点，使新的坐标系原点在桌腿上界面的圆心，如图 16-3-6 所示。系统提示：

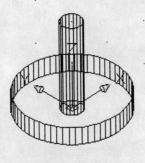

图 16-3-5 拉伸

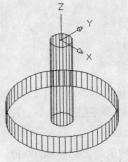

图 16-3-6 改变坐标系

命令: ucs

当前 UCS 名称: *世界*

指定 UCS 的原点或 [面(F)/命名(NA)/对象(OB)/上一个(P)/视图(V)/世界(W)/X/Y/Z/Z 轴(ZA)] <世界>: o

指定新原点 <0,0,0>

09　选择圆柱体命令，绘制一个圆柱体作为圆石桌的桌面，如图 16-3-7 所示。系统提示:

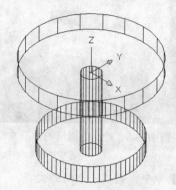

图 16-3-7　绘制桌面

命令: _cylinder

指定底面的中心点或 [三点(3P)/两点(2P)/相切、相切、半径(T)/椭圆(E)]:

指定底面半径或 [直径(D)]: 40

指定高度或 [两点(2P)/轴端点(A)] <50.0000>: 10

10　选择【视图】|【消隐】命令，可以观测到圆石桌消隐后的情况，如图 16-3-8 所示。

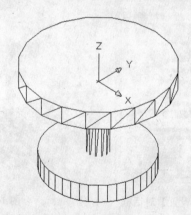

图 16-3-8　消隐处理

11　选择【视图】|【渲染】命令，将所绘制完成后的图形进行渲染，如图 16-3-1 所示。

16.3.2　绘制方形木桌

绘制如图 16-3-9 所示的图形。

【光盘: 源文件\第 16 章\实例 12.dwg】

【实例分析】

通过绘制方形木桌的绘制，学习 EXTRUDE、UCS、SUBTRACT 等命令的绘制技巧。方形木桌主要是绘制桌面和挡板，要注意利用多重方法来生成实体对象。

新手学 AutoCAD 2008 室内与建筑实例完美手册

【实例效果】

实例效果如图 16-3-9 所示。

图 16-3-9 绘制完成后的方形木桌

【实例绘制】

01 选择【文件】|【新建】命令，创建一个新的文件。

02 选择【工具】|【草图设置】命令，弹出【草图设置】对话框，在此对话框中，选中【启用捕捉】和【启用栅格】复选框，同时设置【捕捉 X 轴间距】和【捕捉 Y 轴间距】的值为 10，设置【栅格 X 轴间距】和【栅格 Y 轴间距】的值为 5，如图 16-3-10 所示。

03 选择【视图】|【三维视图】|【西南等轴测】命令，改变视图的方向。

04 选择【绘图】|【直线】命令，绘制一个矩形作为方形木桌的桌面轮廓，如图 16-3-11 所示。系统提示：

图 16-3-10 【草图设置】对话框

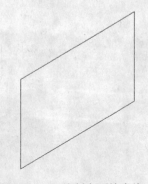

图 16-3-11 绘制桌面轮廓线

命令：_line 指定第一点：

指定下一点或 [放弃(U)]: @300,0

指定下一点或 [放弃(U)]: @0,200

指定下一点或 [闭合(C)/放弃(U)]: @-300,0

指定下一点或 [闭合(C)/放弃(U)]: c

05 选择【绘图】|【直线】命令，在桌面上对称绘制两个矩形作为桌腿的轮廓线，如图 16-3-12 所示。系统提示：

命令：_rectang

指定第一个角点或 [倒角(C)/标高(E)/圆角(F)/厚度(T)/宽度(W)]: <对象捕捉 关>

指定另一个角点或 [面积(A)/尺寸(D)/旋转(R)]:

06　选择【修改】|【圆角】命令，将绘制的桌面轮廓线进行倒圆角，如图 16-3-13 所示。
系统将会提示:

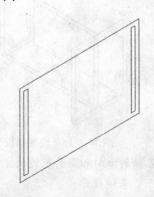

图 16-3-12　绘制桌腿轮廓线

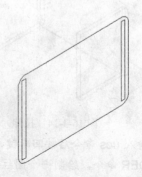

图 16-3-13　倒圆角

命令: _fillet

当前设置: 模式 = 修剪，半径 = 0.0000

选择第一个对象或 [放弃(U)/多段线(P)/半径(R)/修剪(T)/多个(M)]: r

指定圆角半径 <0.0000>: 20

选择第一个对象或 [放弃(U)/多段线(P)/半径(R)/修剪(T)/多个(M)]: m

选择第一个对象或 [放弃(U)/多段线(P)/半径(R)/修剪(T)/多个(M)]:

选择第二个对象，或按住 Shift 键选择要应用角点的对象:

07　选择【绘图】|【面域】命令，将倒圆角的矩形形成一个面域。系统提示:

命令: _region

选择对象: 找到 1 个

选择对象: 指定对角点: 找到 8 个，总计 8 个

选择对象:

已提取 1 个环。

已创建 1 个面域。

08　选择 extrude 命令，将所绘制的桌面轮廓线和桌腿轮廓线分别拉伸不同的值，如图
16-3-14 所示。系统提示:

命令: _extrude

当前线框密度:　ISOLINES=20

选择要拉伸的对象: 找到 1 个

选择要拉伸的对象:

指定拉伸的高度或 [方向(D)/路径(P)/倾斜角(T)] <300.0000>: 150

09　选择 box 命令，绘制桌面的挡板，如图 16-3-15 所示。系统提示:

命令: _box

指定第一个角点或 [中心(C)]:

指定其他角点或 [立方体(C)/长度(L)]:

指定高度或 [两点(2P)] <150.0000>: 10

新手学 AutoCAD 2008 室内与建筑实例完美手册

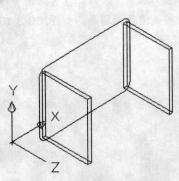

图 16-3-14   拉伸

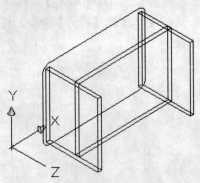

图 16-3-15   绘制挡板

10   输入 ucs 命令后按回车键，旋转坐标轴，使 Z 轴的方向和桌面长边的方向平行，再选择 CYLINDER 命令，绘制一个圆柱，如图 **16-3-16** 所示。系统提示：

命令: ucs

当前 UCS 名称: *主视*

指定 UCS 的原点或 [面(F)/命名(NA)/对象(OB)/上一个(P)/视图(V)/世界(W)/X/Y/Z/Z 轴(ZA)] <世界>:

y

指定绕 Y 轴的旋转角度 <90>:

命令: _cylinder

指定底面的中心点或 [三点(3P)/两点(2P)/相切、相切、半径(T)/椭圆(E)]:

指定底面半径或 [直径(D)]: 35

指定高度或 [两点(2P)/轴端点(A)] <10.0000>:

11   选择 SUBTRACTML,将绘制到的图形进行差集运算，如图 **16-3-17** 所示。系统提示：

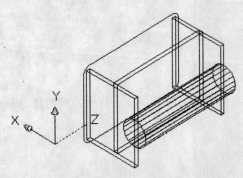

图 16-3-16   绘制圆柱

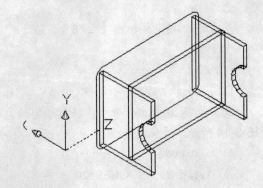

图 16-3-17   差集运算

命令: _subtract 选择要从中减去的实体或面域…

选择对象：找到 1 个

选择对象：找到 1 个，总计 2 个

选择对象：

选择要减去的实体或面域…

选择对象：找到 1 个

选择对象

12　选择工具栏中的【三维导航】|【动态观察】命令，选择一个适合的角度观察所绘制的方形木桌，如图 16-3-18 所示。

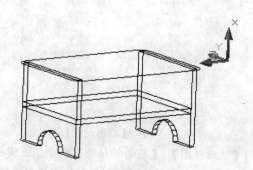

图 16-3-18　动态观察

13　选择选择【视图】|【渲染】命令，将所绘制的图形进行渲染，效果如图 16-3-9 所示。

16.3.3　绘制木门

绘制如图 16-3-19 所示的图形。

【光盘：源文件\第 16 章\实例 13.dwg】

【实例分析】

通过木门的绘制，学习多线、拉伸、模型等命令的绘制技巧。木门框的绘制是画出门和门框的轮廓线，然后使用拉伸命令进行拉伸。

【实例效果】

实例效果如图 16-3-19 所示。

图 16-3-19　绘制完成后的木门

【实例绘制】

01　选择【文件】|【新建】命令，创建一个新的文件。

02　选择【工具】|【草图设置】命令，弹出【草图设置】对话框，在此对话框中，选中【启用捕捉】和【启用栅格】复选框，同时设置【捕捉 X 轴间距】和【捕捉 Y 轴间距】的值为 10，设置【栅格 X 轴间距】和【栅格 Y 轴间距】的值为 5，如图 16-3-20 所示。

新手学 AutoCAD 2008 室内与建筑实例完美手册

图 16-3-20 【草图设置】对话框

03 选择【视图】|【三维视图】|【西南等轴测】命令，改变视图的方向。

04 选择【绘图】|【直线】命令，绘制一个矩形作为门面轮廓，如图 16-3-21 所示。系统提示：

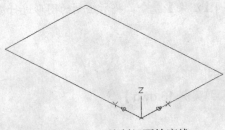

图 16-3-21 绘制门面轮廓线

命令: _line 指定第一点: 0,0,0

指定下一点或 [放弃(U)]: 1500,0,0

指定下一点或 [放弃(U)]: @0,2500

指定下一点或 [闭合(C)/放弃(U)]: 0,2500

指定下一点或 [闭合(C)/放弃(U)]: c

05 选择【绘图】|【多线段】命令，在门面的轮廓线上绘制门洞轮廓线，如图 16-3-22 所示。系统提示：

命令: _pline

指定起点: 300,0

当前线宽为 0.0000

指定下一个点或 [圆弧(A)/半宽(H)/长度(L)/放弃(U)/宽度(W)]: @0,1500

指定下一点或 [圆弧(A)/闭合(C)/半宽(H)/长度(L)/放弃(U)/宽度(W)]: a

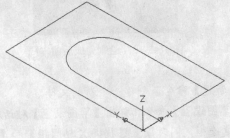

图 16-3-22 绘制门洞轮廓线

指定圆弧的端点或

[角度(A)/圆心(CE)/闭合(CL)/方向(D)/半宽(H)/直线(L)/半径(R)/第二个点(S)/放弃(U)/宽度(W)]: a

指定包含角: -180

指定圆弧的端点或 [圆心(CE)/半径(R)]: r

指定圆弧的半径: 450

指定圆弧的弦方向 <90>: -90

指定圆弧的端点或

[角度(A)/圆心(CE)/闭合(CL)/方向(D)/半宽(H)/直线(L)/半径(R)/第二个点(S)/放弃(U)/宽度(W)]: L

指定下一点或 [圆弧(A)/闭合(C)/半宽(H)/长度(L)/放弃(U)/宽度(W)]: 1200

指定下一点或 [圆弧(A)/闭合(C)/半宽(H)/长度(L)/放弃(U)/宽度(W)]: c

06 选择【绘图】|【面域】命令，将绘制的矩形形成一个面域。系统提示：

命令: _region

选择对象: 找到 1 个

选择对象:

已提取 1 个环。

已创建 1 个面域。

07 选择 extrude 命令，将所绘制的门面轮廓线和门洞轮廓线分别拉伸不同的值，如图 16-3-23 所示。系统提示：

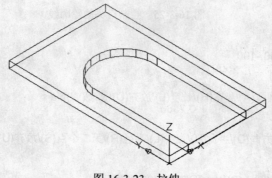

图 16-3-23 拉伸

命令: isolines

输入 ISOLINES 的新值 <4>: 20

命令: _extrude

当前线框密度: ISOLINES=20

选择要拉伸的对象: 找到 1 个

选择要拉伸的对象:

指定拉伸的高度或 [方向(D)/路径(P)/倾斜角(T)] <280.0000>: 100

08 选择 SUBTRACTML，将绘制到的图形进行差集运算，如图 16-3-24 所示。系统提示：

命令: _subtract 选择要从中减去的实体或面域…

选择对象: 找到 1 个

选择对象:

选择要减去的实体或面域…

新手学 AutoCAD 2008 室内与建筑实例完美手册

选择对象: 找到 1 个

选择对象:

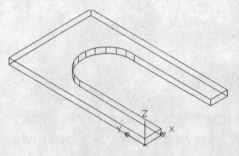

图 16-3-24　差集

09　选择【绘图】|【圆弧】命令，绘制门头的轮廓线，如图 16-3-25 所示。系统提示：

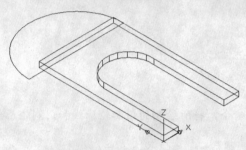

图 16-3-25　绘制门头的轮廓线

命令: _pline

指定起点: -200,2500,-100

当前线宽为 0.0000

指定下一个点或 [圆弧(A)/半宽(H)/长度(L)/放弃(U)/宽度(W)]: a

指定圆弧的端点或

[角度(A)/圆心(CE)/方向(D)/半宽(H)/直线(L)/半径(R)/第二个点(S)/放弃(U)/宽度(W)]: a

指定包含角: -180

指定圆弧的端点或 [圆心(CE)/半径(R)]: 1700,2500

指定圆弧的端点或

[角度(A)/圆心(CE)/闭合(CL)/方向(D)/半宽(H)/直线(L)/半径(R)/第二个点(S)/放弃(U)/宽度(W)]: l

指定下一点或 [圆弧(A)/闭合(C)/半宽(H)/长度(L)/放弃(U)/宽度(W)]: c

10　选择 extrude 命令，将所绘制的门头轮廓线拉伸一定的值，如图 16-3-26 所示。系统提示：

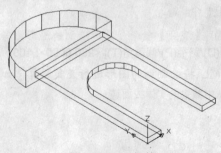

图 16-3-26　拉伸

11 选择 box 命令，绘制门口两边的台阶，如图 16-3-27 所示。系统提示：

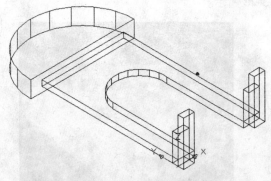

图 16-3-27 绘制门口两边的台阶

命令: _box

指定第一个角点或 [中心(C)]:

指定其他角点或 [立方体(C)/长度(L)]: l

指定长度: 200

指定宽度: 100

指定高度或 [两点(2P)] <300.0000>: 800

命令: _box

指定第一个角点或 [中心(C)]:

指定其他角点或 [立方体(C)/长度(L)]: l

指定长度 <200.0000>:

指定宽度 <100.0000>:

指定高度或 [两点(2P)] <800.0000>: 500

命令: _mirror

选择对象: 找到 1 个

选择对象: 找到 1 个，总计 2 个

选择对象:

指定镜像线的第一点: 750,0

指定镜像线的第二点: 750,1

要删除源对象吗？ [是(Y)/否(N)] <N>:

12 选择工具栏中的【三维导航】|【动态观察】命令，选择一个适合的角度观察所绘制的门。

13 选择选择【视图】|【渲染】命令，将所绘制的图形进行渲染，效果如图 16-3-19 所示。

16.3.4 绘制台阶

绘制如图 16-3-28 所示的图形。

【光盘：源文件\第 16 章\实例 14.dwg】

【实例分析】

通过台阶的绘制，学习多段线、拉伸、面域等命令的绘制技巧。

新手学 AutoCAD 2008 室内与建筑实例完美手册

【实例效果】

实例效果如图 16-3-28 所示。

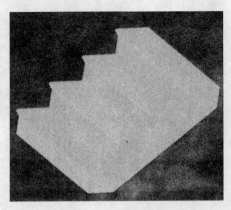

图 16-3-28　绘制完成后的台阶

【实例绘制】

01　选择【文件】|【新建】命令，创建一个新的文件。

02　选择【工具】|【草图设置】命令，弹出【草图设置】对话框，在此对话框中，选中【启用捕捉】和【启用栅格】复选框，同时设置【捕捉 X 轴间距】和【捕捉 Y 轴间距】的值为 10，设置【栅格 X 轴间距】和【栅格 Y 轴间距】的值为 5，如图 16-3-29 所示。

03　选择【绘图】|【多线段】命令，绘制台阶的一个踏步，如图 16-3-30 所示。系统提示：

图 16-3-29　【草图设置】对话框

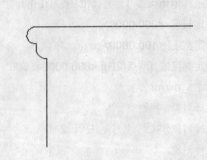

图 16-3-30　绘制一个台阶

命令: _pline

指定起点:

当前线宽为 0.0000

指定下一个点或 [圆弧(A)/半宽(H)/长度(L)/放弃(U)/宽度(W)]: @0,100

指定下一点或 [圆弧(A)/闭合(C)/半宽(H)/长度(L)/放弃(U)/宽度(W)]: a

指定圆弧的端点或

[角度(A)/圆心(CE)/闭合(CL)/方向(D)/半宽(H)/直线(L)/半径(R)/第二个点(S)/放弃(U)/宽度(W)]: s

指定圆弧上的第二个点: @-10,5

指定圆弧的端点: @-2,7

指定圆弧的端点或

[角度(A)/圆心(CE)/闭合(CL)/方向(D)/半宽(H)/直线(L)/半径(R)/第二个点(S)/放弃(U)/宽度(W)]: l

指定下一点或 [圆弧(A)/闭合(C)/半宽(H)/长度(L)/放弃(U)/宽度(W)]: @0,5

指定下一点或 [圆弧(A)/闭合(C)/半宽(H)/长度(L)/放弃(U)/宽度(W)]: @-3,0

指定下一点或 [圆弧(A)/闭合(C)/半宽(H)/长度(L)/放弃(U)/宽度(W)]: a

指定圆弧的端点或

[角度(A)/圆心(CE)/闭合(CL)/方向(D)/半宽(H)/直线(L)/半径(R)/第二个点(S)/放弃(U)/宽度(W)]: s

指定圆弧上的第二个点: @-8,11

指定圆弧的端点: @13,8

指定圆弧的端点或

[角度(A)/圆心(CE)/闭合(CL)/方向(D)/半宽(H)/直线(L)/半径(R)/第二个点(S)/放弃(U)/宽度(W)]: l

指定下一点或 [圆弧(A)/闭合(C)/半宽(H)/长度(L)/放弃(U)/宽度(W)]: @180,0

指定下一点或 [圆弧(A)/闭合(C)/半宽(H)/长度(L)/放弃(U)/宽度(W)]:

04　选择【修改】|【复制】命令，使用多重复制方式复制绘制的台阶，如图 **16-3-31** 所示。
系统提示：

命令: _copy

选择对象: 找到 1 个

选择对象:

当前设置: 复制模式 = 多个

指定基点或 [位移(D)/模式(O)] <位移>: 指定第二个点或 <使用第一个点作为位移>:

指定第二个点或 [退出(E)/放弃(U)] <退出>:

指定第二个点或 [退出(E)/放弃(U)] <退出>:

指定第二个点或 [退出(E)/放弃(U)] <退出>:

05　选择【绘图】|【多线段】命令，绘制台阶的基线，如图 **16-3-32** 所示。系统提示：

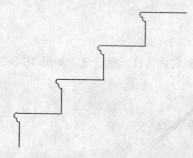

图 16-3-31　复制台阶

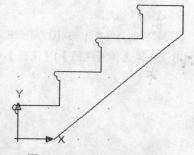

图 16-3-32　绘制台阶的基线

命令: _pline

指定起点:

当前线宽为 0.0000

指定下一个点或 [圆弧(A)/半宽(H)/长度(L)/放弃(U)/宽度(W)]: @0,-100

指定下一个点或 [圆弧(A)/半宽(H)/长度(L)/放弃(U)/宽度(W)]:

指定下一点或 [圆弧(A)/闭合(C)/半宽(H)/长度(L)/放弃(U)/宽度(W)]:

指定下一点或 [圆弧(A)/闭合(C)/半宽(H)/长度(L)/放弃(U)/宽度(W)]: 0,0

指定下一点或 [圆弧(A)/闭合(C)/半宽(H)/长度(L)/放弃(U)/宽度(W)]:

新手学 AutoCAD 2008 室内与建筑实例完美手册

06 选择【绘图】|【面域】命令，将绘制的台阶切面形成一个面域。系统提示：

命令: _region

选择对象: 找到 1 个

选择对象: 找到 1 个，总计 2 个

选择对象: 找到 1 个，总计 3 个

选择对象: 找到 1 个，总计 4 个

选择对象: 找到 1 个，总计 5 个

选择对象:

已提取 1 个环。

已创建 1 个面域。

07 选择 extrude 命令，将所绘制的台阶拉伸一定的值，如图 16-3-33 所示。系统提示：

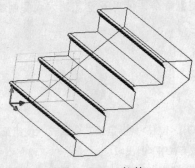

图 16-3-33 拉伸

命令: _extrude

当前线框密度: ISOLINES=4

选择要拉伸的对象: 找到 1 个

选择要拉伸的对象:

指定拉伸的高度或 [方向(D)/路径(P)/倾斜角(T)] <600.0000>: 800

08 选择选择【视图】|【消隐】命令，可以观察到窗户消隐后的情况，如图 16-3-34 所示。

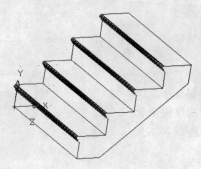

图 16-3-34 消隐

09 选择选择【视图】|【渲染】命令，将所绘制的图形进行渲染，效果如图 16-3-28 所示。

16.3.5 绘制长椅

绘制如图 16-3-35 所示的图形。

【光盘：源文件\第 16 章\实例 15.dwg】

【实例分析】

通过绘制长椅，学习 BOX、MIRROR3D、3DARRAY 等绘制的技巧。

【实例效果】

实例效果如图 16-3-35 所示。

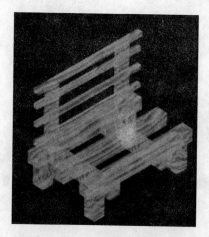

图 16-3-35　绘制完成后的长椅

【实例绘制】

01　选择【文件】|【新建】命令，创建一个新的文件。

02　选择【工具】|【草图设置】命令，弹出【草图设置】对话框，在此对话框中，选中【启用捕捉】和【启用栅格】复选框，同时设置【捕捉 X 轴间距】和【捕捉 Y 轴间距】的值为 10，设置【栅格 X 轴间距】和【栅格 Y 轴间距】的值为 5，如图 16-3-35 所示。

图 16-3-35　【草图设置】对话框

03　选择【视图】|【三维视图】|【西南等轴测】命令，改变视图的方向。

04　选择 box 命令，绘制一个长方体作为长椅椅坐的主横条，如图 16-3-36 所示。系统提示：

命令: _box

指定第一个角点或 [中心(C)]: 0，0，0

需要点或选项关键字。

指定第一个角点或 [中心(C)]:

指定其他角点或 [立方体(C)/长度(L)]: l

新手学 AutoCAD 2008 室内与建筑实例完美手册

指定长度: 400

指定宽度: 40

指定高度或 [两点(2P)] <800.0000>: 40

05 选择【修改】|【复制】命令，将所绘制的主横条再复制一个，如图 16-3-37 所示。系统提示:

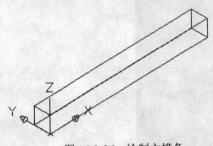
图 16-3-36 绘制主横条

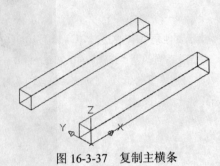
图 16-3-37 复制主横条

命令: _copy

选择对象: 找到 1 个

选择对象:

当前设置: 复制模式 = 多个

指定基点或 [位移(D)/模式(O)] <位移>:

指定第二个点或 <使用第一个点作为位移>: @0,200,0

06 选择 box 命令，绘制一个长方体作为长椅椅座的支架，如图 16-3-38 所示。系统提示:

命令: _box

指定第一个角点或 [中心(C)]: 80,0,-40

指定其他角点或 [立方体(C)/长度(L)]: @40,240,0

指定高度或 [两点(2P)] <40.0000>:

07 选择【修改】|【三维操作】|【三维镜像】命令，将所绘制完成的支架镜像到另外一侧，如图 16-3-39 所示。系统提示:

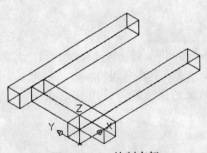
图 16-3-38 绘制支架

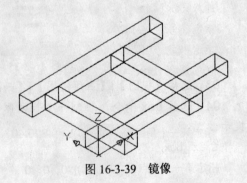
图 16-3-39 镜像

命令: _mirror3d

选择对象: 找到 1 个

选择对象:

指定镜像平面 (三点) 的第一个点或

[对象(O)/最近的(L)/Z 轴(Z)/视图(V)/XY 平面(XY)/YZ 平面(YZ)/ZX 平面(ZX)/三点(3)] <三点>: yz

指定 YZ 平面上的点 <0,0,0>: <对象捕捉 开>

是否删除源对象? [是(Y)/否(N)] <否>:

08 选择 box 命令, 绘制一个长方体作为长椅的椅腿, 如图 16-3-40 所示。系统提示:

命令:_box

指定第一个角点或 [中心(C)]: 20,0,-80

指定其他角点或 [立方体(C)/长度(L)]: @40,40,0

指定高度或 [两点(2P)] <40.0000>: 80

09 选择【修改】|【三维操作】|【三维阵列】命令, 将绘制的椅腿进行阵列, 如图 16-3-41 所示。系统提示:

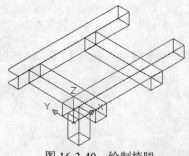

图 16-3-40 绘制椅腿

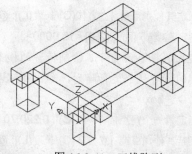

图 16-3-41 三维阵列

命令:_3darray

正在初始化... 已加载 3DARRAY。

选择对象: 找到 1 个

选择对象:

输入阵列类型 [矩形(R)/环形(P)] <矩形>:r

输入行数 (---) <1>: 2

输入列数 (|||) <1>: 2

输入层数 (...) <1>:

指定行间距 (---): 200

指定列间距 (|||): 320

10 选择 box 命令, 绘制一个长方体作为长椅的椅背, 然后选择【修改】|【三维操作】|【三维阵列】命令, 将绘制的椅背进行阵列, 如图 16-3-42 所示。系统提示:

命令:_box

指定第一个角点或 [中心(C)]: 40,220,40

指定其他角点或 [立方体(C)/长度(L)]: l

指定长度 <40.0000>: 40

指定宽度 <20.0000>:

指定高度或 [两点(2P)] <200.0000>:

11 选择 box 命令, 绘制一个长方体作为椅背上面的主横条, 如图 16-3-43 所示。系统提示:

新手学 AutoCAD 2008 室内与建筑实例完美手册

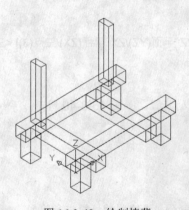

图 16-3-42　绘制椅背

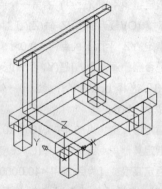

图 16-3-43　绘制椅背的主横条

命令: _box

指定第一个角点或 [中心(C)]: 0,200,240

指定其他角点或 [立方体(C)/长度(L)]: @400,20,0

指定高度或 [两点(2P)] <15.0000>:

12 选择 box 命令，绘制椅背的横条，然后选择【修改】|【三维操作】|【三维阵列】命令，将绘制的椅背横条进行阵列，如图 16-3-44 所示。系统提示:

命令: _box

指定第一个角点或 [中心(C)]: 0,220,70

指定其他角点或 [立方体(C)/长度(L)]: @400,-15,0

指定高度或 [两点(2P)] <15.0000>: 15

13 采取同样的方法，绘制椅座的横条，如图 16-3-45 所示。

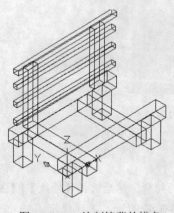

图 16-3-44　绘制椅背的横条

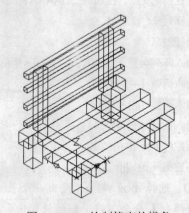

图 16-3-45　绘制椅座的横条

14 选择选择【视图】|【渲染】命令，将所绘制的图形进行渲染，效果如图 16-3-35 所示。

○ 本章总结

本章我们主要介绍了大量经典实例的绘制，通过对这些实例的学习，能使读者对一些基本的绘图步骤和方法有了一些认识，同时对于一些常见图形的绘制方法也有了一定的掌握。

第 16 章　绘制建筑综合图形

新手学 AutoCAD 2008 室内与建筑实例完美手册

实战演练

1．绘制如图 16-4-1 所示的茶杯。

图 16-4-1　茶杯

实例说明：通过茶杯的绘制，学习 CIRCLE、SOLIDEDIT、EXTRUDE 等命令的绘制技巧，茶杯的绘制主要是画出茶杯的手柄,先绘制出茶杯的手柄的轨迹和截面,然后沿着轨迹进行拉伸。

2．绘制如图 16-4-2 所示的茶几。

图 16-4-2　茶几

实例说明：通过茶几的绘制，学习拉伸、阵列等命令的绘制技巧，茶几主要是绘制茶几腿和桌面，可以先绘制出一条茶几的腿，然后使用阵列命令绘制另外 3 条腿。

3．绘制如图 16-4-3 所示的地板图案。

图 16-4-3　地板图案

实例说明：通过地板图案的绘制，学习 POLYGON、RITATE、ARRAY 等命令的绘制技巧。地板图案主要是绘制出一个地板的图案，然后通过阵列命令绘制生成整个地板。

4．绘制如图 16-4-4 所示的卧室平面图。

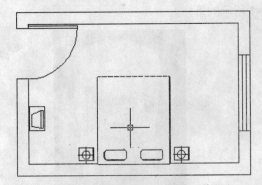

图 16-4-4　卧室平面图

实例说明：通过卧室平面图的绘制，学习多线、直线等命令的绘制技巧，卧室平面图主要是绘制卧室的轮廓线和室内布置。

5．绘制如图 16-4-5 所示的椅子。

图 16-4-5　椅子

实例说明：通过一个中式餐椅的绘制，学习 BOX、CHAMFER、FILLET 等命令的绘制技巧。中式餐椅的绘制主要是绘制出桌腿和方格，可以先绘制出一条桌腿，然后使用【阵列】命令绘制另外 3 条桌腿。